油品储运实用技术培训教材

储运 HSE 技术

中国石化管道储运有限公司　编

中国石化出版社

内 容 提 要

《储运 HSE 技术》是《油品储运实用技术培训教材》系列之一，内容主要包括安全基础管理、安全过程管理、环境保护管理、职业卫生管理和消防管理等。本分册根据中国石化管道储运有限公司 HSE 管理的实际编写，具有很强的实用性，适用于油品储运行业 HSE 管理的教育培训及员工岗位技能提升，也可以供油品储运行业 HSE 管理人员和技术人员学习、借鉴。

图书在版编目（CIP）数据

储运 HSE 技术/中国石化管道储运有限公司编. —
北京：中国石化出版社，2019.11
油品储运实用技术培训教材
ISBN 978-7-5114-5552-9

Ⅰ.①储… Ⅱ.①中… Ⅲ.①石油管道－石油输送－
安全管理－技术培训－教材 Ⅳ.①TE832

中国版本图书馆 CIP 数据核字（2019）第 215260 号

未经本社书面授权，本书任何部分不得被复制、抄袭，或者以任何形式或任何方式传播。版权所有，侵权必究。

中国石化出版社出版发行
地址：北京市东城区安定门外大街 58 号
邮编：100011 电话：(010)57512500
发行部电话：(010)57512575
http://www.sinopec-press.com
E-mail:press@sinopec.com
北京科信印刷有限公司印刷
全国各地新华书店经销

*

787×1092 毫米 16 开本 19 印张 437 千字
2020 年 1 月第 1 版 2020 年 1 月第 1 次印刷
定价:96.00 元

《油品储运实用技术培训教材》编审委员会

主　　任：张惠民　　王国涛
副 主 任：高金初　　邓　彦　　孙兆强
委　　员：吴海东　　祁志江　　刘万兴　　刘保余
　　　　　周文沛　　庞　平　　李亚平　　张微波
　　　　　陈雪华　　曹　军　　孙建华　　田洪波
　　　　　吴考民　　韩　烨　　王克强　　陈海彬
　　　　　张华德
编　　辑：仇李平　　杨文新　　田洪波　　倪　超
　　　　　许嘉轩　　刘　军

《储运 HSE 技术》编写委员会

主　　编：孙兆强
副 主 编：吴海东　齐世明　李亚平　吴考民
　　　　　张大鹏
编　　委：(按姓氏音序排列)
　　　　　方贤进　胡志诚　李　军　卿建华
　　　　　王安琪　吴　晨　徐伟彬　殷晓波
　　　　　于雁飞　张保坡

序

  管道运输作为我国现代综合交通运输体系的重要组成部分，有着独特的优势，与铁路、公路、航空水路相比投资要省得多，特别是对于具有易燃特性的油气运输、资源储备来说，更有着安全、密闭等特点，对保证我国油气供应和能源安全具有极其重要的意义。

  中国石化管道储运有限公司是原油储运专业公司，在多年生产运行过程中，积累了丰富的专业技术经验、技能操作经验和管道管理经验，也练就了一支过硬的人才队伍和专家队伍。公司的发展，关键在人才，根本在提高员工队伍的整体素质，员工技术培训是建设高素质员工队伍的基础性、战略性工程，是提升技术能力的重要途径。基于此，管道储运有限公司组织相关专家，编写了《油品储运实用技术培训教材》。本套培训教材分为《输油技术》《原油计量与运销管理》《储运仪表及自动控制技术》《电气技术》《储运机泵及阀门技术》《储运加热炉及油罐技术》《管道运行技术与管理》《储运HSE技术》《管道抢维修技术》《管道检测技术》《智能化管线信息系统应用》等11个分册。

  本套教材内容将专业技术和技能操作相结合，基础知识以简述为主，重点突出技能，配有丰富的实操应用案例；总结了员工在实践中创造的好经验、好做法，分析研究了面临的新技术、新情况、新问题，并在此基础上进行了完善和提升，具有很强的实践性、实用性。本套培训教材的开发和出版，对推动员工加强学习、提高技术能力具有重要意义。

前 言

《储运 HSE 技术》是《油品储运实用技术培训教材》其中一个分册，为油品储运企业 HSE 管理人员岗位业务知识培训类教材，在编写时主要考虑满足员工岗位技能提升和培训工作需要。本教材在编写时以国家安全生产、环境保护、职业健康法律法规、标准规范为基础，融入了中国石化在 HSE 管理中好的经验、做法，从安全基础知识、过程安全管理、安全风险与隐患治理、应急预案与事故管理、环境保护管理、职业卫生、消防安全管理七个方面介绍了油品储运企业 HSE 管理知识。

本教材由中国石化管道储运有限公司安全环保监察处组织编写，其中，第一章由张保坡、胡志诚编写；第二章由王安琪、于雁飞、胡志诚编写；第三章由王安琪、于雁飞编写；第四章由李军、徐伟彬、于雁飞编写；第五章由殷晓波、卿建华编写；第六章由殷晓波、吴晨编写；第七章由李军、徐伟彬编写。全书由张保坡、王安琪统稿。本教材在编写过程中得到管道储运有限公司人力资源处、管道保卫处、设备管理处、运销处、抢维修中心等单位的大力帮助，在此深表感谢。

本教材已通过中国石化管道储运有限公司审定，主审吴海东、齐世明。审定工作得到了南京培训中心的大力支持；中国石化出版社对教材的编写和出版工作给予了通力协作和配合，在此一并表示感谢！

由于本教材涵盖的内容较多，编写难度较大，编者水平有限，加之编写时间紧迫，不足之处在所难免，敬请广大读者对教材提出宝贵意见和建议，以便教材修订时补充更正。

目 录

第一章 安全基础知识 (1)
  第一节 概 述 (1)
    一、HSE 发展 (1)
    二、某管道输送企业的安全方针及安全理念 (1)
  第二节 法律法规概述 (2)
    一、安全生产法律法规 (2)
    二、常见的安全生产法律法规 (2)
  第三节 标准规范概述 (4)
    一、安全生产标准规范 (4)
    二、常见的安全生产标准规范 (4)
  第四节 某管道输送企业 HSSE 管理体系 (5)
    一、概述 (5)
    二、HSSE 管理体系结构 (6)
  第五节 经验分享 (6)
    一、BP 公司安全文化与安全管理经验 (6)
    二、金川公司安全文化与安全管理经验 (7)
  思考题 (7)

第二章 过程安全管理 (9)
  第一节 过程安全管理（PSM）概述 (9)
    一、过程安全管理简介 (9)
    二、过程安全管理要素 (9)
    三、现场安全管理 (11)
  第二节 安全培训管理 (16)
    一、各级领导的安全培训 (16)
    二、管理人员的安全培训 (16)
    三、安全教育培训和从业人员管理 (16)
    四、安全生产教育培训的主要内容 (17)
  第三节 作业过程安全控制 (18)

一、作业准入与监护 ·· (18)
　　二、作业过程流程图 ·· (19)
　　三、作业许可 ·· (20)
　　四、作业安全分析（JSA） ··· (21)
　　五、特殊作业环节管理 ·· (22)
　　六、案例分析 ·· (42)
　　七、督查过程常见问题 ·· (44)
第四节　建设项目"三同时"管理 ··· (45)
　　一、安全"三同时"管理 ·· (45)
　　二、职业卫生"三同时"管理 ··· (46)
　　三、消防"三同时"管理 ·· (47)
　　四、环保"三同时"管理 ·· (48)
第五节　危险化学品安全管理 ·· (49)
　　一、管道输送企业危险化学品管理现状 ··· (50)
　　二、排查与整治措施 ··· (51)
第六节　承包商安全管理 ··· (53)
　　一、安全资质审查 ·· (53)
　　二、招标过程安全管理 ·· (53)
　　三、合同签订过程安全管理 ··· (53)
　　四、分包过程安全管理 ·· (54)
　　五、开工前安全管理 ··· (54)
　　六、现场施工安全管理 ·· (55)
　　七、特殊作业安全监督管理 ··· (56)
　　八、检查与监督考核 ··· (56)
　　九、承包商常见安全问题 ·· (57)
第七节　变更管理 ·· (57)
　　一、变更管理原则 ·· (57)
　　二、变更流程 ·· (58)
　　三、变更管理事故案例 ·· (63)
　思考题 ··· (64)

第三章　安全风险与隐患管理 ··· (65)
第一节　安全风险辨识及评估 ·· (65)
　　一、HAZOP分析方法 ··· (66)
　　二、保护层频率量化方法（HALOPA） ··· (68)
　　三、风险管控行动模型（Bow-tie） ·· (69)

四、管道输送企业风险识别及清单建立流程 ……………………………（72）
　　五、安全风险矩阵 …………………………………………………………（77）
第二节　安全风险控制措施 ………………………………………………………（79）
　　一、安全风险的定义 ………………………………………………………（79）
　　二、风险和隐患的区别 ……………………………………………………（80）
　　三、安全风险管控 …………………………………………………………（80）
第三节　安全隐患排查和治理 ……………………………………………………（81）
　　一、事故隐患判定标准 ……………………………………………………（81）
　　二、隐患排查 ………………………………………………………………（82）
　　三、隐患评估 ………………………………………………………………（83）
　　四、隐患防控 ………………………………………………………………（85）
　　五、隐患治理 ………………………………………………………………（85）
第四节　重大危险源安全管理 ……………………………………………………（85）
　　一、评估 ……………………………………………………………………（86）
　　二、安全管理 ………………………………………………………………（89）
　　三、备案 ……………………………………………………………………（91）
　　四、案例分析 ………………………………………………………………（91）
思考题 ………………………………………………………………………………（92）

第四章　应急预案与事故管理 …………………………………………………（93）
第一节　应急预案管理 ……………………………………………………………（93）
　　一、应急预案的概述 ………………………………………………………（93）
　　二、应急预案的编制 ………………………………………………………（93）
　　三、应急预案的演练 ………………………………………………………（97）
　　四、专项应急预案注意事项 ………………………………………………（101）
　　五、突发环境事件应急预案 ………………………………………………（104）
　　六、情景构建 ………………………………………………………………（109）
第二节　生产安全事故管理 ………………………………………………………（113）
　　一、事故定义 ………………………………………………………………（113）
　　二、事故分级 ………………………………………………………………（114）
　　三、事故报告 ………………………………………………………………（115）
　　四、事故处置 ………………………………………………………………（117）
　　五、事故调查 ………………………………………………………………（117）
　　六、事故教训汲取 …………………………………………………………（118）
　　七、事故理论学习 …………………………………………………………（118）
思考题 ………………………………………………………………………………（120）

第五章　环境保护管理 (122)

第一节　油品储运过程中污染物控制措施 (122)
一、产排污环节 (122)
二、污染物控制 (123)

第二节　环境影响评价 (126)
一、环境影响评价分类 (126)
二、建设项目环境影响评价分类管理 (126)
三、建设项目环境影响评价分级审批 (126)
四、各阶段需要开展的工作 (127)
五、可以豁免不需要开展环境影响评价工作的建设项目 (128)

第三节　清洁生产 (129)
一、基本概念 (129)
二、实施清洁生产的途径 (129)
三、管道输送企业清洁生产审核 (130)
四、绿色企业行动 (131)

第四节　环境监测 (132)
一、环境监测的内容 (132)
二、废气污染源监测 (132)
三、水污染源监测 (132)
四、噪声监测 (133)
五、应急监测 (133)

第五节　环境风险评估与应急 (135)
一、环境风险识别与评估 (135)
二、突发环境事件应急预案 (148)
三、突发环境事件分级 (150)

第六节　三废治理 (150)
一、废水治理 (150)
二、废气治理 (150)
三、危险固体废物治理 (151)
四、噪声控制 (152)
五、污染土壤修复 (153)
六、危险废物处置 (157)

思考题 (162)

第六章　职业卫生 (163)
第一节　职业病基本知识 (163)

  一、相关定义 …………………………………………………………… (163)
  二、职业接触限值 ……………………………………………………… (163)
 第二节 职业病危害因素识别和检测 …………………………………………… (164)
  一、职业病危害因素识别和评价 ……………………………………… (165)
  二、职业病危害因素作业场所卫生检测 ……………………………… (165)
 第三节 职业病防护措施 ………………………………………………………… (167)
  一、前期预防 …………………………………………………………… (167)
  二、劳动过程中的职业病防护与管理 ………………………………… (170)
  三、职业病危害控制重点措施 ………………………………………… (171)
 第四节 职业健康监护 …………………………………………………………… (174)
  一、体检种类 …………………………………………………………… (174)
  二、体检结论 …………………………………………………………… (175)
  三、职业禁忌证、职业病患者的处理 ………………………………… (175)
  四、档案管理 …………………………………………………………… (175)
  五、急救 ………………………………………………………………… (175)
 第五节 个体劳动防护用品管理 ………………………………………………… (180)
  一、劳动防护用品的选用和配备 ……………………………………… (180)
  二、劳动防护用品使用及相关要求 …………………………………… (180)
  三、劳保用品使用期限 ………………………………………………… (188)
 思考题 ………………………………………………………………………… (188)

第七章 消防安全管理 ……………………………………………………………… (190)
 第一节 概 述 ………………………………………………………………… (190)
  一、火、火灾、闪燃及爆炸的概念 …………………………………… (190)
  二、油库设备火灾的特征 ……………………………………………… (191)
 第二节 固定消防 ………………………………………………………………… (191)
  一、感温光栅火灾报警系统 …………………………………………… (191)
  二、消防控制系统（PLC） …………………………………………… (193)
  三、火灾图形显示装置 ………………………………………………… (194)
  四、泡沫站控制功能说明 ……………………………………………… (194)
  五、冷却水系统 ………………………………………………………… (196)
  六、消防自控系统上位机 ……………………………………………… (198)
  七、雷电预警系统 ……………………………………………………… (199)
  八、泡沫灭火系统 ……………………………………………………… (199)
  九、消防泵机组 ………………………………………………………… (202)
  十、火灾报警系统 ……………………………………………………… (204)

十一、库区其他消防设施 (204)
第三节　移动消防 (211)
　　一、简介 (211)
　　二、日常消防监督检查 (215)
　　三、消防灭火常见可燃物（危化品） (216)
　　四、移动消防车辆装备 (217)
　　五、主要灭火作战方法 (229)
　　六、消防站 (243)
第四节　消防应急设备设施 (243)
　　一、防火门 (243)
　　二、防火涂层 (244)
　　三、移动式灭火器 (244)
　　四、消火栓 (244)
　　五、消防炮 (244)
　　六、防护器材 (244)
　　七、救生器材 (245)
　　八、管道堵漏器材 (245)
　　九、攀登器材 (246)
　　思考题 (246)
附录1　常见安全生产法律法规、标准规范目录 (247)
附录2　某公司涉及危险化学品目录 (251)
附录3　某输油站HAZOP分析 (254)
附录4　常见职业危害因素及体检周期 (268)
附录5　劳动防护用品及其防护性 (273)
附录6　作业类别及其造成的主要事故类型以及适用的劳动防护用品 (275)
附录7　劳保用品使用期限 (279)
附录8　某输油管道首站至1#阀室外管道（输油）环境风险评估 (285)
参考文献 (292)

第一章 安全基础知识

第一节 概 述

一、HSE 发展

HSE 是 Health（健康）、Safety（安全）、Environment（环境）管理体系的简称。HSE 管理体系是指组织实施健康、安全与环境管理的组织机构、职责、做法、程序、过程和资源等要素通过先进、科学、系统的运行模式有机地融合在一起，相互关联、相互作用，形成动态管理体系。

HSE 管理体系是指一切事故都可以预防的思想，全员参与的观点，层层负责制的管理模式，程序化、规范化的科学管理办法，事前识别控制险情的原理。20 世纪 90 年代至今，HSE 作为一种管理体系，从管理上解决了安全、健康、环境三者的管理问题，它的形成和发展是石油勘探开发、石油化工多年管理工作经验积累的成果，体现了完整的管理思想。1974 年，石油工业国际勘探开发论坛成立，作为石油公司国际协会的石油工业组织，它成立了专题工作组，专门从事健康、安全和环境管理体系的开发。HSE 的发展历程在 20 世纪 60 年代以前主要是体现安全方面的要求，在装备上不断加强对人们的保护，利用自动化控制手段使得工艺流程的保护性能得到完善；70 年代以后，注重了对人的行为的研究，注重考察人与环境的相互联系；80 年代以后，逐渐发展形成一系列安全管理的思想和方法。领导和承诺是 HSE 管理体系的核心。

二、某管道输送企业的安全方针及安全理念

企业安全方针：生命至上、安全发展、预防为主、综合治理、领导承包、全员履责。

企业安全理念：安全源于设计，安全源于管理，安全源于责任。谁的业务谁负责，谁的属地谁负责，谁的岗位谁负责。上岗必须接受安全培训，培训不合格不上岗。任何人都有权拒绝不安全的工作，任何人都有权制止不安全的行为。所有事故都可以预防，所有事故都可以追溯到管理原因。尽职免责、失职追责。

第二节　法律法规概述

法的概念有广义与狭义之分，广义的法是指国家按照统治阶级的利益和意志制定或者认可，并由国家强制力保证其实施的行为规范的总和。狭义的法是指具体的法律规范，包括宪法、法令、法律、行政法规、地方性法规、行政规章、判例、习惯法等各种成文法和不成文法。

一、安全生产法律法规

安全生产法律法规是指调整在生产过程中产生的同劳动者或生产人员的安全与健康，以及生产资料和社会财富安全保障有关的各种社会关系的法律规范的总和。安全生产工作的最基本任务之一是进行安全生产法制建设，即以法律、法规文件来规范企业经营者与政府之间、劳动者与经营者之间、劳动者与劳动者之间、生产过程与自然界之间的关系。目前，我国的安全生产法律法规已初步形成一个以宪法为依据的，由有关法律、行政法规、地方性法规和有关行政规章、技术标准所组成的综合体系。由于制定和发布这些法规的国家机关不同，其形式和效力也不同，它是一个多层次的、依次补充和相互协调的立法体系。常见的安全生产法律法规清单、管理规定见附录1。

二、常见的安全生产法律法规

（一）中华人民共和国安全生产法

《中华人民共和国安全生产法》于2002年6月29日制定，自2002年11月1日开始施行，2014年8月再次修改，2014年12月1日施行现行版本。《中华人民共和国安全生产法》的目的是为了加强安全生产工作，防止和减少生产安全事故，保障人民群众生命和财产安全，促进经济社会持续健康发展。

该法涵盖了生产经营单位的安全生产保障、从业人员的安全生产权利义务、安全生产的监督管理、生产安全事故的应急救援与调查处理、法律责任、附则。

主要内容如下：（1）生产经营单位的安全生产保障部分主要论述了企业主要负责人、安全生产管理人员主要职责和具备的能力、安全生产责任制内容、必要的安全生产资金投入、重大危险源备案等内容；（2）生产安全事故的应急救援与调查处理部分论述了各级政府应急救援体系及事故报告程序，着重强调单位负责人接到事故报告后，应立即如实报告负有安全生产监督管理职责的部门，不得隐瞒不报、谎报或者迟报，不得故意破坏事故现场、毁灭有关证据；（3）法律责任部分强调如有违反安全生产法相关条款，应给予的行政处罚和罚款，构成犯罪的，将依照刑法有关规定追究刑事责任。

（二）中华人民共和国消防法

《中华人民共和国消防法》于1998年4月29日制定，2008年10月28日再次修订，2009年5月1日起施行现行版本。该法律的目的是为了预防火灾和减少火灾危害，加强应急救援工作，保护人身、财产安全，维护公共安全。消防工作贯彻预防为主、防消结合的方针，按照政府统一领导、部门依法监管、单位全面负责、公民积极参与的原则，实行消防安全责任制，建立健全社会化的消防工作网络。

该法涵盖了火灾预防、消防组织、灭火救援、监督检查、法律责任、附则。

主要内容如下：（1）火灾预防部分主要论述了建设部门消防设计备案及部门单位接受住房和城乡建设主管部门抽查、大型人员密集场所和其他特殊建设工程消防设计接受审核，企事业单位、机关团体、消防安全重点单位应履行的职责，消防产品应符合国家标准或行业标准；（2）消防组织部分明确了部分企业需建立专职消防队，承担火灾扑救工作；（3）灭火救援部分论述了火灾发生时应立即报警、引导在场人员疏散、住房和城乡建设主管部门统一组织火灾现场扑救工作；（4）法律责任部分强调如有违反消防法相关条款，应给予的行政处罚和罚款，构成犯罪的，将依照刑法有关规定追究刑事责任。

（三）中华人民共和国石油天然气管道保护法

《中华人民共和国石油天然气管道保护法》于2010年6月25日制定，自2010年10月1日起施行。该法律的目的是为了保护石油、天然气管道，保障石油、天然气输送安全，维护国家能源安全和公共安全。

该法涵盖了管道规划与建设、管道运行中的保护、管道建设工程与其他建设工程相遇关系的处理、法律责任、附则。

主要内容如下：（1）管道规划与建设部分论述了管道建设选线方案应报送县级以上地方人民政府城乡规划主管部门审核，选线应避开地震活动断层和容易发生洪灾、地质灾害的区域和与部分区域保持的距离；（2）管道运行中的保护部分论述了管道企业应对管道进行检测维修、保证必需的经费投入、明确禁止危害管道安全的行为、施工单位应履行的义务；（3）管道建设工程与其他建设工程相遇关系的处理部分论述了管道建设工程与其他建设工程同时施工的协调处理应履行的义务；（4）法律责任部分强调如有违反石油天然气管道保护法相关条款，应给予的行政处罚和罚款，构成犯罪的，将依照刑法有关规定追究刑事责任。

（四）中华人民共和国环境保护法

《中华人民共和国环境保护法》于1989年12月26日制定，2014年4月24日再次修订，2015年1月1日起施行现行版本。该法律的目的是为了保护和改善环境，防治污染和其他公害，保障公众健康，推进生态文明建设，促进经济社会可持续发展。

该法涵盖了总则、监督管理、保护和改善环境、防治污染和其他公害、信息公开和公众参与、法律责任、附则。

主要内容如下：（1）明确保护环境的基本原则；（2）确立排污许可管理制度；（3）确定了生态保护红线；（4）强化政府监管责任；（5）阐述公民环境权利和环保义务；（6）明确企业的权利和义务；（7）明确企业责任；（8）法律责任部分强调如有违反环境保护法相关条款，应给予的行政处罚和罚款。

（五）中华人民共和国职业病防治法

《中华人民共和国职业病防治法》于2001年10月27日通过，2018年12月29日第四次修订，自修订之日起施行现行版本。该法律的目的是为了预防、控制和消除职业病危害，防治职业病，保护劳动者健康及其相关权益，促进经济社会发展。

该法涵盖了总则、前期预防、劳动过程中的预防与管理、职业病诊断与职业病病人保障、监督检查、法律责任、附则。

主要内容如下：(1) 总则明确了职业病防治工作方针，国家应实行职业卫生监督制度；(2) 前期预防部分阐述了用人单位应落实职业病预防措施，从源头上控制和消除职业病危害，建设单位在可行性论证阶段向安全生产监督管理部门提交职业病危害预评价报告，竣工验收前进行危害控制效果评价；(3) 劳动过程中的预防与管理部分阐述了用人单位应采取职业病防治管理措施，建立职业健康监护档案；(4) 职业病诊断与职业病病人保障部分阐述了职业病诊断过程，医疗机构具备资质；(5) 监督检查指职业卫生监督管理部门依据职责划分，对职业病防治工作进行监督检查；(6) 法律责任部分强调如有违反职业病防治法相关条款，应给予的行政处罚和罚款。

第三节　标准规范概述

标准是经公认机构批准的、供通用或重复使用的或相关工艺和生产方法的规则、指南或特性的文件。规范是指明文规定或约定俗成的标准，具有明晰性和合理性。

一、安全生产标准规范

安全标准是我国安全生产法律体系的重要组成部分，在安全生产工作中起着十分重要的作用。标准有国家标准、行业标准、地方标准和企业标准。国家标准是由国务院标准化行政主管部门制定，行业标准由国务院有关行政主管部门制定，企业生产的产品没有国家标准和行业标准的，应当制定企业标准，作为组织生产的依据，并报有关部门备案。我国安全标准涉及面广，从大的方面看，包括矿山安全（含煤矿和非煤矿山）、粉尘防爆、电气及防爆、带电作业、危险化学品、消防安全、建筑安全、职业安全、个体防护装备等各个方面。因此，安全标准是指在生产工作场所或者领域，为改善劳动条件和设施，规范生产作业行为，保护劳动者免受各种伤害，保障劳动者人身安全健康，实现安全生产的准则和依据。常见的安全生产标准规范见附件1。

二、常见的安全生产标准规范

（一）石油储备库设计规范（GB 50737—2011）

《石油储备库设计规范》于2012年5月1日施行，该规范适用于地上储存原油类型的国家石油储备库以及总容量大于或等于$120\times10^4 m^3$的企业石油库。该规范论述了库区布置，储运工艺及管道，油罐，消防设施，给排水及含油污水处理，电气，自动控制，电信，建、构筑物，采暖、通风和空气调节等内容。

（二）石油库设计规范（GB 50074—2014）

《石油库设计规范》于2015年5月1日施行，该规范适用于新建、扩建和改建石油库的设计。该规范论述了库址选择、库区布置、储罐区、易燃和可燃液体泵站、易燃和可燃液体装卸设施、工艺及热力管道、易燃和可燃液体灌桶设施、车间供油站、消防设施、给排水及污水处理、电气、自动控制和电信、采暖通风章节。

（三）石油天然气工程设计防火规范（GB 50183—2004）

《石油天然气工程设计防火规范》于2005年3月1日施行，为在石油天然气工程设计中贯彻"预防为主、防消结合"的方针，规范设计要求，防止和减少火灾损失，保障人身和财产安全，适用于新建、扩建、改建的路上油气田工程、管道站场工程和海洋油气田陆上终端工程的防火设计。该规范论述了基本规定、区域布置、石油天然气站场生产设施、油气田内部集输管道、消防设施、电气、液化天然气站场等内容。

（四）石油化工企业设计防火规范（GB 50160—2008）

《石油化工企业设计防火规范》于2009年7月1日施行，为防止和减少石油化工企业火灾危害，保护人身和财产安全，适用于石油化工企业新建、扩建或改建工程的防火设计。该规范论述了火灾危险性分类、区域规划与工厂总平面布置、工艺装置和系统单元、储运设施、管道布置、消防、电气等内容。

（五）输油管道工程设计规范（GB 50253—2014）

《输油管道工程设计规范》于2015年4月1日施行，为在输油管道工程设计中贯彻国家的有关法律、法规，统一技术要求，做到安全可靠、环保节能、技术先进、经济合理，制定该规范。该规范适用于陆上新建、扩建和改建的输送原油、成品油、液化石油气管道工程的设计。该规范论述了总则、术语、输油工艺、线路、管道、管道附件和支承件设计、输油站、管道监控系统、通信、管道的焊接、焊接检验与试压等内容。

第四节 某管道输送企业HSSE管理体系

一、概述

安全发展、绿色发展、可持续发展是企业生存的基础，卓越的HSSE绩效是企业成功运营的关键。建立HSSE管理体系的目的在于通过对管理体系的有效应用，持续改进提升安全绩效、保护生态环境、保障员工的职业健康安全。

管道输送企业HSSE管理体系规定的原则和要求是依据国家有关法律法规和安全生产标准化、化工过程安全管理的相关要求，同时考虑责任关怀体系、环境管理体系、职业健康安全管理体系，结合企业HSSE管理的实际提出的。

管道输送企业HSSE管理体系覆盖的范围：原油储运生产经营、工程建设管理全过程及所涉及的相关领域HSSE管理活动。

管道输送企业应将管道完整性管理纳入HSSE管理体系，将管道完整性管理涉及的内容与HSSE管理体系相关要素有机融合、保持一致。

管道输送企业通过制定和执行各项规章制度、操作规程和应急预案等，确保HSSE管理活动过程有效运行,并形成相关记录。企业各单位执行企业 HSSE 管理手册、制度、技术手册、操作规程,并通过建立和完善本单位的作业指导书、应急预案等,有效管控和消减 HSSE 风险。

二、HSSE 管理体系结构

参考 ISO 45001：2018《职业健康安全管理体系 要求及使用指南》、GB/T 24001—2016《环境管理体系 要求及使用指南》等标准规范要求,某管道输送企业 HSSE 管理体系大体分为七大部分。

第一部分为组织引领、全员尽责,明确领导是 HSSE 工作的核心推动力,各级领导应带头履行 HSSE 职责,建立、健全 HSSE 组织和制度,建设卓越的 HSSE 文化,积极履行社会责任。

第二部分为评估风险、治理隐患,明确企业应坚持基于风险的策略,识别大风险、消除大隐患、杜绝大事故,建立风险分级管控和隐患排查治理预防机制。

第三部分为支持,明确企业各级领导应确保为建立、实施、保持和持续改进 HSSE 管理体系提供所需的资源,包括人员、技术、资金、设备设施、信息及环境等方面。

第四部分为管控过程、强化执行,明确将风险管控贯穿于企业生产经营全过程,建立管理标准和流程,落实业务、属地和岗位责任,实施过程风险管控。

第五部分为聚焦基层、夯实基础,明确企业 HSSE 工作的重心在基层,应建立、健全基层 HSSE 组织和运行机制,确保岗位操作规范、异常及时发现、初期应急处置得当。

第六部分为绩效评价,明确企业应根据 HSSE 管理体系要求开展 HSSE 检查、体系审核和绩效考核。

第七部分为持续改进,明确企业应重视事故教训汲取和经验分享,不断总结 HSSE 管理工作,持续提升 HSSE 绩效。

第五节　经验分享

一、BP 公司安全文化与安全管理经验

在 BP 公司,对违章或违反安全规定的有关人员并不进行经济或行政处罚,而是当即对其进行现场教育,让本人明白不安全行为可能导致的后果,当其认识并纠正了自己的不安全行为,检查者当即给予正确激励,但要将违章行为按安全管理程序进行记录,告示他人。倘若发生事故,BP 公司遵循的原则有些类似我们的三不放过,重点是教育每位职工针对事故进行自我检查与反省,反省内容包括你是否有为寻找捷径而采取冒进的做法,你在工作中是否过分自信,你是否在工作内容了解不清时就开始工作,你是否存在工作混乱、无条理的现象,你是否经常有忽视或违反安全工作程序的行为。如果有以上行为,无论你在哪里工作,如不从这起事故中汲取教训,那么下次事故的受害者可能就是你自己。

BP 公司管理层认为安全问题是在任何时候都不能放松的,不管自己多么擅长这项工

作，不管条件有多好。为了将这种理念传达到整个公司，BP 的安全管理员工会跪在地上接水，因为他们认为，长期弯腰会损害腰部健康，以此起到警示作用，影响别人。他们会利用中午休息时间，组织诸如"健康安全周""家庭安全周"这样的主题活动，专门请一些专家讲授健康、安全知识。而在每个 BP 的合资工厂，都会基于 BP13 项职责要素体系框架下，由专门的团队根据各自的情况，制定相应的安全管理办法，这个团队的规模甚至会超过 10 人。

按程序办事，这一点很重要。BP 公司美国分部的员工，上至总裁，下至普通管理人员，都严格按照岗位工作程序工作，任何人都无权干扰或改变工作程序。如果要改变某人的工作程序，必须遵守程序管理变更的要求，变更要受到多方限制和监督，以杜绝工作的随意性，确保管理体系稳定运行。

二、金川公司安全文化与安全管理经验

"你一定也要记住，没有比安全更重要的事情，你的安全就是我们全家的幸福。"在金川公司各厂区，每一条"安全文化墙"上，这种亲人的照片和嘱托组成的亲情安全提醒随处可见。金川公司在多年的发展中，探索出"五阶段"安全文化管控模式，不断向零伤害的目标迈进。走进金川公司选矿厂第一选矿车间，一条近 20m 长的"安全文化墙"赫然竖立在选矿机组对面，图表、文字、图片形象地展示着选矿车间和公司的各类安全生产要求和操作规范。在展板末尾，一组 16 幅图片和文字组成的安全生产"亲情化管理篇"尤为引人注目。这组图片全部是车间工人与家人的合照，图片下方的文字则是工人的父母、孩子、丈夫、妻子对亲人安全的期待和嘱托。

金川公司作为一家集采矿、冶金、化工、建筑等多个高危行业并存的企业集团，由于行业的特殊性，安全风险大，2009 年，金川集团按照"全力打造国内一流、国际知名的安全文化管控模式"的思路，结合公司实际，深入研究挖掘 50 多年沉淀下来的厚重安全文化底蕴，创造了渗透到企业管理和安全生产各环节的金川"五阶段"安全文化管控集成模式——金川模式。第一阶段思维模式为事故不可避免，行为模式为管控粗放，事后管控；第二阶段思维模式为事故难防难控，消极怠慢，行为模式为被动执行，缺陷管控；第三阶段思维模式为事故可控可防，行为模式为引领纠偏，系统可控；第四阶段思维模式为事故皆可预防、皆可避免，行为模式为自我管控，风险管控；第五阶段思维模式为零伤害可以实现，行为模式为自律自控。文化环境保障安全。需要经历一个从理论、实践、总结、升华、再实践的过程，这一过程的实践主体正是公司全体干部职工，扎实有效的实践也正是"金川模式"落地生根的过程。

思考题

1. 中国石化的安全方针是指什么？公司安全理念是指什么？
2. 标准分为哪几类，分别指什么？GB 50737—2011《石油储备库设计规范》适用范围是什么？
3. GB 50074—2014《石油库设计规范》适用范围是什么？与 GB 50737—2011《石油

储备库设计规范》相比有什么区别?

4.《中华人民共和国安全生产法》现行版本什么时间开始正式实施,安全生产法制定目的是什么?

5. 金川公司安全文化管控模式是指什么?通过 BP 公司安全管理经验,谈谈你的感悟。

6. 中国石化 HSSE 管理体系分几个部分,分别是哪些内容?中国石化 HSSE 管理体系要求各级领导做到哪些内容?

第二章 过程安全管理

第一节 过程安全管理（PSM）概述

一、过程安全管理简介

过程安全管理是运用风险管理和系统管理思想、方法建立管理体系，在对过程系统进行全面风险分析的基础上，主动地、前瞻性地管理和控制过程风险，预防重大事故发生。安全管理的四大目标如图2.1-1所示。

（1）过程安全管理目的是预防危险化学品或能量的意外泄漏。

（2）过程安全管理对象是处理、使用、加工或储存危险化学品的企业或设施。

（3）过程安全管理定义是针对具体生产工艺风险，采取有效防控措施，提升工艺过程中本质安全化水平，防止突发性火灾、爆炸泄漏等事故的发生。

二、过程安全管理要素

过程安全管理的内容如图2.1-2所示。

图2.1-1 安全管理目标

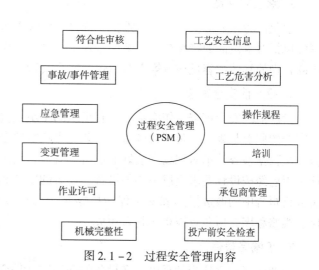

图2.1-2 过程安全管理内容

1. 工艺安全信息

工艺安全信息主要包括化学品危害信息（毒性、允许暴露限值、闪点、爆炸极限等）、工艺技术信息（工艺流程图、安全操作参数范围、操作规程等）、工艺设备信息（材质、安全联锁系统等）、工艺安全信息（安全技术说明书、系统调试报告、设备手册等），确保工艺安全信息真实有效是开展下一步安全管理工作的基础。

2. 工艺危害分析

企业应在工艺装置建设期间进行 1 次工艺危害分析，识别、评估和控制工艺系统相关的危害，所选择的方法要与工艺系统的复杂性相适应。企业应每 3 年对以前完成的工艺危害分析重新进行确认和更新，涉及剧毒化学品的工艺可结合法规对现役装置评价要求频次进行。企业应在工艺装置投运后，进行与设计阶段的危害分析比较。对复杂的变更或者变更可能增加危害的情形，需要对发生变更的部分进行风险识别和危害分析，根据识别出的结果制定管控措施，加强管控。具体内容见第三章第一节安全风险辨识及评估。

3. 操作规程

企业应编制并实施书面的操作规程，规程应与工艺安全信息保持一致，企业鼓励员工参与操作规程的编制，并组织进行相关的培训。操作规程应至少包括试运行、正常操作、临时操作、应急操作、正常停运设备、紧急停运设备等各个操作阶段的操作步骤；正常参数控制范围、偏离正常参数的后果、纠正或防止偏离正常参数的步骤；HSE 相关的事项，如危险化学品的特性与危害、防止暴露的必要措施、发生身体接触或暴露的处理措施、安全联锁系统及其功能等。

4. 培训

根据岗位特点和应具备的技能，明确制定各岗位的具体培训要求，编制落实相应的培训计划，并定期对培训计划进行审查，确保员工了解工艺系统存在的危害，以及这些危害与员工所从事工作的关系，帮助员工采取正确的工作方式避免工艺安全事故。具体内容见该章第二节安全培训管理。

5. 承包商管理

承包商为企业提供设备设施维护、维修、安装等多种类型的作业，企业的工艺安全管理应包括对承包商的特殊规定，确保每名工人谨慎操作不危及工艺过程和人员的安全。承包商管理的具体内容见该章第六节承包商安全管理。

6. 投产前安全审查

投产前的安全审查工作应由一个有组织的小组及责任人来完成，并应明确试生产前安全审查的职责是确保新建项目或重大工艺变更项目安全投用和预防灾难性事故的发生。检查小组根据检查清单对现场安装好的设备、管道、仪表及其他辅助设施进行目视检查，确认是否已经按设计要求完成了相关设备、仪表的安装和功能测试。检查小组应确认工艺危害分析报告中的改进措施和安全保障措施是否已经按要求予以落实，员工培训、操作程序、维修程序、应急反应程序是否完成。

7. 机械完整性

企业应当建立适当的程序确保设备的现场安装符合设备设计规格要求和制造商提出的

安装指南，如防止材质误用、安装过程中的检验和测试。检验和测试应形成报告，予以保存。压力容器、压力管道、特种设备等国家有强制的设计、制造、安装、登记要求的，必须满足法规要求，并保留相关证明文件和记录。企业应建立并实施预防性维检修程序，对关键的工艺设备进行有计划的测试和检验；应建立设备报废和拆除程序，明确报废的标准和拆除的要求。

8. 作业许可

企业应建立并保持许可程序，对可能造成风险的特殊作业进行控制。具体内容见该章第三节作业过程安全控制。

9. 变更管理

企业应建立变更管理程序，强化对化学品、工艺技术、设备、程序以及操作过程等永久性或暂时性的变更进行有计划的控制，具体内容见该章第七节变更管理。

10. 应急管理

企业应建立应急响应程序，执行应急演练计划，并对员工进行培训，使其具备应对紧急情况的意识，并且能够及时采取正确的措施。具体内容见第四章第一节应急预案管理。

11. 事故管理

企业应制订事故报送、处置、调查、处理程序，通过事故的调查，识别性质和原因，制定纠正和预防措施，防止类似事故再次发生。具体内容见第四章第二节生产安全事故管理。

12. 符合性审核

企业应建立并实施安全符合性审核程序，以确保过程安全管理的有效性。符合性审核主要考虑以下因素：企业的政策和适用的法规要求，企业的性质和地理位置，覆盖的装置、设施、场所，需要审核的工艺安全管理要求，变更的要素，人力资源等。

三、现场安全管理

（一）生产现场实行封闭化管理

1. 生产厂区封闭化管理

生产厂区包括油罐区、工艺管道阀组区、输油泵区、加热炉区、变配电区，均应设置包围整个区域的围墙、围栏，实施封闭化管理，24h有人值班。生产厂区入口、高危险区入口处应设置明显的禁火和违禁物品标志。严禁将香烟、打火机、火柴和酒精类饮料等物品带入生产厂区。所有人员必须凭有效证件进出生产厂区，防止人员随意进出。

2. 外来承包商管理

经过相应安全教育并考核合格的人员（包括生产厂区内的员工、施工人员、外来参观和临时来访人员）方可进入生产厂区。承包商完成相关人员入厂三级安全教育并考试合格后，承包商管理部门提出申请，凭人事、安全部门的确认通知单，保卫部门予以发放厂区门禁卡。承包商门卡应按工程时限设定有效期，最长不超过1年。门卡申请人应确保持卡人在工作完成后或在门卡到期时及时将门卡交还发卡部门。门卡仅供持卡人使用，不得转借他人。如有转借，一经发现，立即吊销其门卡，并对转借人、借用人进行严肃处理。

3. 外来车辆管理

对进出生产厂区的所有车辆，包括驾驶员的有效证件，车辆搭载人员和装载物资，各单位应进行登记、检查，经确认有正当理由和持有效的入厂通行证明或证件，采取了规定的安全措施后方可放行。除驾驶员外，其他随车人员须下车凭有效证件从人员进出通道进入。所有进入防爆区域的车辆必须配装防火帽。车辆运进、运出货物，应持有效的出厂证明和手续方可通行。企业要在生产厂区道路上设置规范的车辆交通管理标示牌，在禁止停运设备的区域设置明显标志。在生产厂区行驶的车辆必须按指定路线行驶和停运设备，应遵守厂区内行车的相关安全管理规定。消防车、救护车、气防车和抢维修车辆等在执行应急任务时，应鸣笛行车。

所有进入防爆区域的车辆必须配装防火罩。汽车防火罩（又名防火帽）是一种安装在机动车排气管后，允许排气流通过，且阻止排气流内的火焰和火星喷出的安全防火、阻火装置。常用的规格有 35~80 之间的 10 种规格，另外还有 85~120 之间的 8 种规格，主要用于大型车辆。

（二）现场设备设施要符合设计规范

现场设备设施要符合设计规范，要定期进行维护保养，确保设备设施的完好；生产现场、工程建设项目现场应设立视频监控系统，实现全天候的安全监控；应在生产装置、仓库、罐区、装卸区、危险化学品输送管道等危险场所和位置设置警示标志；禁止在生产装置、检维修项目现场设立临时办公、休息场所。

在进入防爆区域要设置静电消除设施。目前，部分易燃易爆危险场所仍采用金属导体直接接地释放点的方式来消除人体静电，此方式虽能消除人体静电，但是，采用导体释放点的形式释放静电电荷，释放电阻小，释放时间短，瞬间释放能量大，存在导致人体电击或引发火灾爆炸事故的可能性。静电消除装置是适用于易燃易爆及其防静电场所的人体静电释放的仪器仪表。其特点是设计合理的人体静电释放电阻，合理有效地控制人体静电释放，延长人体静电释放时间，降低瞬间人体静电释放能量，能够使人体静电安全释放，同时能检测人体与静电触摸球接触是否可靠，声光报警提示静电消除是否完毕。

（三）生产过程变更风险控制

现场生产经营过程中生产工艺、设备设施、劳动组织等发生变化，对安全生产可能带来影响时，必须严格按照变更管理制度，履行变更手续。

变更管理是指对人员、管理、规程、工艺、技术、设备设施及设计等永久性或暂时性的变化进行有计划的控制，以避免或减轻对安全生产的影响。

变更应办理变更手续，未经风险评估和审批，不得擅自变更。强化变更控制，按变更影响范围、潜在危险性、重要程度等，可将变更进行分级管理，分为较大变更和一般变更。按照"谁主管谁负责、谁变更谁负责、谁审批谁负责"的原则，各变更归口管理部门应对变更从严控制，杜绝不必要的变更。变更申请单位或部门应详细阐明需要变更原因、依据和内容，并按规定履行变更程序。由于变更可能导致风险，应对变更的内容进行风险评估，并根据评估结果，制定控制措施。将变更的内容，及时传达给相关岗位人员，对操作人员进行培训。任何变更实施未经审查和批准，不得超过原批准的范围。

案例分析

2010年7月,某企业原油库输油管道发生爆炸,引发大火并造成大量原油泄漏,导致部分原油、管道和设备烧损,另有部分泄漏原油流入附近海域造成污染。事故造成作业人员1人轻伤、1人失踪;在灭火过程中,消防战士1人牺牲、1人重伤。据统计事故造成的直接财产损失为2亿2千多万元,其中原油泄漏总量6万3千多吨、价值为1亿5千万元,设备设施等固定资产损失价值7千多万元。

事故间接原因:该企业同意承包商使用含有强氧化剂过氧化氢的"脱硫化氢剂",承包商违规在原油库输油管道上进行加注"脱硫化氢剂"作业,并在油轮停止卸油的情况下继续加注,造成"脱硫化氢剂"在输油管道内部局部富集,发生强氧化反应,导致输油管道发生爆炸,引发火灾和原油泄漏。

事故间接原因:该企业同意承包商使用含有强氧化剂过氧化氢的"脱硫化氢剂",并未履行变更管理,未分析工艺变更带来的危险特性;承包商违规作业,该炼化公司安全生产管理制度不健全,未认真执行承包商施工作业安全审核制度和现场监管制度。

(四) 严格现场有毒有害气体的管理

1. 硫化氢

(1) 物理特性

硫化氢是无色有臭鸡蛋气味的有毒可燃气体,它比空气重,能在较低处扩散到相当远的地方。若处于高浓度(高于100mg/m³)的硫化氢环境中,人会由于嗅觉神经受到麻痹而快速失去嗅觉,所以其气味不应用作一种警示方法。硫化氢的性质及危害如图2.1-3所示。

其急性毒性作用特点是:低浓度即可引起对呼吸道及眼黏膜的局部刺激作用;浓度越高,全身性作用越明显,表现为中枢神经系统症状和窒息症状。慢性作用仅发现对眼的影响为结膜炎、角膜损害等。

其毒性作用的主要靶器是中枢神经系统和呼吸系统,亦可伴有心脏等多器官损害,对毒性作用最敏感的组织是脑和黏膜接触部位。

(2) 现场管理

在可能有硫化氢泄漏的工作场所应设置固定式硫化氢检测报警仪,显示报警盘应设置在控制室,现场硫化氢检测探头的数量和位置按照有关规范布置。固定式硫化氢检测报警仪表低位报警点

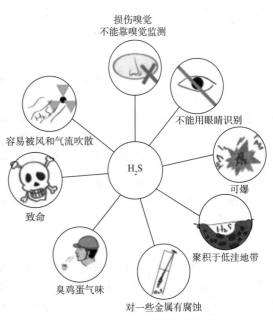

图2.1-3 硫化氢的性质及危害

应设置在 10mg/m³，高位报警点均应设置在 50mg/m³。上述场所操作岗位应配置便携式硫化氢检测报警仪，其低位报警点应设置在 10mg/m³，高位报警点均应设置在 30mg/m³。

凡进入装置必须随身携带硫化氢报警仪；在生产波动、有异味产生、有不明原因的人员昏倒及在隐患部位活动时，均应及时检测现场浓度。所使用的检测报警仪应经国家有关部门认可，并按技术规范要求定期由有检测资质的部门校验，并将校验结果记录备查。

（3）作业防护

在硫化氢的防护方面，工程控制是最重要的措施，它主要是解决硫化氢的泄漏，并消除因泄漏而在作业环境中集聚与停留的问题。

涉及硫化氢的设备检维修作业时，主管部门应组织输油站（库）和施工单位共同参加处理（施工）安全技术方案和应急方案的制定。对作业时机、实施过程、实施方法等进行全面系统地风险分析，对其安全可靠性和法规制度符合性进行充分地论证。处理（施工）安全方案中要对安全准备、吹扫置换、安全隔离、采样分析、动态检测、安全防护、安全监护、安全联系、逃生撤离、急救互救等措施作出具体的规定和安排。

（4）急救与处理

可能存在硫化氢泄漏的单位应制定和建立应急救援预案，保证现场急救、撤离护送、转运抢救通道的畅通，以便在最短的时间内使中毒者得到及时救治。对预案应定期演练，并及时进行修订完善。

硫化氢检测报警仪在低位报警点发生报警时，作业人员应检查泄漏点并准备防护用具。在高位报警点报警时，作业人员应佩戴防护用具方可进入作业现场并向上级报告，同时疏散下风向人员，禁止用火等作业，及时查明泄漏原因并控制泄漏。抢救人员进入戒备状态。硫化氢浓度持续上升而无法控制时，要立即疏散人员并实施应急方案。

对突然停电等紧急情况，制定具体的应对方案和措施。处理紧急事故时，操作人员必须佩戴好个人防护用品，携带便携式硫化氢报警仪，在现场工艺处置时，应两人或两人以上进行操作，严禁一人进行处理。

（5）事故案例学习

某企业化工厂硫化氢中毒事故

事故基本经过：

2017 年，某企业维修队维修工张某，在加氢重整车间的催化重整装置二层平台（距地面 5.4m）管廊上，拆除脱硫系统酸性气管线（DN100），出装置界区盲板时，酸性气管线中硫化氢逸出，张某中毒晕倒。地面监护人发现后，立即呼救。加氢重整车间安全主任监督杨某佩戴过滤式防毒面具前往施救。杨某将张某拖至二层平台楼梯口后，又返回作业点查看泄漏情况时，中毒晕倒在管廊上。两人被救出后送往医院抢救。杨某经抢救无效死亡，张某脱离危险。

事故原因：

高风险作业安全管理制度执行不力。按照企业《盲板抽堵作业安全管理规定》，"作业人员在介质为有毒有害、强腐蚀性的情况下作业时，必须佩戴便携式气体检测仪，佩戴空气呼吸器等个人防护用品"。而此次作业过程中，作业人员未佩戴气体检测仪和空气呼吸器，冒险作业，导致中毒事故。

硫化氢防护教育培训存在漏洞。按照企业《硫化氢防护安全管理规定》，在发生介质泄漏、浓度不明的区域内应使用隔离式呼吸保护用具。此事故中救援人员错误使用过滤式防毒面具，暴露出硫化氢防护培训还有漏洞。

作业安全风险分析流于形式。在酸性气管线上进行盲板抽堵作业，却没有识别出阀门内漏、硫化氢中毒事故风险。

含硫化氢介质的装卸及储罐的上罐检查、人工检尺、取样、切水等作业，应佩戴适用的防护器材和便携式硫化氢检测报警仪，并设专人监护，硫化氢浓度可能超过 $30mg/m^3$ 的作业必须佩戴正压式空气呼吸器。含硫化氢介质的接卸、输转过程中，生产、储存、运输（公路、铁路、船舶、管道）等各企业、环节间应建立信息通报机制，由生产调度部门负责编制含硫化氢介质信息单，内容包括介质总量、硫化氢浓度、路由、时间等，接转单位沿线进行信息传递告知。

2. 氮气

氮气通常状况下是一种无色无味的气体，密度比空气小。空气中氮气含量过高，使吸入氧气量下降，引起缺氧窒息。吸入氮气浓度不太高时，患者最初感觉胸闷、气短、疲软无力，继而有烦躁不安、极度兴奋、乱跑、叫喊、神情恍惚、可进入昏睡或昏迷状态。吸入高浓度氮气时，患者可迅速昏迷、因呼吸和心跳停止而死亡。发生氮气泄漏事件后，应急处理人员佩戴正压式空气呼吸器，迅速撤离泄漏污染区人员至上风处，并进行危险区域隔离，严格限制出入，切断泄漏源，合理通风，加速扩散。

3. 一氧化碳

在标准状况下，一氧化碳（carbon monoxide，CO）纯品为无色、无臭、无刺激性的气体。相对分子质量为 28.01，密度为 1.25g/L，冰点为 -205.1℃，沸点为 -191.5℃。在水中的溶解度甚低，极难溶于水。

一氧化碳是一种易燃易爆气体。与空气混合能形成爆炸性混合物，遇明火、高温能引起燃烧爆炸；与空气混物爆炸极限为 12%～74.2%。一氧化碳极易与血红蛋白结合，形成碳氧血红蛋白，使血红蛋白丧失携氧的能力和作用，造成组织窒息，严重时死亡。一氧化碳对全身的组织细胞均有毒性作用，尤其对大脑皮质的影响最为严重。一氧化碳是中毒事件中致死人数最多的毒物。临床上以急性脑缺氧的症状与体征为主要表现。接触 CO 后如出现头痛、头昏、心悸、恶心等症状，在吸入新鲜空气后症状即可迅速消失者，属一般接触反应；中、重度中毒病人有神经衰弱、帕金森病、偏瘫、偏盲、失语、吞咽困难、智力障碍、中毒性精神病或去大脑强直。部分患者可发生继发性脑病。

在生产场所中，应加强自然通风，防止输送管道和阀门漏气。有条件时，使用可能产生一氧化碳的生产装置或进入 CO 浓度较高的环境内，须戴供氧式防毒面具进行操作。如果吸入少量的 CO 造成中毒，应吸入大量新鲜空气或者进行人工呼吸。冬季取暖季节，应宣传普及预防知识，防止生活性 CO 中毒事故的发生。对急性 CO 中毒治愈的患者，出院时应提醒家属继续注意观察患者 2 个月，如出现迟发脑病有关症状，应及时复查和处理。

第二节　安全培训管理

一、各级领导的安全培训

（1）各级领导干部的安全培训应以贯彻法律法规、强化安全意识、学习安全知识为主要内容。

（2）国资委管辖特大型企业的领导干部至少每 2 年接受 1 次企业组织的安全培训。

（3）企业生产、技术、设备、工程等专业管理部门负责人和单位负责人任职 1 年内必须参加 1 次脱产的安全培训，以后每 2 年至少培训 1 次。

（4）企业专职安全总监、安全监管部门负责人和安全督查大队负责人任职 1 年内必须参加 1 次集团公司组织的安全培训，以后每年至少培训 1 次。

二、管理人员的安全培训

（1）管理人员的安全培训以强化责任意识、掌握安全管理方法、增强安全技能为主要内容。

（2）企业生产、技术、设备、工程等专业管理部门的管理人员应至少每 2 年参加 1 次本企业组织的安全培训。

（3）二级/基层单位（业务单元）管理人员应至少每 2 年参加 1 次本企业组织的安全培训。

三、安全教育培训和从业人员管理

（一）安全培训教育

（1）危化品经营、储存企业的主要负责人、安全管理人员安全培训大纲，由国家安全监管总局组织制定。

（2）危化品企业主要负责人和安全管理人员安全资格初次培训时间不得少于 48 学时，每年再培训时间不得少于 16 学时。

（3）省级政府安监部门组织、指导和监督辖区内央企分公司、子公司及其所属单位的主要负责人、安全管理人员的培训工作。

（4）危化品经营、储存企业主要负责人、安全生产管理人员经省级安监部门根据考核标准考核合格后，颁发安全资格证。危化品企业主要负责人和安全管理人员经考核合格，取得安全资格证书后，方可任职。

（5）主要负责人、分管安全领导、安全管理人员每年可到地方安监部门培训，考取安全生产知识和管理能力合格证，每年复审 1 次。

（二）企业从业人员安全培训

（1）安全培训企业应当对从业人员（含劳务派遣工）进行安全生产教育和培训，保证从业人员具备必要的安全生产知识，熟悉有关安全生产规章制度和安全操作规程，掌握本岗位的安全操作技能，了解事故应急处理措施，知悉自身在安全生产方面的权利和义务。

（2）企业从业人员在上岗前，必须经过厂、车间、班组三级安全教育。

（3）危化品企业新上岗从业人员安全培训时间不得少于72学时，每年接受再培训时间不得少于20学时。

（4）未经安全教育和培训合格的从业人员，不得上岗作业。安全培训的时间、内容、参加人员以及考核结果等情况，企业应当如实记录并建档备查。

四、安全生产教育培训的主要内容

（一）主要负责人

对主要负责人进行安全教育培训的内容：国家安全生产方针、政策和有关安全生产的法律法规及标准规范，安全生产管理基本知识，安全生产技术，安全生产专业知识，重大危险源管理，重大事故防范，应急管理和救援组织以及事故调查处理的有关规定，职业危害及其预防措施，国内外先进的安全生产管理经验，典型事故和应急救援案例分析，其他需要培训的内容。

（二）安全生产管理人员

对安全生产管理人员进行安全教育培训的内容：安全教育培训的内容：国家安全生产方针、政策和有关安全生产的法律法规及标准规范，安全生产管理基本知识，安全生产技术，职业卫生知识，伤亡事故统计、报告及职业危害的调查处理方法，应急管理、应急预案编制以及应急处置的内容和要求，国内外先进的安全生产管理经验，典型事故和应急救援案例分析，其他需要培训的内容。

（三）安全员

对企业安全员进行安全教育培训的内容：国家安全生产方针、政策和有关安全生产的法律法规及标准规范，安全生产管理基本知识，安全生产技术，安全生产法事故案例分析，风险识别与隐患排查，应急管理、应急预案编制以及应急处置的内容和要求，变更管理，事故管理，施工作业过程安全控制，承包商安全管理，环境保护知识，职业卫生，其他需要培训的内容。

（四）新从业人员

（1）新从业人员厂矿级：本单位安全生产基本知识，安全生产规章制度和劳动纪律，从业人员安全生产权利和义务，相关事故案例，事故应急救援、事故应急预案演练及防范措施等内容。

（2）新从业人员车间级：工作环境及危害因素，所从事工种可能遭受的职业伤害和伤亡事故，所从事工种的安全职责、操作技能及强制性标准，自救互救和急救方法、疏散和现场紧急情况的处理，安全设备设施、个人防护用品的使用和维护，本车间安全生产状况及规章制度，预防事故和职业危害的措施及应注意的安全事项，相关事故案例，其他需要培训的内容。

（3）新从业人员班组级：岗位安全操作规程，岗位之间工作衔接配合的安全与职业卫生事项，相关事故案例，其他需要培训的内容。

（五）班组长

对各班组长进行安全教育培训的内容：本企业安全生产现状和安全生产规章制度，岗位危险有害因素和安全操作规程，作业设备安全使用与管理，个人劳动防护用品的使用和维护，现场安全生产检查与隐患分析排查治理，现场应急处置和救护，典型生产安全事故案例，班组长的职责和作用，员工的权利和义务，与员工沟通的方式和技巧，先进班组的安全生产管理经验。

第三节　作业过程安全控制

一、作业准入与监护

（一）准入管理

施工现场实施准入管理。建设单位必须组织工程参建各方人员进行入场前的 HSE 教育培训，培训合格后办理入场证件方可入场。施工人员证件应有照片、姓名、单位、编号、工种、盖章等信息。油库、输油站、房屋建筑等具备场区封闭施工条件的工程，进场人员、车辆、施工设备等进行门禁管理。长输管道、外电线路新建、修理等野外施工工程，在施工区域应采取临时封闭措施，严禁与施工无关的人员进入临时封闭区。现场检查、供应等临时入场人员入场前，应由建设单位业务主管部门提前向现场安保主管部门申请办理入场手续、领取临时入场证件，经 HSE 入场教育后方可入场。建设单位安排人员对每天进、出施工现场的人员进行登记，做到与进、出人员信息相符。

（二）施工过程监护

现场有施工作业，必须有建设单位和监理单位监护。现场有风险度为重大及以上的作业，关键装置和要害（重点）部位的"边生产边施工"作业，带有介质的油罐作业，罐内刷漆、喷漆作业以及其他非常规作业，建设单位及施工单位均要派出指定监护人，实行作业现场"双监护"。与生产设施有关的工程施工，输油生产单位必须安排专人进行作业现场监护。未满足进场报验的人员、与施工无关的人员禁止进入施工场地。所有进场人员必须遵守施工现场 HSE 相关管理规定，服从现场管理人员的统一指挥。

（三）施工单位管理

严禁承包商、分包商将工程转包或分包给个人，监理单位监理工程师和监理员、建设单位现场管理人员发现后应立即制止。严禁承包商、分包商的项目经理、专业技术质量管理人员、安全管理人员、施工作业人员无资格、超资格从事现场管理或作业，监理单位监理工程师和监理员、建设单位现场代管理人员发现后应立即制止。各业务主管部门在检查时组织施工现场人员进行安全知识抽查考核，要求建设单位对考核不合格的人员进行再培训或者予以清退。

施工过程中遵守"三不作业",如图 2.3-1 所示。

图 2.3-1 三不作业

高风险作业实行许可要求的作业必须全程视频监控。作业范围和内容发生变化后需重新申请作业许可,作业人员不得随意改变作业范围和作业内容。

二、作业过程流程图

作业过程流程如图 2.3-2 所示。

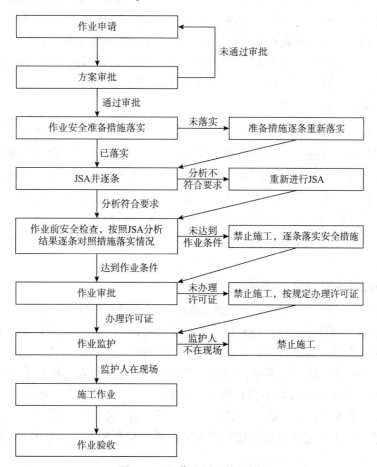

图 2.3-2 作业过程流程图

三、作业许可

(一) 作业许可简介

凡涉及用火、临时用电、进入受限空间、高处、动土、起重、盲板抽堵、压力试验、沟下等作业必须实行作业许可管理。承包商在生产区域内的其他临时性作业（日常及有程序指导的维修作业除外）必须实行许可管理。按照"谁的工作谁负责、谁的业务谁负责、谁签字谁负责"的原则，对高风险作业实施许可管理制度，未经许可禁止相应作业。

(二) 作业许可过程管理

现场作业负责人在作业许可前，必须组织作业人员和相关人员运用 JSA 等方法进行危害识别及风险分析，将作业内容、作业风险及防范措施、作业中止和完工验收要求向作业人员交底。作业许可的审批人必须在现场确认和审批，作业过程全程视频监控。作业许可审批人、监护人应经过作业许可管理培训合格、取得相应资质。作业许可过程中，要从严控制作业次数、作业时限、作业人员和许可审批。

作业许可管理包括作业前的风险辨识，许可条件确认，许可证的申请、审批、实施和核验以及作业许可证管理。安全监管部门是作业许可的监管责任主体，要对作业许可管理的执行情况实施监督管理；负责作业许可审批人、监护人的资质培训和认定；负责作业许可证的定期归档管理。各级业务主管部门是作业许可的管理责任主体，提供业务技术咨询和现场管理，对作业许可全过程的管理负责。作业许可的审批人在许可证签发前应结合 JSA，组织现场安全确认，对交叉作业要指定项目现场协调人。

(三) 作业许可职责权限

企业各基层单位或重点工程建设项目部（包括站队、车间）是作业许可的实施责任主体。负责组织作业人员的安全教育和作业现场的工艺、环境处理，满足作业安全要求；协助作业单位做好作业前的 JSA 和现场安全交底，落实现场监护和作业条件确认；按照审批权限进行作业许可审批；负责组织现场作业监护和作业结束的核实、关闭、现场恢复。

对交叉作业要指定项目现场协调人；作业区域应进行隔离，并予以标识。对存在能量或危险物质意外释放可能导致中毒、窒息、触电、机械伤害的设备设施应采取能量隔离与挂牌上锁措施。

(四) 强化作业许可证的落实

在严格执行直接作业环节规章制度的基础上，严格落实作业许可证。

(1) 严禁未办理作业许可证进行作业；严禁作业超过作业许可证规定许可范围，作业许可证与实际作业内容不符，作业安全措施不在现场确认，相关责任人未签名，作业许可证超期使用，作业许可证填写漏项，随意涂改作业许可证，作业许可证未按规定存档。

(2) 严禁作业许可审批人未持证签发作业许可证；严禁作业许可证不在现场审批签发。严禁作业监护人未持证监护；严禁监护人离开现场不停止作业。

(3) 严禁作业人员进入现场不按规定着装；严禁在有毒有害场所作业不佩戴个体防护用品。

(4) 严禁作业前不进行 JSA；严禁不成立 JSA 小组致使 JSA 与现场实际明显不符的现

象（如不需要安装盲板，但在控制措施中出现安装盲板作业；在输电线路附近进行起重作业，遗漏输电线路的危害）。

四、作业安全分析（JSA）

（一）JSA 简介

工作安全分析（Job Safety Analysis，简称 JSA）是事先或定期对某项工作任务进行潜在的危害识别和风险评价，并根据评价结果制定和实施相应的控制措施，达到最大限度消除或控制风险目的的方法。其目的是规范作业风险识别、分析和控制，确保作业人员健康和安全。

所有施工作业都要在作业前运用 JSA 等方法进行危害识别及风险分析；按照谁安排谁负责、谁作业谁负责的原则，由现场作业负责人组织作业人员和相关人员进行 JSA。作业安全分析应在对项目进行全面风险识别的前提下，针对每一项作业活动进行具体的分析。

JSA 主要用于生产和施工作业场所现场作业活动的安全分析，包括高风险作业、新的作业、非常规性（临时）的作业、承包商作业、临时性作业、交叉作业、长时间没有操作的设备作业、长时间未进行的区域内作业、作业过程中对异常情况进行处理的作业、变更的作业。

（二）JSA 步骤

JSA 时应采用集体讨论的方式进行，由多个有作业经验的人员在一起对所从事的工作进行讨论，基本步骤包括：

（1）成立工作小组；

（2）分解工作任务到具体步骤；

（3）识别每一步骤的危害；

（4）针对识别出的危害，从技术措施、管理措施和个体防护措施三个方面，结合作业实际，采取有效的控制措施。

1. 小组组成

作业前成立 JSA 小组，分析组长应接受 JSA 培训，并具备组织开展 JSA 的能力。小组成员应了解作业活动及所在区域环境、设备和相关的操作规程。基层单位的生产作业应由基层单位负责人指定分析组长，小组成员一般由设备专业、工艺专业、安全专业和作业人员组成。若情况比较复杂，应请相关专业的技术专家参与。长期停用的设备设施重新投用前，应组织该设备设施的相关专业人员、操作人员和安全人员开展 JSA 工作，必要时分析小组成员还应包括设备设施的供应商。施工作业涉及多项作业许可的，应按照作业活动的工序进行作业步骤分解，由相应的负责人组织开展综合性的 JSA 工作。

2. 划分步骤

作业步骤划分是直接作业环节 JSA 实施的基础。JSA 小组划分作业活动步骤，识别每个步骤存在的危害因素。进行危害因素识别时需注意结合作业实际，尤其注意区分同一作业活动在不同作业人员、区域、装置、环境下的危害因素变化情况。

3. 识别危害并制定控制措施

针对识别出的危害,从技术措施、管理措施和个体防护措施三个方面,结合作业实际,采取有效的控制措施。制定的风险控制措施应与作业许可证上的安全措施相一致,并将许可证上未涉及的控制措施填写到许可证"其他补充安全措施"一栏中。危害识别的结果和风险控制措施应由作业活动负责人告知所有参与作业的人员,并签字确认。

●案例分析

2011年1月5日上午,某石化公司煤化工运行部在检查净化装置脱碳单元低压闪蒸槽V6405(直径5.2m,高13m,位于闪蒸塔顶)的分布器运行情况时,发现闪蒸槽内分布管断裂脱落、损坏严重,决定采用无氧作业方法取出闪蒸槽内脱落的分布管,承包商安装公司员工周某和金某负责作业。

15时26分左右,周某佩戴移动式长管空气呼吸器进行闪蒸槽内作业,金某站在人孔附件的平台配合作业(平台距离地面约65m)。作业过程中,在周某递出1根翅管和1块塔盘构件后,闪蒸槽内发生闪爆,正在槽内作业的周某和平台上配合的金某被气浪冲击,坠落死亡。

事故直接原因:闪蒸槽内可燃气体遇金属撞击火花发生闪爆。闪蒸槽主要作用是从富液中闪蒸脱除CO_2,可燃气体随之析出。此次停工闪蒸槽没有退料,富液中可燃气体析出后在闪蒸槽顶部空间聚集。当人孔打开后,空气进入闪蒸槽顶部形成了爆炸性混合气体。作业过程中,翅管等金属撞击槽体产生火花,造成闪爆事故发生。

事故间接原因:①违章指挥,作业前采样分析,闪蒸槽内可燃气体浓度为1%,远高于允许值,但仍安排了进入作业;②没有进行危害识别与风险评估,这本来就是一起在线进器的高风险作业,作业前风险评估不充分,运行部负责人草率决定进行无氧作业,并为作业人员配备了长管空气呼吸器,但没有认识到可能存在的燃爆风险,没有落实相应的防范措施。

五、特殊作业环节管理

(一)用火作业

1. 定义

用火作业是指在具有火灾爆炸危险场所内进行的涉火施工作业。主要类型如图2.3-3所示,包括:气焊、电焊、铅焊、锡焊、塑料焊、铝热焊等各种焊接作业及气割、等离子切割机、砂轮机、磨光机等各种金属切割作业;使用喷灯、液化气炉、火炉、电炉等明火作业;烧(烤、煨)管线、熬沥青、炒砂子、铁锤击(产生火花)物件、喷砂和产生火花的其他作业;输油管线密闭开孔作业;罐区和防爆区域连接临时电源并使用非防爆电器设备和电动工具;使用雷管、炸药等进行爆破作业。

用火作业必须办理用火作业许可证,涉及进入受限空间、临时用电、高处、检维修等作业时,应办理相应的作业许可证。一张许可证只限一处用火,实行一处(一个用火地点)、一证(许可证)、一人(用火监护人),不能用一张许可证进行多处用火。特级、一级许可证有效时间不超过8h,二级许可证不超过48h。

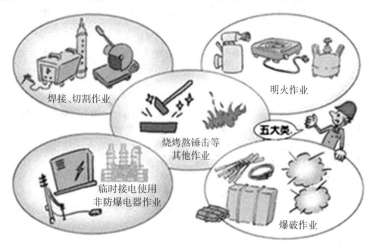

图 2.3-3 用火作业的主要类型

2. 用火作业安全措施

用火单位应组织承包商参加的安全措施落实专题会,对于风险应告知到现场每一个人。作业前,组织相关人员对相关作业 JSA 进行确认。用火作业 JSA 模板如表 2.3-1 所示。

表 2.3-1 用火作业 JSA 模板

作业安全分析(JSA)记录表				编号:	
作业名称:				区域/工艺过程:	
分析组长:		成员:		日期:	
序号	作业步骤	危害因素	控制措施(技术、管理和个体防护)		执行人
1	作业前安全措施确认	①动火点周围易燃物易造成火灾事故; ②作业前未进行可燃气体检测或检测不达标; ③现场存有有毒气体; ④人员无资质; ⑤动火部位与其他含易燃易爆设备、设施连通; ⑥作业设备设施不合格; ……	①准备好消防器材; ②将动火设备、管道内的物料清洗、置换、经检测合格; ③合格检测设备、气体分析合格方可施工; ④边沟、地井、地漏等做好封堵; ⑤作业人员必须持有有效证件; ⑥切断与动火设备相连通的设备管道并加盲板隔断、挂牌、并办理《抽堵盲板作业证》; ⑦入场前检查设备、设备不合格、禁止入场		
2	检查焊接回路	泄漏电流(感应电)危害易造成触电身亡; ……	电焊回路线应搭在焊件上,不得与其他设备搭接;		
3	检查高处动火作业安全情况	高处动火作业火星飞溅易引发火灾事故、人员烫伤	①高处动火办理《高处作业许可证》,并采取措施,防止火花飞溅、散落; ②高处动火点下方设备、设施、边沟、地漏等做好防护,并注意风向		

续表

序号	作业步骤	危害因素	控制措施（技术、管理和个体防护）	执行人
4	检查气焊、气割气瓶安全情况	安全附件损坏或未安装、气瓶间距不足易造成爆炸事故；……	①检查附属配件完好； ②乙炔瓶（禁止卧放）、氧气瓶与火源间的距离不得小于10m；……	
5	动火作业	①动火部位窜入易燃易爆有害物质、引发着火、爆炸、窒息、中毒等事故； ②私自挪动动火点； ③动火部位环境发生异常变化； ④砂轮切割、抛光作业机械伤害；……	①监护人不得离开现场、严格执行安全防护措施，并做好警戒； ②作业现场夜间应有充足的照明定时检测，通风良好； ③清楚动火设备上的易燃物，防止火星和熔渣扩散； ④当作业内容或环境条件发生变化时，应立即停止作业，许可证同时废止； ⑤设计进入受限空间、临时用电、高处等作业时，应办理相应的作业许可证并落实相应安全防护措施	
6	工作完成后，清理现场	①人员绊倒和滑倒； ②现场有余火、引发着火、爆炸事故；……	①清理场地，做好工完、料净、场地清； ②验收合格，签字确认；……	

告知确认：

动火审批人应亲临现场检查，督促安全措施的落实，方可审签用火作业许可证。要认真履行属地安全管理职责，现场要及时将工作进展和用火情况报告本单位调度室和公司调控中心。

用火作业前检查的主要内容：
（1）用火方案经过审批；
（2）开展危害识别，实施风险控制措施；
（3）特种作业人员持有效的操作证书；
（4）现场人员穿戴符合安全要求的劳动防护用品；
（5）现场作业人员熟悉用火方案；
（6）用火区域施工环境符合要求；
（7）施工机具、材料到位；
（8）与用火相关的输油工艺符合要求；
（9）与用火相关的设备设施上锁挂牌；
（10）消防车、器材及人员到位，消防通道畅通；
（11）用火现场逃生通道符合要求；
（12）系统隔离与置换及气体检测结果符合要求；
（13）用火作业许可证按要求办理；
（14）用火涉及的其他许可作业的许可证按要求办理。

3. 隔离与置换及气体检测安全措施

（1）与用火点相连的管线、容器应进行可靠的隔离、封堵或拆除处理。

（2）在对管线进行多处割开、断开、开孔等用火作业时，应对相连通的各个用火部位的用火作业进行隔离，有条件的进行放空处理。不能进行隔离时，相连通的各个部位的用火作业不应同时进行。

（3）与用火点直接相连的阀门应上锁挂牌。用火作业区域内的设备、设施须由生产单位人员操作。

（4）凡在生产、储存、输送可燃物料的设备、容器及管线上用火，应首先切断物料来源并进行可靠封堵隔离或断开；经彻底吹扫、清洗、置换后，打开人孔，通风换气。打开人孔时，应自上而下依次打开，经气体检测（分析）合格方可用火。若间隔时间超过1h继续用火，应再次进行气体检测（分析）或在管线、容器中充满水后，方可用火。

（5）凡需要用火的塔、罐、容器等设备和管线以及室内、沟坑内场所，均应进行内部和环境气体检测（分析），环境气体检测（分析）范围不小于用火点10m。

（6）设备管线外部用火，应在不小于用火点10m范围内对环境气体进行检测（分析）。

（7）当采用便携式气体检测仪检测时，可燃气体浓度低于爆炸下限值的10%（LEL）为合格。特殊情况下，使用色谱分析等分析手段时，当可燃气体爆炸下限大于或等于4%时，分析检测数据小于0.5%（体积分数）为合格；可燃气体爆炸下限小于4%时，分析检测数据小于0.2%（体积分数）为合格。分析单附在许可证的存根上，以备查和落实防火措施。在生产、使用、储存氧气的设备上进行用火作业，设备内氧含量不应超过23.4%。对采用惰性气体置换的系统检测分析时，不得采用触媒燃烧式检测仪直接进行检测。

目前所采用的氧气检测报警器为便携式复合气体检测报警仪，具有测量结果准确等特点，可检测燃气体及氧气、CO、H_2S等气体。目前所用一般兼容扩散和泵吸两种工作方式，适合不同应用场所。检测范围：O_2检测范围为0~30%；LEL检测范围为0~100% LEL；H_2S检测范围为$0~10^{-4}$；CO检测范围为$0~5\times10^{-4}$。

（8）用火部位存在有毒有害介质的，应对其浓度做检测分析。若含量超过车间空气中有害物质最高容许浓度时，应采取相应的安全措施，并在许可证上注明。在输送进口油和石脑油的设备设施、管线上用火，必须同时检测可燃气体和硫化氢气体浓度。

目前采用的通风设备为防爆轴流风机，防爆轴流风机由防爆电机、叶片、风筒等部件构成，适用于存在易燃易爆无腐蚀性气体，环境温度不得超过60℃的作业场所。安装前应详细检查风机是否有损坏变形，如有损坏变形，待修理妥善后，方可进行安装，安装时要注意检查各连接部分有无松动，叶片与风筒间隙应均匀，不得相碰，连接风口管道的重量不应由风机的风筒承受，安装时应另加支撑架，在风机风口端必须装集风器，并希望安装防护网，风机底座必须与地基平面自然接合，不得敲打底座强制连接，以防底座变形，安装时应校正机座，加垫铁片，基本保持水平位置，然后拧紧地脚螺栓，安装完毕后，必须先进行试验，待运行正常后，才允许正式使用。

（9）用火检测（分析）有效期。用火检测（分析）与用火作业间隔一般不超过0.5h，如现场条件不容许，间隔时间可适当放宽，但不应超过1h。若中断作业时间超过

1h后继续用火,监护人、用火人和许可证审批签发人应重新组织检测(分析)。特级用火作业期间应随时进行检测,监护人应佩戴便携式可燃气体报警仪进行全程监护。

(10)气体浓度的检测,至少采用2台检测仪器进行检测和复检。特级、一级用火,应至少每隔4h检测1次气体浓度。受限空间用火,至少每隔2h检测1次气体浓度。

(11)设备、容器与工艺系统已有效隔离,不会再释放有毒、有害和可燃气体的,首次检测(分析)合格后,检测(分析)数据长期有效;当设备、容器内有夹套、填料、衬里、密封圈等,有可能释放有毒、有害、可燃气体的,检测(分析)合格后超过1h用火的,须重新检测(分析)合格后方可用火。

(12)黄油墙砌筑。在管线抢维修作业时,用火作业环节风险较大。用火作业前,在封堵器或隔断阀门与连头(或封头)端之间的管段,通常采用砌筑黄油墙的方法实现油气隔离,确保作业安全。黄油泥滑石粉和锂基润滑脂的配比比例(质量)一般为3:1,根据环境温度比例可做适当调整。封堵器或隔断阀门与黄油墙之间的管段上应设有平衡孔(站内管线可利用就近的仪表孔等作为平衡孔),以防止温度、压力等因素对用火作业造成影响。砌筑黄油墙之前,应使用防爆铲刀并配合锯末或沙土等物品,将砌筑区域内管壁上的油蜡和污物清理干净,保证黄油墙和内壁的紧密贴合度。黄油墙应保证足够的强度和厚度,$DN250$及以上的管线黄油墙底部长度应不小于1.5倍管线直径,顶部长度不小于1倍管线直径、且不小于300mm,$DN100 \sim DN250$的管线黄油墙有效长度不小于250mm,$DN100$以下的管线黄油墙有效长度不小于150mm。黄油墙与管线切口的距离不小于300mm。黄油墙砌筑时,黄油砖应逐层码放,层间应错开接缝,每层码放完毕后应使用防爆工具夯实,确保黄油墙密实,与管内壁无缝隙。顶部封口时,可将黄油砖切成合适尺寸,由内向外逐块使用铜棒碾压,确保黄油墙与顶部结合紧密。

4. 用火作业现场安全措施

(1)用火作业区域应设置警戒,并设有明显标志,严禁与用火作业无关人员和车辆及设备进入用火作业区域。

(2)生产厂区用火作业实行封闭式管理,人员、车辆进入应执行生产厂区封闭化管理规定。

(3)对地下的管道和设备设施进行用火作业时,用火作业坑除满足施工作业要求外,应有逃生通道,通道应设置在用火点的上风向,其宽度不小于1m,通道坡度不大于30°,通道表面应采取防滑措施。在坑深超过1.5m的作业坑内作业人员,应系扎阻燃或不燃材料的安全带(绳),并有专人监护。因场地或周边的设备设施限制,作业坑的通道宽度、坡度达不到上述要求时,应采取相应的安全措施。

(4)用火前清除现场一切可燃物。用火点周围(最小半径15m)或其下方地面如有可燃物、空洞、窨井、地沟、水封等,应进行检查检测并采取清除封堵措施。高处用火作业应采取防止火花飞溅、散落措施。

(5)用火现场按照用火实施方案和用火安全措施配备消防车和消防器材。

(6)用火作业单位应做好施工前的各项准备工作,为用火作业创造条件。

(7)在盛装或输送可燃气体、可燃液体、有毒有害介质或其他重要的运行设备、容器、管线上进行焊接作业时,单位业务主管部门必须对施工方案进行确认,对设备、容器、管线进行测厚,并在许可证上签字。

5. 实施用火作业安全措施

(1) 用火作业过程中,应严格按照安全措施和用火方案的要求进行作业。

(2) 用火作业人员应在用火点的上风向作业,并避开油气流可能喷射和封堵物可能射出的方位。特殊情况,应采取围隔作业并控制火花飞溅。

(3) 用气焊(割)用火作业,乙炔气瓶严禁卧放,氧气瓶与乙炔气瓶的间隔不小于5m,二者与用火点距离不得小于10m,并不得在烈日下曝晒,如图2.3-4所示。

图2.3-4 用火作业氧气瓶和乙炔瓶使用

6.《用火作业许可证》填写签字指导意见

(1)《用火作业许可证(级)》的作业证编号、第×联、共×联:由办理用火作业许可证的基层站队安全管理人员填写,作业证编号应在安全管理信息系统中申请形成。基层站队安全管理人员不在现场时,由基层站队领导指定办理用火作业许可证的人员填写。

(2) 申请单位:用火作业所在的基层站队。由基层站队办理用火作业许可证的人员填写。

(3) 申请人:基层站队办理用火作业许可证的人员。由办理用火作业许可证的人员填写。

(4) 会签单位:用火作业涉及不属于站队管辖区域的单位时,填写管辖区域的单位名称。没有该种情况时,打"/"。由基层站队办理用火作业许可证的人员填写。

(5) 用火部位及内容、施工用火作业单位、施工用火作业单位联系人、用火人、用火人特殊工种类别及编号、监护人及证号、监护人员岗位(工种)、用火时间:由基层站队办理用火作业许可证的人员填写。如是打磨等作业,作业人员不需要取得特殊工种作业证,在"特殊工种类别及编号"栏打"/"。

(6) 采样检测:由检测人填写。

(7) 作业许可证其他签字指导意见如表2.3-2所示。

表2.3-2 作业许可证其他签字指导意见

用火主要安全措施	特级、一级用火确认人选	二级用火确认人选	备注
开展JSA风险分析,并制定相应作业程序和安全措施	二级单位安全监督管理部门负责人	基层站队安全管理人员	
用火设备内部构件清理干净,蒸汽吹扫或水洗合格,达到用火条件	二级单位主管该设备的生产(管道)部门负责人	基层站队分管该设备站队领导或业务管理人员	
断开与用火设备相连接的所有管线,加盲板( )块	二级单位主管该设备的部门负责人	基层站队分管该设备站队领导或业务管理人员	

续表

用火主要安全措施	特级、一级用火确认人选	二级用火确认人选	备注
与用火点直接相连的阀门上锁挂牌	二级单位主管该设备的部门负责人	基层站队分管该设备站队领导或业务管理人员	
用火点周围（最小半径15m）的下水井、地漏、地沟、电缆沟等已清除易燃物，并已采取覆盖、铺沙、水封等手段进行隔离	基层站队领导	基层站队安全管理人员	
罐区内用火点同一围堰内和防火间距内的油罐不得进行脱水作业	二级单位生产部门的负责人	基层站队分管生产的领导或工艺技术人员	
罐区内油罐用火，相邻油罐没有清油作业	二级单位生产部门的负责人	基层站队分管生产的领导或工艺技术人员	
作业坑符合要求或相应的安全措施到位	基层站队领导	基层站队安全管理人员	
高处作业应采取防火花飞溅措施	基层站队领导	基层站队安全管理人员	
清除用火点周围易燃物、可燃物	基层站队安全管理人员	基层站队安全管理人员	
电焊回路线应接在焊件上，把线不得穿过下水井或与其他设备搭接	基层站队分管设备（管道）的站队领导	基层站队设备（管道）技术人员	
乙炔气瓶（禁止卧放）、氧气瓶与火源间的距离不得少于10m	基层站队安全管理人员	基层站队安全管理人员	
现场配备消防蒸汽带（　）根，灭火器（　）台，铁锹（　）把，石棉布（　）块	现场消防（安全）负责人	基层站队安全管理人员	
视频监控已落实	二级单位项目主管部门负责人	基层站队负责人	
其他补充安全措施	二级单位项目主管部门负责人	基层站队负责人	
相关单位会签意见	①用火作业涉及不属于站队管辖区域的单位时，管辖区域单位领导。②基层站队安全管理人员在现场时，基层站队安全管理人员	①用火作业涉及不属于站队管辖区域的单位时，管辖区域单位领导。②基层站队安全管理人员在现场时，基层站队安全管理人员	两种情形均不存在时，打"/"

续表

用火主要安全措施	特级、一级用火确认人选	二级用火确认人选	备注
基层站队业务管理人员意见	基层站队业务管理人员	基层站队业务管理人员	
基层站队安全、消防管理人员意见		基层站队在现场的安全、消防管理人员	
基层站队领导审批意见	基层站队领导	许可证签发人	
生产（管道）、消防部门（单位）意见		二级单位生产（管道）部门的负责人，现场消防单位负责人	
安全监督管理部门意见		二级单位安全监督管理部门负责人	
许可证签发人审批意见		许可证签发人	
完工验收	用火监护人	用火监护人	

7. 注意事项

（1）主要安全措施确认人必须是参加许可证签发前现场检查的人员。规定有2人可以签字的栏目，若2人均在现场，排名在前的人员签字。

（2）对于列举的用火主要安全措施，若确认不需要采取某项主要安全措施，在该项措施的序号栏打"×"，但确认不需要采取该项措施的人员必须签字。

（3）用火作业单位相关人员须在用火主要安全措施确认人及完工验收的每一栏签字。

（4）基层站队维修班在本站队进行用火作业时，相关人员在主要安全措施确认人及完工验收的签字栏的前一栏签字，后一栏打"/"。

（5）采样点：用火点，用火点环境检测范围。

检测结果：填写可燃气体、其他气体检测的具体结果。气体连续检测情况填入《用火点内部、设备管线外部用火点及环境气体检测单》，由检测人填写。

（6）当主要安全措施签字人选不能满足上述指导意见时，由作业许可证签发人指定现场人员签字确认相关安全措施。

（7）相关单位会签意见，基层站队业务管理人员意见，基层站队安全、消防管理人员意见，基层站队领导审批意见，生产（管道）、消防部门（单位）意见，安全监督管理部门意见，许可证签发人审批意见：相关责任人既要签名，也要注明是否同意；如仅签名，视为"同意"。

（8）抢修（险）用火，由许可证签发人指定人员填写。

（二）沟下作业

1. 定义

沟下作业是指在深度超过1.2m的管沟内进行管道安装、清沟、无损检测、防腐补口及相关作业。

按照谁作业谁负责的原则，作业前，作业单位会同项目负责单位针对作业内容进行JSA，制定相应安全作业程序和安全技术措施。深度超过5m（含5m）的管沟内作业应编制专项施工方案，作业单位组织评审或审查并形成意见，作业单位按照评审或审查意见修改完善后实施。施工方案要按照相关程序，必须经作业单位、监理、项目负责单位审批。

2. 沟下作业安全注意事项

应查明沟下地质情况（如石方段、土方段、水田或地下水位较高地段等），有针对性地制定预防塌方措施；沟下作业前，必须彻底清理管沟两侧的危石、浮石等硬质杂物；土方段沟下作业，管沟应采用放坡的方式预防塌方，沟深超过5m时，采取边坡适当放缓，加支护或采取阶梯式开挖措施；水田或地下水位较高地段沟下作业，应采用有效的预防塌方措施，必要时在管沟两侧打上钢板桩或木桩。管沟有水时，要先降水后再进行施工；特殊地段由于地理条件制约而无法达到放坡要求的，沟下作业时必须采取满足要求的安全防护技术措施，如采用沟壁支护、挡板、防护铁笼等；沟下进行组焊、清沟、沟下连头、无损检测、防腐补口等作业时，沟底宽度应满足作业要求；沟下作业时，应最少设置两处梯子、台阶或坡道等逃生通道；严禁在沟内休息；作业人员发现异常，应立即撤离作业现场。

沟下作业前对已开挖管沟边坡稳定性进行认真检查。管沟边堆土距离沟边至少1.0m以上，堆积高度不超过1.5m；作业过程中应对沟边坡或固定支撑随时检查，及时发现边坡裂缝、疏松或支撑折断、走位等异常情况，立即停止工作，及时撤离有关人员，采取隔离措施，在危险没有消除前杜绝沟下作业；在沟边停放施工机械，要距离管沟边最少2m以上，施工机械行走安全距离距沟边应大于3m且缓慢通过；沟下组对、焊接作业时沟上的吊管机等起重设备不得熄火，操作人员不得下车。起吊时，起吊物件下方严禁站人，起吊物件与沟壁间严禁站人，确认物件平稳后两侧方可站人；遇到6级以上大风或大雪、大雨、大雾等恶劣天气，禁止作业。

（三）进入受限空间作业

1. 定义

受限空间是指进出口受限，通风不良，可能存在易燃易爆、有毒有害物质或缺氧，对进入或探入人员的身体健康和生命安全构成威胁的封闭、半封闭设施及场所，如反应器、塔、釜、槽、罐、炉膛、锅筒、管道以及地下室、窨井、坑（池）、下水道或其他封闭、半封闭场所。

图2.3-5 受限空间作业

2. 受限空间作业安全注意事项

进入受限空间作业应使用安全电压和安全行灯。作业环境原来盛装爆炸性液体、气体等介质的，应使用防爆电筒或电压不大于12V的防爆安全行灯，行灯变压器不得放在容器内或容器上；作业人员应穿戴防静电服装，使用防爆工具，严禁携带手机等非防爆通信工具和其他非防爆器材。图2.3-5为作业人员在受限空间作业图。

作业前30min内，应根据受限空间设备的工艺条件对受限空间进行有毒有害、可燃气体、氧含量分析，分析合格后方可进入。分析结果报出后，样品至少保留4h。作业中断时间超过60min时，应重新进行分析。分析仪器应在校验有效期内，使用前应保证其处于正常工作状态。监测人员对受限空间监测时应采取有效的个体防护措施。

发生人员中毒、窒息的紧急情况，抢救人员必须佩戴隔离式防护面具进入受限空间，严禁无防护救援，并至少有1人在受限外部负责联络工作。作业停工期间，应在入口处设置警告牌，严禁入内，并采取措施防止人员误进。作业结束后，应对受限空间进行全面检查，清点人数和工具，确认无误后，施工单位和基层单位双方签字验收，人孔立即封闭。所有打开的人孔分析合格之前及非作业期间必须要用人孔封闭器进行封闭并挂严禁进入警示牌，严禁私自进入。作业期间发生异常变化，应立即停止作业，经处理并达到安全作业条件后，需重新办理作业许可证，方可继续作业。

3.《进入受限空间作业许可证》填写签字指导意见

（1）作业证编号、第×联、共×联：由办理进入受限空间作业许可证的基层站队（包括项目分部，以下同）安全管理人员填写。基层站队安全管理人员不在现场时，由基层站队领导指定办理作业许可证的人员填写。

（2）申请单位：作业所在的基层站队。由基层站队办理进入受限空间作业许可证的人员填写。

（3）施工单位、设备所属单位、受限空间名称、原有介质、主要危害因素、作业人、监护人、开工时间：由基层站队办理进入受限空间作业许可证的人员填写。

（4）检测（采样分析）数据：由检测（采用分析）人填写。

（5）开展JSA风险分析，并制定相应作业程序和安全措施：站队安全管理人员。

（6）盛装过可燃有毒液体、气体的受限空间，所有与受限空间有联系的阀门、管线加盲板隔离，列出盲板清单，并落实拆装盲板责任人：站队工艺技术员。

（7）盛装过可燃有毒液体、气体的受限空间，设备必须经过置换、吹扫、蒸煮：站队设备技术员。

（8）设备打开通风孔进行自然通风，温度适宜人员作业；必要时采取强制通风或佩戴空气呼吸器，但设备内缺氧时，严禁用通氧气的方法补充氧：站队安全管理人员。

（9）相关设备进行处理，带有搅拌机的设备应切断电源，挂"禁止合闸"标示牌，设专人监护：站队电气管理人员。

（10）在进入受限空间作业期间，严禁其他与该设备相关的试车、试压或试验工作及活动：站队主管生产的站队领导。

（11）检查受限空间内部，具备作业条件，清罐时应使用防爆工具：站队安全管理人员。

（12）检查受限空间进出口通道，不得有阻碍人员进出的障碍物：站队安全管理人员。

（13）盛装过可燃有毒液体、气体的受限空间，应检测（分析）可燃、有毒有害气体含量：站队安全管理人员。

（14）进入受限空间作业人员（首先进入人员和最后出来人员）要携带与作业环境相适应的报警仪（包括可燃气、氧、硫化氢等报警仪）：站队安全管理人员。

（15）作业人员应清楚受限空间内存在的其他危害因素，如内部附件、集渣坑等：站队安全管理人员。

（16）作业监护人应清楚出入受限空间作业的人数、工具：站队作业监护人员。

（17）作业监护措施包括视频监控（　）、消防器材（　）、救生绳（　）、气防装备（　）：站队安全管理人员。

（18）严禁无防护救援：站队作业监护人员。

（19）其他补充措施：站队安全管理人员。

（20）基层单位技术人员：主管需要进入的设备、管道等设备设施的站队技术人员。

（21）完工验收：基层站队与施工单位现场负责人。

4. 注意事项

（1）对于列举的主要安全措施，若确认不需要采取该项措施，在该措施的序号处打"×"，但确认不需要采取该项措施的人员必须签字。

（2）当主要风险及安全措施签字人选不能满足上述指导意见时，由作业许可证签发人指定现场人员签字确认相关安全措施。

（四）动土作业

1. 定义

动土作业是指在生产运行区域（含生产生活基地）的地下管道、电缆、电信、隐蔽设施等影响范围内，以及在交通道路、消防通道上进行的挖土、打桩、钻探、坑探地锚入土深度在 0.5m 以上的作业；使用推土机、压路机等施工机械进行填土或平整场地等可能对地下隐蔽设施产生影响的作业。图 2.3-6 为采用挖土机进行挖土的动土作业。

图 2.3-6 动土作业

2. 动土作业安全注意事项

挖掘坑、槽、井、沟等作业：不应在土壁上挖洞攀登；不应在坑、槽、井、沟上端边沿站立、行走；在坑、槽、井、沟的边缘安放机械、铺设轨道及通行车辆时，应保持适当距离，采取有效的固壁措施，确保安全；拆除固壁支撑应从下而上，更换支撑应先装新的，再拆旧的；不应在坑、槽、井、沟内休息。

在沟（槽、坑）下作业应按规定坡度顺序进行，使用机械挖掘时，作业人员不应进入机械旋转半径内；严禁在离电缆1m距离以内作业；深度大于2m时，应设置应急逃生通道；两人以上同时挖土时应相距2m以上，防止工具伤人。作业人员发现异常，应立即撤离作业现场。在化工危险场所动土时，应与有关操作人员建立联系，当生产装置突然排放有害物质时，操作人员应立即通知动土作业人员停止作业，迅速撤离现场。施工结束时应及时回填土石，恢复地面设施。

使用的材料、挖出的泥土应堆放在距坑、槽、井、沟边沿至少0.8m处，堆土高度不得大于1.5m，挖出的泥土不应堵塞下水道和窨井；在动土开挖过程中应采取防止滑坡和塌方措施。作业前应了解地下隐蔽设施的分布情况，动土临近地下隐蔽设施时，应使用适当工具挖掘，避免损坏地下隐蔽设施，如暴露出电缆、管线以及不能辨认的物品时，不得敲击、移动，应立即停止作业。

3. 《动土作业许可证》填写签字指导意见

（1）作业证编号、第×联、申请单位、申请人、监护人、作业时间、作业地点、施工单位，涉及的其他特殊作业：由动土作业区域所在基层站队业务主管人员填写。如基层站队业务主管人员不在现场，由站队领导指定办理作业许可证的人员填写。

（2）申请单位：动土作业区域所在基层站队。

（3）申请人：动土作业区域所在基层站队业务主管人员。如基层站队业务主管人员不在现场，填写现场的基层站队领导。

（4）作业范围、内容、方式（包括深度、面积、并附简图）：由项目负责部门领导填写并签字。

（5）开展JSA风险分析，并制定相应作业程序和安全措施：项目负责部门领导。

（6）地下电力电缆已确认、保护措施已落实：基层站队电气技术员。

（7）地下通讯电（光）缆、局域网络电（光）缆已确认、保护措施已落实：基层站队信息技术员。

（8）地下供排水、消防管线、工艺管线已确认、保护措施已落实：基层站队领导。

（9）已按施工方案图划线和立桩：基层站队业务主管人员。

（10）作业地点处于易燃易爆场所，需要动火时已办理了用火许可证：基层站队安全管理人员。

（11）动土地点有电线、管道等地下设施，已向作业单位交底并派人监护：基层站队领导。

（12）作业现场围栏、警戒线、警告牌夜间警示灯已按要求设置：基层站队安全管理人员。

（13）已进行放坡处理和固壁支撑：项目负责部门领导。

（14）人员进入口和撤离安全措施已落实（A. 梯子、B. 修坡道）：基层站队安全管理人员。

（15）道路施工作业已报交通、消防、安全监督部门，应急中心：基层站队领导。

（16）备有可燃气体检测仪、有毒介质检测仪：基层站队安全管理人员。

（17）现场夜间有充足照明：基层站队领导。

（18）作业人员已佩戴防护器具：基层站队安全管理人员。

（19）动土范围内无障碍物，并已在总图上做标记：基层站队业务主管人员。

（20）视频监控措施已落实：基层站队安全管理人员。

（21）其他安全措施：基层站队领导。

（22）申请单位意见：基层站队领导（要注明是否同意）。

（23）施工单位：施工单位现场负责人（要注明是否同意）。

（24）有关水、电、气（汽）、通信、工艺、设备、消防等部门会签意见：基层站队

专业技术人员或分管业务的站队领导（要注明是否同意）

（25）项目负责部门审批意见：项目负责部门领导（要注明是否同意）。

（26）完工验收：双方监护人（要注明是否同意）。

4. 注意事项

（1）对于列举的安全措施，若确认不需要该项措施，在该措施的序号处打"×"，但确认不需要该项措施的人员必须签字。

（2）当安全措施签字人选不能满足上述指导意见时，由基层站队领导指定本站队在现场的人员确认相关安全措施并签字。

（五）高处作业

1. 定义

高处作业是指在距离坠落高度基准面 2m 以上（含 2m）有坠落可能的位置进行的作业，如图 2.3-7 所示。包括上下攀援等空中移动过程。高处作业分为四个等级：Ⅰ级（$2m \leqslant h \leqslant 5m$）、Ⅱ级（$5m < h \leqslant 15m$）、Ⅲ级（$15m < h \leqslant 30m$）、Ⅳ级（$h > 30m$）。

图 2.3-7 高处作业

2. 高处作业安全注意事项

从事高处作业时必须设专人监护，凡患有未控制的高血压、恐高症、癫痫、晕厥及眩晕症、器质性心脏病或各种心律失常、四肢骨关节及运动功能障碍疾病，以及其他不适于高处作业疾患的人员，不得从事高处作业。15m 及以上高处作业应配备通讯联络工具。高处作业人员应正确佩戴安全带，图 2.3-8 为高处作业佩戴安全带的警示牌，在不具备安全带系挂条件时，应增设生命绳、安全网等安全设施，确保高处作业的安全。高处作业平台四周应设置防护栏、挡脚板；临边及洞口四周应设置防护栏杆、警示标志或采取覆盖措施。高处作业严禁上下投掷工具、材料和杂物等，所用材料应堆放平稳，并设安全警戒区，安排专人监护。工具在使用时应系有安全绳，不用时应将工具放入工具套（袋）内，高处作业人员上下时手中不得持物。在同一坠落方向上，不得进行上下交叉作业。

图 2.3-8 高处作业警示牌

在气温高于 35℃（含 35℃）或低于 5℃（含 5℃）条件下进行高处作业时，应采取防暑、防寒措施；当气温高于 40℃时，必须停止高处作业。雨、雪天作业时应采取防滑、防寒措施；遇有不适宜高处作业的恶劣气象条件（如 5 级以上强风、雷电、暴雨、大雾等）时，严禁露天高处作业。

表 2.3-3 高处作业 JSA 分析模板

作业安全分析（JSA）记录表			编号：	
作业名称：			区域/工艺过程：	
分析组长：		成员：	日期：	
序号	作业步骤	危害因素	控制措施（技术、管理和个体防护）	执行人
1	登高作业前准备	①人员患有登高禁忌证，跌落伤人； ②梯子有损坏，人员攀爬时跌落受伤； ③安全带过期，有残缺或损坏，造成人员受伤； ④安全带使用不正确，导致人员坠落； ⑤手工具坠落伤人； ……	①患有登高禁忌证严禁登高作业； ②攀爬前，检查梯子外观是否有损坏； ③检查安全带有效期和完好性； ④正确使用安全带，高挂低用； ⑤人员攀爬时禁止手拿工具，作业前为工具系安全绳，作业中将安全绳固定； ⑥防坠落装置处于完好状态； ……	
2	登高过程	①手套、鞋底湿滑，攀爬时滑落，人员受伤； ②注意力不集中发生人员跌落； ……	①作业前进行风险分析，加强对人员技能的指导，作业人员注意力集中； ②劳保手套和工作鞋，保证清洁、无油污、不滑腻； ③正确使用防坠落装置	
3	高空作业	①人员踩空、滑倒、跌落； ②高空作业面无护栏或护栏损坏； ③安全带悬挂点不牢固，发生坠落； ④高空作业配合不到位，造成人员挤伤、滑倒、摔伤，工具设备跌落伤人	①工作时检查高空作业工作面，清理油污，熟悉作业环境； ②作业前检查护栏，保证完好，必须使用安全带； ③检查安全带悬挂点，确认牢固； ④作业中，正确指挥，信号明确，密切配合	
4	工作完成后清理场地	①人员绊倒和滑倒； ②高处有工具等物品残留； ……	①清理场地，尤其是高处部位，做到工完、料净、场地清； ②验收合格，签字确认； ……	
……	……	……	……	

告知确认：

3. 《高处作业许可证》填写签字指导意见

（1）高处作业许可证（×级）、作业证编号、第×联，所属单位，填写人，施工单位，施工单位负责人，作业内容，施工地点，作业内容，作业人，监护人，监护人证号，许可证有效期：由办理高处作业许可证的基层单位人员填写。

（2）所属单位：属地基层单位。

（3）填写人：办理作业许可证的基层单位人员，由基层单位指定。

（4）开展 JSA 风险分析，并制定相应作业程序和安全措施，表 2.3-3 为高处作业 JSA 分析模板：基层单位现场负责人。

(5) 作业人员身体条件符合要求，着装符合工作要求：二级单位安全监管部门负责人或管理人员（Ⅳ级高处作业）；基层单位安全管理人员（Ⅰ级、Ⅱ级、Ⅲ级高处作业）。

(6) 作业人员佩戴符合要求的安全带：二级单位安全监管部门负责人或管理人员（Ⅳ级高处作业）；基层单位安全管理人员（Ⅰ级、Ⅱ级、Ⅲ级高处作业）。

(7) 作业人员携带有工具袋，所用工具系有安全绳：基层单位现场负责人。

(8) 交叉作业已落实错时错位硬隔离要求：二级单位现场负责人（Ⅳ级高处作业）；基层单位现场负责人（Ⅰ级、Ⅱ级、Ⅲ级高处作业）。

(9) 使用的脚手架、吊笼、防护栏、梯子等符合安全要求：二级单位现场负责人（Ⅳ级高处作业）；基层单位现场负责人（Ⅰ级、Ⅱ级、Ⅲ级高处作业）。

(10) 临边及洞口四周设置防护栏、警示标志或覆盖，垂直分层作业中间有隔离设施：基层单位现场负责人。

(11) 在石棉瓦等轻型材料上方作业时需铺设牢固的脚手板：基层单位现场负责人。

(12) 高处作业有充足照明：基层单位现场负责人。

(13) 15m及以上进行高处作业配备通信联络工具：基层单位现场负责人。

(14) 作业人员佩戴（A. 空气式呼吸器；B. 过滤式呼吸器）：二级单位安全监管部门负责人或管理人员（Ⅳ级高处作业）；基层单位安全管理人员（Ⅰ级、Ⅱ级、Ⅲ级高处作业）。

(15) 视频监控已落实：基层单位现场负责人。

(16) 其他补充安全措施：二级单位现场负责人（Ⅳ级高处作业）；基层单位现场负责人（Ⅰ级、Ⅱ级、Ⅲ级高处作业）。

(17) 施工单位负责人意见：施工单位现场负责人。

(18) 基层单位现场负责人意见：基层单位现场负责人。

(19) 基层单位（或二级单位）领导审批意见：对于Ⅰ级、Ⅱ级、Ⅲ级高处作业，基层单位具有签发作业许可证资格的领导，原则上为主管该项作业的领导；对于Ⅳ级高处作业，二级单位具有签发作业许可证的处领导，原则上为主管该项作业的处领导。

(20) 完工验收：施工单位与基层单位现场安全负责人。

4. 注意事项

(1) 对于列举的主要安全措施，若确认不需要该项措施，在该措施的序号处打"×"，但确认不需要该项措施的人员必须签字。

(2) 当主要安全措施签字人选不能满足上述指导意见时，由作业许可证审批（签发）人指定属地单位在现场的人员确认相关安全措施并签字。

(3) 施工单位负责人意见、基层单位现场负责人意见、基层单位（或二级单位）审批意见、完工验收：相关责任人既要签名，也要注明是否同意；如仅签名，视为"同意"。

（六）起重作业

1. 定义

起重作业是指利用起重机械将设备、工件、器具材料等吊起，使其发生位置变化的作业过程，如图2.3-9所示。起重机械是指桥式起重机、门式起重机、装卸桥、缆索起重机、汽车起重机、轮胎起重机、履带起重机、铁路起重机、塔式起重机、门座起重机、桅杆起重机、液压提升装置、升降机、电葫芦及简易起重设备和辅助用具（如吊篮）等，不包括浮式起重机、矿山井下提升设备、载人起重设备和石油钻井提升设备。起重作业按起吊工件重量和长度划分为三个等级，一级为重量100t及以上或长度60m及以上；二级为重量40～100t（含40t）；三级为重量40t以下。

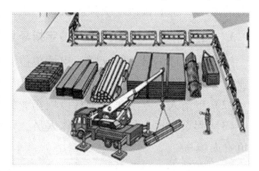

图2.3-9　起重作业

2. 起重作业安全注意事项

起重作业时必须明确指挥人员，指挥人员应佩戴明显的标志。起重指挥人员必须按规定的指挥信号进行指挥，其他操作人员应清楚吊装方案和指挥信号，图2.3-10为指挥人员进行起重作业指挥。起重指挥人员应严格执行吊装方案，发现问题要及时与方案编制人协商解决。正式起吊前应进行试吊，检查全部机具、地锚受力情况。发现问题，应先将工件放回地面，待故障排除后重新试吊，确认一切正常后，方可正式吊装。吊装过程中出现故障，起重操作人员应立即向指挥人员报告。没有指挥令，任何人不得擅自离开岗位。起吊重物就位前，不得解开吊装索具。

图2.3-10　起重作业指挥

起重操作人员应按指挥人员的指挥信号进行操作；对紧急停运设备信号，不论何人发出，均应立即执行；当起重臂、吊钩或吊物下面有人，或吊物上有人、浮置物时不得进行起重操作；严禁起吊超载、重量不清的物品和埋置物体；在制动器、安全装置失灵、吊钩防松装置损坏、钢丝绳损伤达到报废标准等起重设备、设施处于非完好状态时，禁止起重操作；吊物捆绑、吊挂不牢或不平衡可能造成滑动，吊物棱角处与钢丝绳、吊索或吊带之间未加衬垫时，不得进行起重操作；无法看清场地、吊物情况和指挥信号时，不得进行起重操作；起重机械及其臂架、吊具、辅具、钢丝绳、缆风绳和吊物不得靠近高低压输电线路。确需在输电线路近旁作业时，必须按规定保持足够的安全距离，不得小于表2.3-4规定的最小距离，否则，应停电进行起重作业。

表2.3-4　起重机械、吊索、吊具及设备与架空输电线路间的最小安全距离

项目	输电导线电压/kV						
	<1	10	35	110	220	330	500
安全距离/m	2.0	3.0	4.0	5.0	6.0	7.0	8.5

停工或休息时，不得将吊物、吊笼、吊具和吊索悬吊在空中。起重机械工作时，不得对其进行检查和维修。不得在有载荷的情况下调整起升、变幅机构的制动器。下放吊物时，严禁自由下落（溜）；不得利用极限位置限制器停运设备。2台或多台起重机械吊运

同一重物时，升降、运行应保持同步；各台起重机械所承受的载荷不得超过各自额定起重能力的 80%。遇 6 级以上大风或大雪、大雨、大雾等恶劣天气，不得从事露天起重作业。

3.《起重作业许可证》填写签字指导意见

（1）作业证编号、第×联，申请单位，申请人，作业地点及内容，作业时间：由起重作业许可证办理人填写。作业许可证办理人由基层单位指定。

（2）申请人：基层单位主管该项作业的领导。

（3）起重指挥人员、起重操作人员、司索人员、监护人及其证件编号：由基层单位现场负责人填写。

（4）开展 JSA 风险分析，并制定相应作业程序和安全措施：二级单位安全监管部门负责人或管理人员（一级起重作业）；基层单位安全管理人员（二级、三级起重作业）。

（5）起重操作人员、指挥人员、司索人员持有有效的资质证书；指挥人员应佩戴鲜明的标志，并按规定的联络信号统一指挥；作业人员应坚守岗位：基层单位现场负责人（必须是基层单位现场负责人进行资格确认）。

（6）起重指挥人员必须按规定的指挥信号进行指挥，操作人员应清楚吊装方案和指挥信号：基层单位现场负责人。

（7）起重指挥人员应严格执行吊装方案，发现问题及时与编制人协商解决：基层单位现场负责人。

（8）正式起吊前应进行试吊，检查全部机具、地锚受力情况；发现问题，应先将工件放回地面，待故障排除后重新试吊；确认一切正常后，方可正式吊装：基层单位现场负责人。

（9）吊装过程中出现故障，起重操作人员应立即向指挥人员报告；没有指挥令，任何人不得擅自离开岗位：基层单位现场负责人。

（10）起吊重物就位前，不得解开吊装索具：基层单位现场负责人。

（11）作业前按规定进行安全技术交底，作业人员应穿戴合格的劳保用品：二级单位主管该作业的管理部门负责人或管理人员（一级起重作业）；基层单位主管该作业的领导（二级、三级起重作业）。

（12）作业现场应实行视频监控，设定警戒线，禁止无关人员进入警戒区域：二级单位安全监管部门负责人或管理人员（一级起重作业）；基层单位安全管理人员（二级、三级起重作业）。

（13）补充措施：二级单位主管该作业的管理部门负责人或管理人员（一级起重作业）；基层单位主管该作业的领导（二级、三级起重作业）。

（14）施工单位负责人意见：施工单位现场负责人（要注明是否同意）。

（15）基层单位现场负责人意见：基层单位现场负责人（要注明是否同意）。

（16）基层单位领导意见：基层单位具有签发二级、三级起重作业许可证资格的领导，原则上为主管该项作业的领导（要注明是否同意）。

（17）二级单位领导：签发一级起重作业许可证的处领导，原则上为该项作业的业务分管处领导（要注明是否同意）；对于二级、三级作业许可证，在该栏打"/"。

（18）验收情况：基层单位与施工单位现场负责人（要注明是否同意验收）。

4. 注意事项

(1) 对于列举的安全措施，若确认不需要该项措施，在该措施的序号处打"×"，但确认不需要该项措施的人员必须签字。

(2) 除第（2）（4）项外，当签字人选不能满足上述指导意见时，由作业许可证审批（签发）人指定属地单位在现场的人员确认并签字。

（七）临时用电作业

1. 定义

临时用电是指在正式运行的电源上所接的非永久性用电。

2. 临时用电安全注意事项

临时用电线路及设备的绝缘应良好，电源线必须采用橡胶护套绝缘电缆。临时用电架空线应采用绝缘铜芯线，设在专用电杆上，严禁设在树木和脚手架上。架空线最大弧垂与地面距离，在施工现场不小于2.5m，穿越机动车道不小于5m。对需要埋地敷设的电缆线路应设"走向标志"和"安全标志"。电缆埋地深度不应小于0.7m，穿越公路时应加设防护套管。临时用电线路因受条件限制，无法架空和埋地敷设时，必须采取防止踩踏、碾压的保护措施。现场临时用电配电盘、箱应有编号和防雨措施，离地距离不少于30cm；盘、箱门牢靠关闭。在开关上接引、拆除临时用电线路时，其上级开关应断电上锁并加挂安全警示标牌。照明变压器必须使用双绕组型安全隔离变压器，一、二次均应装熔断器，行灯电压不应超过36V，在特别潮湿的场所或塔、釜、槽、罐等金属设备作业装设的临时照明行灯电压不应超过12V。临时用电设施应做到"一机一闸一保护"，开关箱和移动式、手持式电动工具应安装符合规范要求的漏电保护器。

3.《临时用电作业许可证》填写签字指导意见

(1) 作业证编号、第×联：由办理临时用电作业许可证的配送电单位电气技术员填写。配送电单位电气技术员不在现场时，由配送电单位领导指定办理临时用电作业许可证人员填写。

(2) 申请作业单位：填写配送电单位。由办理临时用电作业许可证人员填写。

(3) 工程名称：由办理临时用电作业许可证人员填写。

(4) 施工单位：临时用电作业单位。由办理临时用电作业许可证人员填写。

(5) 施工地点、用电设备及功率、电源接入点、工作电压、临时用电人、电工证号、临时用电时间：由办理临时用电作业许可证人员填写。

(6) 开展JSA风险分析，并指定相应作业程序和安全措施：配送电单位安全管理人员。

(7) 安装临时线路的人员持有电工作业操作证：配送电单位电气技术员或分管电气的站队领导。

(8) 在防爆场所使用的临时电源，电气元件和线路要达到相应的防爆等级要求并有措施：配送电单位电气技术员或分管电气的站队领导。

(9) 临时用电的单相和混用线路采用五线制：配送电单位电气技术员或分管电气的站队领导。

（10）临时用电线路架空高度在装置内不低于2.5m，道路不低于5m；配送电单位电气技术员或分管电气的站队领导。

（11）临时用电线路架空连线不得采用裸线，不得在树上或脚手架架设；配送电单位电气技术员或分管电气的站队领导。

（12）暗管埋地及地下电缆线路设有"走向标准"和"安全标志"，电缆埋深大于0.7m；配送电单位电气技术员或分管电气的站队领导。

（13）现场临时用电配电盘、箱应有防雨措施；配送电单位电气技术员或分管电气的站队领导。

（14）临时用电设施安装漏电保护器，移动工具、手持式电动工具应"一机一闸一保护"；配送电单位电气技术员或分管电气的站队领导。

（15）用电设备、线路容量、负荷符合要求；配送电单位电气技术员或分管电气的站队领导。

（16）行灯电压不应超过36V，在特别潮湿的场所或塔、槽、罐等金属设备内，不得超过12V；配送电单位电气技术员或分管电气的站队领导。

（17）视频监控措施已落实；配送电单位安全管理人员。

（18）其他补充安全措施；配送电单位安全管理人员。

（19）临时用电单位意见；临时用电单位负责人。

（20）供电主管部门意见（作业许可证签发人意见）：使用6kV及以上临时电源，二级单位电气主管部门（重点工程建设项目部工程管理部门）电气专业负责人；6kV及以下临时电源，配送电单位作业许可证签发人。

（21）供电执行单位意见：配送电单位供送电班的班组长。

（22）送电开始：持有有效电工证的供送电人员。

（23）完工验收：监护人。

4. 注意事项

（1）对于列举的主要安全措施，若确认不需要采取该项措施，在该措施的序号处打"×"，但确认不需要采取该项措施的人员必须签字。

（2）规定有2人可以签字的栏目，若2人均在现场，排名在前的人员签字。

（3）当主要安全措施签字人选不能满足上述指导意见时，由作业许可证签发人指定现场人员签字确认相关安全措施。

（4）临时用电单位意见，供电主管部门、供电执行单位意见：相关责任人既要签名，也要注明是否同意；如仅签名，视为"同意"。

（八）盲板抽堵作业

1. 定义

盲板的正规名称叫法兰盖，有的也叫作盲法兰。它是中间不带孔的法兰，用于封堵管道口。盲板从外观上看，一般分为板式平板盲板、8字盲板、插板以及垫环。密封面的形式种类较多，有平面、凸面、凹凸面、榫槽面和环连接面。材质有碳钢、不锈钢、合金钢、铜、铝、PVC及PPR等。

盲板抽堵作业是指在设备抢修、检修及设备开停工过程中，设备、管道内可能存有物料（气、液、固态）及一定温度、压力情况时的盲板抽堵，或设备、管道内物料经吹扫、置换、清洗后的盲板抽堵。

2. 盲板抽堵安全注意事项

在盲板抽堵作业点流程的上下游应有阀门等有效隔断；盲板应加在有物料来源阀门的另一侧，盲板两侧都要安装合格垫片，所有螺栓必须紧固到位。在有毒介质的管道、设备上进行盲板抽堵作业，应尽可能降低系统压力，作业点应为常压。通风不良场所要采取强制通风措施，防止有毒、可燃气体积聚。在易燃易爆场所进行盲板抽堵作业时，应穿防静电工作服、工作鞋；在介质温度较高或较低时，应采取防烫或防冻措施。作业人员在介质为有毒有害、强腐蚀性的情况下作业时，禁止带压操作，且必须佩戴便携式气体检测仪、佩戴空气呼吸器等个人防护用品。作业现场应备用一套以上符合要求且性能完好的空气呼吸器等防护用品。在易燃易爆场所进行盲板抽作业时，必须使用防爆灯具与防爆工具，禁止使用黑色金属工具与非防爆灯具；有可燃气体挥发时，应采用水雾喷淋等措施，消除静电，降低可燃气体危害。

作业人员应在上风向作业，不得正对法兰缝隙；在拆除螺栓时，应按对称、夹花拆除，拆除最后两条对称螺栓前应再次确认管道或设备内无压力。如果需拆卸法兰的管道距离支架较远，应加临时支架或吊架，防止拆开法兰螺栓后管线下垂。距离作业点30m内不得有用火、采样、放空、排放等其他作业。同一管道一次只允许进行一点的盲板抽堵作业。每块盲板必须按盲板图编号并挂牌标识，并与盲板图编号一致。对审批手续不全、交底不清、安全措施不落实、监护人不在现场、作业环境不符合安全要求的，作业人员有权拒绝作业。

3.《盲板抽堵作业许可证》填写签字指导意见

（1）作业证编号、×联，盲板编号，作业类型，施工单位，施工单位负责人，站库（装置、车间），设备管道名称，作业人及证件号，甲方监护人及证件号，作业实施时间，设备管道情况（介质、温度、压力），盲板与垫片（盲板材质、盲板规格、垫片材质、垫片规格）：由盲板抽堵作业许可证办理人填写。盲板抽堵作业许可证办理人，原则上按照"谁的专业谁负责"确定。

（2）开展JSA，并制定相应作业程序和安全措施：站队安全管理人员。

（3）关闭盲板抽堵作业点上下游阀门：站队工艺技术员。

（4）盲板抽堵作业点介质排放、泄压：站队工艺技术员。

（5）相关岗位知晓作业：站队工艺技术员。

（6）作业现场与控制室通风畅通：站队安全管理人员。

（7）已向作业人员书面作业交底与培训：站队主管生产的站队领导。

（8）距作业点30m内不得有物料排放、采样、动火等作业：站队主管生产的领导。

（9）作业人员持证上岗：站队安全管理人员。

（10）高处作业办理登高作业许可证：站队安全管理人员。

（11）对于有毒介质，佩戴正压式空气呼吸器，并检查备用呼吸器状况良好：站队安全管理人员。

（12）对于腐蚀性介质，佩戴防酸碱护镜或面罩等；对于强腐蚀性介质，应穿戴全身性的防腐蚀防护用品，检查备用防护用品状况良好：站队安全管理人员。

（13）在介质温度较高或较低时，有防烫或防冻措施：站队安全管理人员。

（14）对于易燃易爆介质，穿防静电工作服和工作鞋，使用防爆灯具和防爆工具，禁止用铁器等黑色金属敲打，并以水雾稀释：站队安全管理人员。

（15）对于必须带压（高于规定）等危险性大的作业，制定专项应急预案：站队设备技术员。

（16）同一管道上未同时进行两处或两处以上的作业：站队工艺技术员。

（17）甲方监护人全程监护：站队安全管理人员。

（18）盲板按编号挂牌：站队设备技术员。

（19）视频监控措施已落实：站队安全管理人员。

（20）其他补充安全措施：站队安全管理员。

（21）盲板图编制人：站队工艺技术员。

（22）盲板图确认人：站队分管生产的站队领导。

（23）基层单位意见：签发许可证的站领导。

（24）验收人：站队工艺技术员。

4. 注意事项

（1）对于列举的主要安全措施，若确认不需要该项措施，在该措施的序号处打"×"，但确认不需要该项措施的人员必须签字。

（2）当主要安全措施签字人选不能满足上述指导意见时，由作业许可证签发人指定现场人员签字确认相关安全措施。

六、案例分析

（一）案例 1

2013 年 3 月 1 日，某石油公司承包商人员在一加油站进行油气回收改造项目施工。当日的主要任务是敷设回气总管、油罐人孔盖开孔，以及回气总管与人孔盖的焊接。

10 时 30 分前，施工人员将油罐人孔盖拆下并移到安全地点进行开孔。11 时 40 分左右，曾某、陈某等将人孔盖搬至操作井内，准备与回气管线对位。对位过程中，施工人员试图用点焊的方法将管线短接焊接在人孔盖上，焊接过程中油罐发生闪爆，曾某当场死亡，陈某重伤。

1. 事故直接原因

承包商违章作业。在未检测油罐油气浓度、未采取相应安全措施的情况下，违章在油罐口附近动火，引燃油罐内残余油气导致事故发生。

2. 事故间接原因

（1）现场安全监护人员擅离职守，监管不到位。

（2）动火作业管理混乱。动火票上动火部位不明确、动火等级错误，没有提出诸如"检测油气浓度"等安全要求，安全防护措施落实不到位。

（3）施工改造主管部门未到现场开展专项检查，未能有效落实"谁主管、谁负责"

的安全职责，是导致事故发生的重要原因。

（二）案例2

某原油储运企业进行储油罐修理过程中，发生一起因作业现场用火制度执行不严格，现场监管缺失，致使焊接高温造成作业浮舱上方放置在墩袋内的一次密封含油海绵发生引燃事件。

1. 直接原因

施工人员在进行浮舱内隔板与顶板补焊作业前，未清理动火点上方易燃物，焊接高温造成作业浮舱上方放置在墩袋内的一次密封含油海绵发生引燃，含油海绵受热后形成大量浓烟向外扩散。

2. 间接原因

（1）安全主体责任落实不到位

①该储油罐修理工程于2017年7月15日完成清罐作业，11月19日开始进行储油罐修理安装工程，但直到2018年1月15日事发，施工作业区域储罐浮舱顶部仍留存较多的易燃物，建设单位和施工单位对工程日常安全管理不到位。

②建设单位储油罐修理工程现场技术负责人在1月15日动火期间没有到达现场监护，没有履行属地用火作业监管责任；项目负责人未认真组织相关人员到施工现场进行安全检查，未及时组织清理罐顶放置在墩袋内的一次密封含油海绵，未能履行属地安全管理责任。

③施工单位项目负责人、安全员、现场施工代表施工动火期间未有效组织检查作业现场，未清理罐顶放置的易燃物，未能履行施工作业安全管理责任。

（2）用火作业安全措施落实不到位

罐修理工程浮舱补焊用火作业等级符合二级用火作业等级，但用火作业安全措施的落实和作业票填写存在以下问题：

①用火作业安全措施落实不到位，用火主要安全措施中"清除用火点周围易燃物、可燃物"要求应清理补焊浮舱最小半径15m内的所有可燃物、易燃物，实际现场未清理；

②用火作业票填写不完整，由基层站队安全员张文静开具的用火作业票中"作业证编号""会签单位"栏目未填写，"其他气体检测结果"栏目填写的气体浓度单位错误；

③用火作业票签字职责履行混乱，用火作业票中"基层站队领导审批意见"栏签字确认人纪文平无许可作业票审批权限；

④用火作业票安全措施排查不彻底，用火主要安全措施中"与用火点直接相连的阀门上锁挂牌"内容在本次用火作业中不涉及，确认人未识别出，应在此项前打叉排除。

（3）JSA分析流于形式

建设单位和施工单位对储油罐浮舱补焊用火作业进行了JSA，将补焊用火作业分为三项工作步骤和十项控制措施，但JSA存在以下问题：

①"分析人员"配置较为单一，造成JSA分析不全面，整个JSA分析过程仅安全管理人员和施工作业人员参与，工艺、设备、项目负责人等相关人员未参与分析；

②"分析内容"流于形式，没有分析出风险点，危害描述中"氧气瓶、乙炔瓶摆放不正确"，此项分析内容与本次用火作业无关，未分析出浮舱内部焊缝补焊产生高温将引

燃浮舱上方易燃物的风险；

③已识别出的风险点未落实防范措施，危害描述"现场消防器材不足"，现场仍只配置两具灭火器，未制定补充的控制措施，造成前期扑救灭火器数量不足，危害描述"用火作业现场及周围存在易燃物品"，没有制定和落实清理措施。

七、督查过程常见问题

（一）部分单位安全生产责任制没有得到真正地落实

规定每半个月召开一次安全管理联席会议，但部分单位实际上是每月召开一次。门禁管理失控，站区大门敞开，车辆随意出入。基层站队安全管理力量较薄弱，新竞聘上岗的安全员培训不足，基本的规章制度理解不够，独立工作能力较差。

（二）动火施工作业亟须加强

动火作业过程中黄油墙砌筑存在不合格现象；施工作业人员经常在管线"碰死口"，对管线反复撬动、敲击，致使管线振动，导致黄油墙与管线内壁结合处松动产生缝隙；风险识别不到位，人员站位不正确；现场监护人员在管线对接难度大、施工作业人员对管线多次撬动敲击引起振动的情况下，未认识到由此对黄油墙的影响。此外，动火施工作业还存在现场消防力量不足、逃生通道不规范、应急处置能力欠缺等问题。如某输油站蜡堵解堵施工现场长达2km，其中1处开孔顶挤点在某厂区内，起初现场只配备了1台泡沫消防车，督查组督促现场增配1辆泡沫消防车；某输油站出站管段开挖了8个作业坑，有的作业坑深度接近2m，但没有开挖逃生通道，督查组督促开挖了带台阶的逃生通道。

（三）承包商和施工安全管理不到位

高处作业人员经常有未系安全带现象；部分施工人员劳保穿戴不规范，经常不佩戴安全帽；外来施工人员进入生产区不登记，外来施工人员安全教育、安全承诺书有代签现象，考试卷有代写现象；现场材料堆放杂乱，灭火器配备不足。部分施工现场临时用电电缆混乱，电焊机电源泡在水中，插座线搭在地方光缆线杆上；泥浆池围堰不当，泥浆流淌污染农田，离工地100m还有一个灌溉渠；施工监理存在不到位情况。

（四）消防和应急管理不到位

部分单位消防值班人员虽经培训，但技能不满足消防工作需求；部分单位灭火器材存在漏检和失效现象，消防管线存在冻裂漏水现象；站队级演练存在没有总结讲评及总结讲评流于形式的问题。

（五）设备设施和输油生产管理存在薄弱环节

某输油站防恐监控中心2015年12月20日发生故障，没有监控画面，直至2016年1月30日才维修恢复；部分罐区法兰静电跨接线和接地线存在断裂现象；某输油站吹灰器压力表和炉膛负压表故障；部分单位可燃气体报警仪出现故障未及时维修；安全阀存在未按规定进行校验的现象；随着清管作业常态化，收发球作业已成为输油生产的日常操作，但部分单位没有配备收发球车等工具。

（六）交通、职业卫生、环保管理尚待加强

部分单位危险废物处理不规范；化验室无通风设施；个别单位污水没有经过处理直接

排放。

（七）"低、老、坏"仍然存在

"低、老、坏"主要表现在许可证管理和安全记录不规范；部分站库对渗漏和油污及设备设施腐蚀处置不及时；部分场所卫生差、物品摆放杂乱。

第四节　建设项目"三同时"管理

企业建设项目中安全、环保、消防、职业病防护设施应与主体工程同时设计、同时施工、同时投产使用。

一、安全"三同时"管理

（一）可行性研究阶段

（1）建设单位应委托有资质的评价机构开展安全预评价，预评价报告应当符合国家标准或者行业标准的有关编制要求。

（2）评价机构完成评价报告编制后，建设单位应邀请行业内专家、企业相关部门人员组织企业内部审查。评价机构根据审查意见对评价报告完善后，由建设单位向政府安全生产监管部门申请安全条件审查。

（3）危化品企业建设单位应当在开始初步设计前，向安监部门申请建设项目安全条件审查，并提交安全条件论证报告、安评报告和项目批准文件等资料。

（4）安全条件审查通过的，安监部门出具建设项目安全条件审查意见书，有效期2年。有效期内未开工，应当重新申请审查。

（5）企业建设项目在政府相关主管部门审批或备案后，发生重大变更的，应重新办理相关手续。

（二）基础设计（初步设计）阶段

（1）建设项目初步设计时，建设单位应当委托有相应资质的设计单位编制安全设施设计。

（2）设计单位完成安全设施设计编制后，建设单位应邀请行业内专家、企业相关部门人员组织企业内部审查。设计单位根据审查意见对安全设施设计完善后，由建设单位向出具安全条件审查意见书的安监部门申请安全设施设计审查。

（3）安监部门应当在受理安全设施设计审查申请后20个工作日内作出是否批准的决定。

（4）建设项目安全设施、职业病防护设施设计未取得政府安全生产监督管理部门批准的，不得开工建设。

（三）试生产与竣工验收

（1）建设项目竣工后，根据规定需要试运行的，应当在正式投入使用前进行试运行。

（2）试生产（使用）前，建设单位应当组织工程技术、安全、职业健康管理等方面的专家对试生产（使用）方案进行审查，组织对安全、职业健康条件进行确认。

（3）建设项目投入前，应取得政府主管部门消防验收和试生产（使用）方案备案手续，未得到审批，禁止投入生产。

（4）企业应在建设项目竣工投入生产或者使用前，根据建设项目的管理权限，组织对安全设施和职业病防护设施进行竣工验收，取得验收批复意见。

（5）试运行期限应当不少于30日，不超过1年，需要延期的，可以向备案案件部门提出申请。

（6）危化品建设项目安全设施施工完毕后，施工单位应当编制建设项目安全设施施工情况报告。

（7）危化品建设项目试生产期间，建设企业应当委托有资质的安评机构对建设项目和安全设施试运行情况进行安全验收评价。

二、职业卫生"三同时"管理

建设项目的职业病防护设施所需费用应当纳入建设项目工程预算，并与主体工程同时设计、同时施工、同时投入生产和使用。

（一）职业病危害预评价

（1）对于可能产生职业病危害的建设项目，建设单位应当在可研论证阶段进行职业病预评价，编制评价报告。

（2）属于职业病危害一般或者较重的建设项目，建设单位主要负责人或其指定的负责人应当组织具有资质的人员对职业病危害预评价报告进行评审，并形成评审意见；属于职业病危害严重的建设项目，应当组织外单位职业卫生专业技术人员参加评审工作，并形成评审意见。职业病危害预评价工作过程应当形成书面报告备查。

（二）职业病防护设施设计

（1）存在职业病危害的建设项目，建设单位应当在施工前按照职业病防治有关法律、法规、规章和标准的要求，进行职业病防护设施设计。

（2）职业病防护设施设计完成后，属于职业病危害一般或者较重的建设项目，其建设单位主要负责人或其指定的负责人应当组织职业卫生专业技术人员对职业病防护设施设计进行评审，并形成评审意见；属于职业病危害严重的建设项目，应当组织外单位职业卫生专业技术人员参加评审工作，并形成评审意见。职业病防护设施设计工作过程应当形成书面报告备查。

（3）建设单位应当按照评审通过的设计和有关规定组织职业病防护设施的采购和施工。

（三）职业病危害控制效果评价和竣工验收

（1）建设项目完工后，需要进行试运行的，其配套建设的职业病防护设施必须与主体工程同时投入试运行。试运行不少于30日，最长不超过180日。

（2）建设项目在竣工验收前或者试运行期间，建设单位应当进行职业病危害控制效果评价，编制评价报告。属于职业病危害一般或者较重的建设项目，其建设单位主要负责人或其指定的负责人应当组织职业卫生专业技术人员对职业病危害控制效果评价报告进行评审以及对职业病防护设施进行验收，并形成评审意见和验收意见。属于职业病危害严重的建设项目，应当组织外单位职业卫生专业技术人员参加评审和验收工作，并形成评审和验收意见。

（3）建设单位应当将职业病危害控制效果评价和职业病防护设施验收工作过程形成书面报告备查，其中职业病危害严重的建设项目应当在验收完成之日起 20 日内向管辖该建设项目的安全生产监督管理部门提交书面报告。

（4）分期建设、分期投入生产或者使用的建设项目，其配套的职业病防护设施应当分期与建设项目同步进行验收。

（5）建设项目职业病防护设施未按照规定验收合格的，不得投入生产或者使用。

三、消防"三同时"管理

（一）消防设计审核

人口密集场所和其他特殊建设工程，建设企业应当将消防设计文件报住房和城乡建设主管部门审核。其他按照国家工程消防技术标准，需要进行消防设计的建设工程，应当自取得施工许可 7 日内，将消防设计文件报住房和城乡建设主管部门备案并接受抽查，未经批准或经抽查不符合规定的建设工程，不得施工。

申请消防设计审核应提供：

（1）建设工程消防设计审核申报表；

（2）建设单位的工商营业执照等合法身份证明文件；

（3）设计单位资质证明文件；

（4）消防设计文件；

（5）法律行政法规规定的其他材料。

（二）消防验收申请

工程完工后，人口密集场所和其他特殊建设工程，建设企业应当向住房和城乡建设主管部门申请消防验收，其他按照国家工程消防技术标准，需要进行消防设计的建设工程，建设单位自行验收后，应当报住房和城乡建设主管部门备案。

申请消防验收需提供：

（1）建设工程消防验收申报表；

（2）工程竣工验收报告和有关消防设施的工程竣工图纸；

（3）消防产品质量合格证明文件；

（4）具有防火性能要求的建筑构件、建筑材料、装修材料符合国家标准或者行业标准的证明文件、出厂合格证；

（5）消防设施检测合格证明文件；

（6）施工、工程监理、检测单位的合法身份证明和资质等级证明文件；

（7）建设单位的工商营业执照等合法身份证明文件；

（8）法律法规规定的其他材料。

四、环保"三同时"管理

(一) 可行性研究

可行性研究阶段需要开展环境影响评价工作。

(1) 建设单位在开展项目可行性研究的同时，同步委托有相应资质且有良好行业业绩的环评单位开展环评工作。

(2) 应当按照国家环境影响评价文件分级审批的有关规定，将环境影响评价文件报有审批权的环境保护行政主管部门审批。

(3) 在报批项目可行性研究报告之前，应取得环境影响评价文件批复。对于安全、环保、油气管道项目，可在可行性研究报告批复后、但必须在基础设计（初步设计）批复前，取得环境影响评价文件批复。

(4) 建设项目环境影响评价文件自批准之日起超过 5 年，方决定该项目开工建设的，应当报原审批部门重新审核环境影响评价文件。

(二) 设计和施工建设

(1) 建设单位应当委托具有相应设计资质的单位开展设计、总承包、专项承包等环境保护项目业务。承揽的业务范围必须满足环境保护资质等级和专业类别的规定以及行业业绩的特殊要求。

(2) 项目部应当要求工程设计单位按照环境影响评价文件及其批复开展项目工程设计，落实环境保护措施和投资，并依据合同进行监督检查。项目设计应当执行环境影响评价文件及其批复中关于项目选址（线）和穿跨越方式，以及污染防治、生态保护、环境风险防范等有关要求。工程设计单位不得擅自变更环境影响评价文件及其批复规定的内容和要求，项目部也不得强行要求工程设计单位变更。

(3) 建设项目初步设计（基础设计）应按照项目建设需要编制环保专篇。初步设计（基础设计）审查时应对环境保护篇章进行审查，落实环评报告及其批复要求的环保措施和要求，审查意见作为基础设计审查的依据。对涉及自然保护区核心区、风景名胜区核心区、一级水源保护区等重大环境敏感目标的建设项目，应由建设单位组织专项审查。

(4) 建设单位应当按照环境影响评价文件及其批复要求，制定项目施工建设期环境保护计划、细化环境保护措施，要求工程施工单位执行，并依据合同进行监督检查。工程施工单位应当落实环境保护措施，选取有利于生态保护的施工工期、区域和方式，规范设置废物临时存放场所，有效处理废水、废气和固体废物，采取有效措施防止噪声扰民。

(5) 项目设计和施工建设过程中，项目部应根据环评批复或政府环保部门要求，对需要开展环境监理的建设项目，委托工程环境监理单位对环境保护措施落实情况进行监督检查，按照有关环境保护行政主管部门的要求提交工程环境监理报告，并接受监督检查。

(6) 工程设计阶段及建设过程中发生项目变更时，应确保相应的环保措施满足要求；对发生重大变更的建设项目要向原环评审批部门报告，项目部要按要求及时办理变更手续或重新报批环评。

重大变更判定依据：油气管道建设项目重大变动清单（参考）。

①规模：

a. 线路或伴行道路增加长度达到原线路总长度的30%及以上；

b. 输油或输气管道设计输量或设计管径增大。

②地点：

a. 管道穿越新的环境敏感区，环境敏感区内新增除里程桩、转角桩、阴极保护测试桩和警示牌外的永久占地，在现有环境敏感区内路由发生变动，管道敷设方式或穿跨越环境敏感目标施工方案发生变化；

b. 具有油品储存功能的站场或压气站的建设地点或数量发生变化。

③生产工艺：

输送物料的种类由输送其他种类介质变为输送原油或成品油；输送物料的物理化学性质发生变化。

④环境保护措施：

主要环境保护措施或环境风险防范措施弱化或降低。

重大变更判定原则：变更是否带来了对环境的不利影响。

（7）建设项目需要配套建设的环保设施，必须与主体工程同时施工，确保同时投入试运行。

（三）试生产阶段

（1）建设单位应在建设项目投产前，检查项目环评批复意见落实情况，确保与主体工程配套的环境保护设施具备投用条件，落实环境风险防范与应急处置措施，且完成突发环境事件应急预案的编制及备案工作。

（2）建设项目投产前检查应包含环保内容，投产总体方案中要有环保专题内容。配套的环保设施必须与主体工程同时投入试运行。已取消环保试生产的，投产方案不需要报送政府环保部门备案。

（3）建设项目试生产期间，项目部应委托开展项目竣工环境保护验收调查（监测）工作，并对发现的问题及时整改。

（4）建设单位是建设项目竣工环境保护验收的责任主体，组织对配套建设的环境保护设施进行验收，编制验收报告，公开相关信息，接受社会监督，确保建设项目需要配套建设的环境保护设施与主体工程同时投产或者使用，并对验收内容、结论和所公开信息的真实性、准确性和完整性负责，不得在验收过程中弄虚作假。

（5）纳入排污许可管理的建设项目，排污单位应当在项目产生实际污染物排放之前，按照国家排污许可有关管理规定要求，申请排污许可证，不得无证排污或不按证排污。

（6）除需要取得排污许可证的水和大气污染防治设施外，其他环境保护设施的验收期限一般不超过3个月；需要对该类环境保护设施进行调试或者整改的，验收期限可以适当延期，但最长不超过12个月。

第五节　危险化学品安全管理

危险化学品是指具有毒害、腐蚀、爆炸、燃烧、助燃等性质，对人体、设施、环境具有危害的剧毒化学品和其他化学品。

管道输送企业在危险化学品接卸、储存、输送、使用、运输、保管等方面存在种类、数量和底数不清，重大危险源备案不全，安全风险状况掌握不准等问题。

一、管道输送企业危险化学品管理现状

管道输送企业危险化学品领域存在以下主要问题。

（1）安全风险和重大危险源：安全风险识别不准确，重大危险源备案不全，不再使用的危险化学品和化学试剂亟待处理，危险废物处置不规范。

（2）项目行政许可手续：个别项目未取得安全设施设计行政许可手续。

（3）库区隐患：因标准、规范更新或新颁布，安全间距不足和防火堤有效容积不足等库区隐患处于攻坚克难阶段。

（4）密闭空间：部分输油站（库）存在雨水暗沟（处理后的生活污水沟）和动力、控制线缆暗涵等密闭空间隐患问题。

（5）电气：部分输油站（库）变电所继电保护装置设备使用年限较长，保护装置出现不稳定现象；部分阀门电装老化，故障概率渐增。

（6）输油仪表和自控系统：部分输油站（库）输油仪表和自控系统存在设施老化、配置或功能不齐全、可靠性不能满足运行要求、可燃气体检测报警系统报警信号未接入消防控制室、采用UPS单回路供电、工控网安全防护措施落实不到位等问题。

（7）消防：部分消防自控系统功能不完整，消防管网锈蚀严重。

（8）动静密封点泄漏管理：部分输油站库动静密封点挥发性有机化合物的检测结果超标（大于 $500 \times 10^{-6} mol/mol$）。

（9）特种设备：施工作业现场气瓶缺乏防震圈和瓶帽。

（10）阴极保护：部分阴极保护站房屋漏雨，租用的房屋简陋、放置杂物。

（11）外管道：部分涉汛及地质灾害管段亟需治理。

（12）安保防恐：部分输油站库周界报警系统发生故障，阀室使用临时板房，不满足安防要求。

（13）视频监控：部分灯塔上模拟旋转摄像机部分故障掉线，大部分已模糊不清晰并无法旋转控制；部分生产区防爆摄像机防爆密封圈长期未更换，防爆性能缺乏专业监测；部分输油站（库）在用的高清数字摄像机没有自动巡检和故障报警功能，不具有对漏油和初期起火点的视频智能分析功能；早期投用的工业电视监控线路采用同轴电缆，信号传输质量不稳定；部分宾馆视频监控系统使用年限长，存在画面丢失现象。

（14）合资码头公司：合资码头公司存在压力管道未注册登记、溢油应急物资未按标准配备等问题。

（15）经营资质：部分输油站目前未办理港口经营许可证。

（16）安全防护距离：部分输油站库与外部居住区、工矿企业、交通线安全防护距离不足。

（17）应急管理：缺乏部分应急抢修设备、机具，应急预案有待于优化。

某管道输送企业所涉及的危险化学品共85种，包括易燃、易爆、剧毒、腐蚀性物品，

具体见附录 2 "某公司涉及危险化学品目录。"

二、排查与整治措施

危险化学品安全综合治理主要从以下 13 个方面进行。

(一) 摸排危险化学品各环节安全风险并重点排查重大危险源

（1）进行危险化学品登记，全面核对企业危险化学品种类、数量、危险特性等信息。

（2）对危险化学品重大危险源进行全面复查。按照危险化学品重大危险源辨识标准，重新组织辨识评估，建立完善重大危险源清单。

（3）按照安全风险识别与评估要求，全过程识别危险化学品（含易制毒化学品、剧毒品、易制爆化学品）各环节的安全风险。重点排查危险化学品生产、储存、使用、经营、运输和废弃处置以及涉及物业、食堂、酒店燃气使用等各环节、各领域的安全风险，落实风险管控的各项措施。建立危险化学品安全风险分布档案，做到风险识别全面，管控措施有效。

(二) 规范流程、严格安全设计审查

（1）强化安全设计过程管理。制定工程设计阶段的安全管理制度，严格按照标准规范、规定和安全评价的要求对项目的安全设备设施、安全控制系统进行设计。重点对项目安全设施设计进行审查，未审查不能审批。

（2）涉及危险化学品和首次工业化设计，以及全厂性公用工程设施、储运系统的关键单元，基础设计阶段由业主和设计单位联合开展 HAZOP 分析，并确保分析结果及时、有效落实。严格施工期间的检查，对涉及本质安全的变更必须按照变更管理的要求，开展安全风险分析，履行变更程序。

(三) 危险化学品装卸和运输专项整治

开展危险化学品的储存、装卸和运输的专项整治。重点对危险化学品储存场所，火车、汽车装卸栈台、装卸设施等设备全面普查，完善管理制度，落实定期检验要求，确保设备设施完好。

加强运输过程的安全监管和考核，督促承运单位严格遵守危险化学品运输管理规定。对危险化学品运输工具必须通过定位系统实行监控。

(四) 罐区安全隐患专项整治

对照标准和排查要求进行罐区安全隐患排查，按照"五定"要求进行整治工作。

(五) 仪表自控系统整治

对设施老化、配置或功能不齐全、可靠性不能满足运行要求、不符合标准规范和制度要求的输油仪表，自控系统，调节阀，可燃、有毒及有毒气体检测仪进行改造。加强仪表的管理力度，确保监测、联锁、液位等关键性仪表的完好性，确保完好运行。

(六) 泄漏整治

（1）把泄漏管理作为消除安全事故的重要措施，修订完善泄漏管理制度，明确泄漏管理的责任、目标、考核等要求，全面提升危险化学品的泄漏管理水平。

（2）加强对装置的设计、设备、工艺操作、仪表控制等可能导致的泄漏风险进行充分辨识与评估，对辨识出可能发生泄漏的部位，制定有针对性、可操作性的防范措施。

（3）建立泄漏管理台账，对泄漏点要实行逐点治理，逐项消除。

（七）特种设备隐患专项排查

（1）建立特种设备、移动压力容器台账，开展隐患排查，建立隐患清单，进行整治，隐患消除后，方可继续使用。

（2）对进入现场的移动压力容器要加强管理，建立清单，不符合要求的要禁止进入现场作业。

（3）建立超期服役的压力容器、安全阀清单，按照国家有关规定办理相关手续后，方可继续使用。

（八）社区隐患综合整治

以社会职能分离移交为契机，开展社区水、电、燃气、暖等公共设施改造；对公房建筑、电梯、电气消防等隐患排查治理。对二氧化碳等化学品储运经营设施、电力设施进行排查，对排查出的问题进行整改。

（九）危险化学品生产、储存界区安全报警专项整治

生产厂区和厂区外独立的罐区和装卸区域、各类储油（气）库及管道站场、阀室等周界建立实体防范设施，设置防攀爬、防翻越障碍物，安装全覆盖的视频监控、入侵报警、出入口控制等安保防控系统。

（十）危险化学品码头专项整治

（1）对照企业《码头安全工作要求》，从经营资质、安全设施、消防设施、安全标志、应急物资配备等方面开展排查整治，切实提高危险化学品码头本质化安全水平。

（2）定期更新码头作业安全风险清单，落实分级管控措施。运用视频监控、自动脱缆、紧急关断、监测报警等自动化设施，确保重大风险全面受控。

（十一）危险化学品生产、经营、储运资质专项整治

重点整治加油站，跨省、区的长输管道，场站危险化学品经营许可证等资质问题，确保危险化学品的生产、使用、储存和运输的合法合规。

（十二）油库外部、厂际管道安全距离专项排查

排查油库与外部居住区、公共建筑物、工矿企业、交通线的安全距离是否满足现行的标准规范，重点是人员密集区和高后果区。对于排查出的问题，要按照安全隐患治理的要求，需要整改的安排进行整改，一时不能整改的，要进行安全风险识别、评估及管控，要按照"五定"要求，制定相应的整治方案和整治前的防控措施。对生产装置、油库、加油（气）站、管道在人口密集区和高后果区的要采取安全风险管控措施。

（十三）提升事故与应急管理水平

（1）重点推动应急预案优化和现场处置方案卡片化工作在企业基层单位固化生根，落实定期评估和演练制度，加强企地联防联治，构建长效机制。

（2）企业要针对泄漏、火灾特点制定专项应急预案和现场处置方案，针对不同的泄漏、火灾形式和设备配备齐全的专用堵漏器具、灭火应急物资和快速到达现场的运输工具，常用物资、器具应现场配备。

（3）企业应建立专业、志愿消防队，定期训练，设置专业的泄漏应急抢修队，配备泄漏应急抢修设备机具和备件，制定应急抢修的安全规程，并做好相应的培训工作。

第六节　承包商安全管理

承包商是指承担新（改、扩）建工程建设、检维修作业、石油工程技术服务的单位，包括工程总承包、施工总承包、分包以及勘察、设计、施工、监理、检测监测等单位。

承包商安全监督管理工作遵循"谁发包谁负责""谁用工谁负责""谁的属地谁负责"的原则。

一、安全资质审查

招标前，项目主管部门应审查招标文件中承包商的施工、安装资质等级及安全资质要求，确保与承担的施工项目相适应，工作业绩能满足项目的需要。

承包商安全资质审查的内容包括但不限于：

（1）政府部门颁发的安全生产许可证情况；

（2）HSE管理体系或安全管理体系、安全生产标准化的建立及运行情况；

（3）主要负责人、项目负责人、专职安全生产管理人员取得政府部门颁发的安全生产考核合格证书情况，特种作业人员和特种设备作业人员持证情况；

（4）近三年的安全业绩情况（主要包括安全事故率、损失工时率、总伤害率及事故简要描述等）。

近三年发生过人为破坏案（事）件、群体性治安（维稳）事件的承包商，应控制其入围。总承包单位负责分包商施工资质和安全资质审查，并报建设单位批准或备案。

二、招标过程安全管理

招标文件中应明确提出：

（1）安全保证措施的要求、工程分包控制措施的要求；

（2）特殊作业及危险性较大的施工现场必须配备安全视频监控设施的要求，安全防护措施费用单列、专款专用的要求；

（3）对施工过程中存在的危害因素进行风险分析，制定安全措施和应急预案的要求；

（4）现场管理人员、特种作业人员的配备要求。

技术标中的安全保证措施内容所占分值不得低于技术标总分值的25%，安全风险较大的工程（改建、大修、检维修工程、边生产边施工项目等）应提高比例。

三、合同签订过程安全管理

合同中应明确：

（1）开工前承包商必须根据工程项目安全施工的需要，对参加项目的所有员工进行安全培训，并将培训和考试记录报送建设单位备查；

（2）对参与施工人员工种及技能的要求，主要施工机具设备的种类、规格、性能要求，以及分包项目内容与管理的要求；

（3）参与项目建设的项目负责人、安全负责人、质量负责人、施工负责人名单，不得擅自更换，明确特种作业人员和关键工种人员的资格要求、报审程序，进场前报项目主管部门审查；

（4）根据当地建筑市场或本企业项目管理的能力，明确脚手架工程和大型特殊设备吊装工程的管理或分包的方式；

（5）安全防护措施和脚手架计费标准及费用使用审批方式，确保专款专用；

（6）开工前承包商必须提交项目现场危险性较大的分部分项和超过一定规模且危险性较大的分部分项工程清单；

（7）签订工程合同时应同时签订安全生产管理协议，将其作为合同附件。

四、分包过程安全管理

实施分包的工程，安全责任不能分包。总承包商、分包商应按照分包合同中的安全管理要求实施管理，若变更安全管理职责、界面，应重新签订分包合同。禁止项目转包、违法违规分包。总承包商与分包商签订工程合同时，应按合同签订安全管理进行，并报送建设单位备查。施工总承包单位进行专业分包时，不得扣减脚手架费用和安全防护措施费用；总包单位对脚手架工程单独分包时，不得以管理费名义扣减任何费用。

劳务分包应遵守以下要求：

（1）不得以劳务分包的名义进行专业分包；

（2）进行劳务分包时，施工现场管理机构应由劳务分包的发包单位组建，技术文件由发包单位负责编制，安全劳动保护用品等均应由发包单位负责提供；

（3）劳务人员应有相应的资质，业务技能与从事的施工项目相适应；

（4）劳务分包项目中的关键工种应杜绝临时零星用工；

（5）发包单位应对劳务人员中的特种作业人员、特种设备作业人员、工程需要的其他人员进行业务技能的培训、考评，完善班组建设，并报送建设单位备查；

（6）分包单位应对劳务人员的身份证复印件、特种作业操作证、特种设备作业人员证或上岗证复印件进行建档保存，并报送建设单位备查。

五、开工前安全管理

（一）人员要求

（1）参加项目的承包商所有人员应有（职业）健康体检合格证明，无从事作业所涉及的工作禁忌证，现场施工人员的年龄不应超过法定退休年龄，从事高空作业及特种作业的人员年龄不宜超过50周岁，女性不宜超过45周岁。

（2）参加项目的所有人员已由当地公安系统进行身份信息采集、比对，防止非法人员进入现场。

（二）培训要求

（1）承包商已对参加项目的所有人员进行了安全培训，特种作业人员、特种设备作业人员持有政府部门颁发的"特种作业操作证""特种设备作业人员证"，并已经过建设单位考评、验证。

（2）建设单位应对承包商项目管理人员（项目负责人、项目安全管理人员、现场技术负责人）进行专项安全培训，考核合格后方可开工。

（3）建设单位应对承包商参加项目的所有人员进行入厂（场）前的安全教育，考核合格后发给"临时出入证"。

（三）安全交底

（1）安全技术措施或专项施工方案已经过监理单位审查、建设单位批准。

（2）建设单位现场技术人员已向施工单位负责项目管理的技术人员进行安全技术交底，施工单位技术人员已对有关安全施工的技术要求向施工作业班组、施工人员作出详细说明，并由双方签字确认。

（四）现场确认

（1）进场机具设备已由监理单位检查、验收确认。

（2）现场的临时设施已按要求建设到位并经项目管理部检查、验收确认。

（3）现场安全标准化工地建设工作符合合同的约定。

（4）自然灾害敏感区域施工的，已制定预防自然灾害安全措施。

（5）施工现场已设置安全风险及职业危害告知牌，公布项目存在的安全风险及职业危害因素、防护措施。施工现场的危险部位已按要求设置各种警示标识。

（五）开工手续办理

建设单位、监理单位、施工单位对作业现场共同进行检查，确认已具备安全作业条件后，方可办理开工手续。

六、现场施工安全管理

施工现场应实行封闭管理，所有人员和车辆进出现场大门必须持有有效证件。长输管道建设等施工现场无法做到封闭化管理的，应设置警示带，划定警戒区，杜绝闲杂人员和车辆的进出。

施工人员进入生产运行、工程建设现场，应穿戴符合相关安全要求的劳动防护用品。

施工人员进入生产区施工作业，只能在规定的作业区域进行施工活动，不得擅动建设单位的设备设施，未经许可不得擅自进入其他区域和场所。

两个及以上承包商在同一作业区域内作业、可能危及对方生产安全的，项目主管部门应明确工作边界，协调承包商之间签订安全管理协议，明确各自的安全生产管理职责和应当采取的安全措施，并指定专职安全生产管理人员进行安全检查与协调。

边生产、边施工作业应开展安全风险分析，制定严格的作业程序和安全措施。

安装、拆卸施工起重机械及脚手架等设施，必须编制专项施工方案，经监理单位审查、建设单位批准后严格按照方案执行，经检验合格后办理验收手续。

施工过程中，应定期核查承包商项目经理、安全管理人员、现场技术负责人、特种作业人员、特种设备作业人员和关键工种人员是否与投标文件中承诺的人员相一致，并检查持证情况。当发现无证上岗时，应立即清出施工现场。

安全督查大队对承包商施工现场实施全覆盖、全天候安全督查。

特殊作业以及重要的、危险性较大的施工现场必须实施全程视频监控。

鼓励重点工程建设及大检修项目实施"第三方安全监督服务"。

推行安全行为指数做法，对作业行为进行量化管理。

建设单位应与承包商建立信息沟通机制、安全例会机制，及时通报安全信息，协调解决施工过程中的安全问题。建立应急联动机制，定期开展联合应急演练。

七、特殊作业安全监督管理

对用火、进入受限空间、高处作业等特殊作业必须强化作业许可申请人、签发人、接收人（施工单位的现场负责人或安全负责人、技术负责人）、监护人的责任落实，强化风险分析和安全措施的落实确认。

施工作业过程中，签发人、接收人对作业全面负责，双方的监护人应在现场全程值守。

申请人、签发人、接收人、监护人必须经过建设单位安全管理部门组织的作业许可管理培训，取得合格证书。

开票前，签发人必须会同申请人、接收人针对现场和作业过程中可能存在的危害因素运用JSA等方法进行风险分析，制定相应的作业程序及安全措施。

施工前，签发人会同承包商的现场负责人及有关专业技术人员、监护人，对现场作业的设备、设施进行现场检查，对作业内容、可能存在的风险以及施工作业环境进行交底，对许可证列出的有关安全措施逐条确认后，现场签发作业许可证。

开始作业前、施工完毕后，应及时报告生产调度（运行）部门。

作业完毕，经签发人现场检查，确认无遗留安全隐患后，办理作业票关闭手续。

非常规作业要开展风险分析，风险大的作业要参照特殊作业管理规定执行。

鼓励实施电子作业票。

八、检查与监督考核

（一）检查

建设单位、监理单位和施工单位应建立安全检查制度，定期或不定期地对施工现场开展安全检查。

承包商的上级单位必须制定安全检查方案，定期或不定期地对所承包工程项目的施工现场开展安全检查，并将检查和整改封闭结果报建设单位备案。

项目管理部应定期组织监理单位、总承包商单位，开展联合安全检查。

对发现的隐患，应及时下达"隐患整改通知单"，并跟踪整改情况。发现存在事故隐患无法保证安全的或者危及员工生命安全的紧急情况时，应当责令停止作业或者停工。

承包商员工在施工现场存在严重违章行为的，由建设单位项目管理部门按照有关规定清出施工现场，并收回"临时出入证"。

（二）考核

建设单位应根据工程特点，制定承包商安全考核办法，建立违规处罚、清退机制。

建设单位应建立、健全承包商资质及施工人员数据库，动态完善承包商资质信息，将承包商违规处理情况及时录入系统，定期发布承包商及施工人员黑名单。

九、承包商常见安全问题

（1）高风险作业管理。未结合现场实际进行 JSA 分析，风险控制措施未得到有效落实；结束后没有按要求进行关闭。

（2）施工方案中应急处置措施流于形式。部分项目施工方案仅当作报备资料，千篇一律，适合各种施工现场，缺少有针对性的危害因素辨识与风险控制、应急处置等内容，没有将其作为控制现场作业风险的必要手段。

（3）安全交底和技术交底工作不落实。部分项目安全交底和技术交底没有做细、做实，甚至部分项目没有进行安全交底和技术交底，没有从源头上杜绝或消减承包商施工现场的风险。

（4）现场管理问题。主要反映在电气设备设施、设备设施及附件、安全防护等方面。电气设备设施的问题主要体现在开关箱设置设施不合格、电线架空或埋地不合格、电缆绑在金属构件上、电缆破损、手持电动工具的插座没有漏电保护器或漏电保护器损坏等。设备设施及附件问题主要体现在现场设备机具损坏、防护装置缺失、安全附件没有检测、使用自制的工器具、脚手架搭设不符合规范、脚手板未固定或未满铺。安全防护问题主要体现在操作人员不按要求穿戴劳动保护用品、安全帽不系下颌绳、使用切割或打磨工具不佩戴护目镜、高空作业防护措施缺失、防护用具使用不当、施工过程中预留口或基坑没有防护措施、不按要求对作业区域进行圈闭、吊装作业不设置警戒线、危险作业不设监护人等。

第七节　变更管理

变更管理是指对人员、管理、规程、工艺、技术、设备设施及设计等永久性或暂时性的变化进行有计划的控制，以避免或减轻对安全生产的影响。

一、变更管理原则

谁主管谁负责、谁变更谁负责。按照业务分管、属地化管理和岗位职责对各自负责领域的变更负责。变更必须评估和批准，严禁未经风险评估批准变更，严禁未经批准实施变更。风险必须可接受，严格执行企业风险管理相关规定，变更后不得带来不可接受的风险。尽可能减少变更，能不变更的不变更，尽量减少临时性变更。变更按一般、较大和重大变更分级管理。

二、变更流程

变更流程主要分为5个步骤。

(一) 变更申请

在生产经营过程中生产工艺、设备设施、劳动组织等发生变化,对安全生产可能带来影响时,应当首先对照《主要变更事项一览表》(表2.7-1),识别是否属于变更,确定变更类别和变更事项主管部门。

变更申请单位(部门)应当按照《变更等级评估表》(表2.7-2)对变更内容进行核实,确定变更等级,填写《变更申请表》,根据变更类别,向相关变更主管部门提出申请。

表2.7-1　主要变更事项一览表

序号		变更事项		建议业务主管部门
第一部分:生产工艺变更				
1.1	工艺技术的变更	1.1.1	工艺技术规程变更	生产管理部门 设备管理部门
		1.1.2	工艺卡片指标超设计值或超出已批准的操作范围的变更	生产管理部门 设备管理部门
		1.1.3	岗位操作法变更	生产管理部门 设备管理部门
		1.1.4	超出岗位操作法规定或已批准操作票范围的操作	生产管理部门 设备管理部门
		1.1.5	工艺管线的介质流向改变、工艺管线废除	生产管理部门 设备管理部门
		1.1.6	新油种加工	生产管理部门
		1.1.7	盲板清单外的新增常用盲板或者常用盲板永久拆除	生产管理部门 设备管理部门
1.2	化工原材料的变更	1.2.1	化工原材料新产品试用	生产管理部门 设备管理部门
		1.2.2	改变/添加化工原材料注入点的位置	生产管理部门 设备管理部门
1.3	联锁、报警的变更	1.3.1	联锁变更(包括联锁值、联锁预报警值、联锁条件、联锁方式及联锁逻辑、联锁切除等的变更)	生产管理部门
		1.3.2	气体检测报警仪报警值变更	安全管理部门
1.4	应急的变更	1.4.1	应急预案的变更	生产管理部门
1.5	公用工程的变更	1.5.1	公用工程运行方式调整	生产管理部门
1.6	开停工统筹	1.6.1	总体停开工方案的调整	生产管理部门

续表

序号		变更事项	建议业务主管部门
第二部分：设备设施变更			
2.1	形式、材料或材质等的变更（指与原设计不同）	2.1.1 设备、配件（包括垫片、密封、阀体、阀内件等）形式或材料、材质的变更	设备管理部门
		2.1.2 材料的代用	设备管理部门
		2.1.3 带压堵漏、带压开口、切削泵叶轮等改变设备本体设计的操作	设备管理部门
		2.1.4 设备周围安装旁通连接或特殊工作用的临时连接	设备管理部门
		2.1.5 管路或设备的隔热性能等的改变	设备管理部门
		2.1.6 临时配管、甩头	设备管理部门
2.2	润滑的变更	2.2.1 润滑油种替代（改变润滑油等级）或润滑介质改变	设备管理部门
2.3	电气设备的变更	2.3.1 电气负荷超过设备额定容量	设备管理部门 电气管理部门
		2.3.2 供配电方式变更	设备管理部门 电气管理部门
		2.3.3 继电保护配置及定值变更	设备管理部门 电气管理部门
		2.3.4 重新确定电气断路器的规格，或者增加电气过载的规格	设备管理部门 电气管理部门
		2.3.5 电气设备的检修、试验周期延长	设备管理部门 电气管理部门
2.4	仪表设备的变更	2.4.1 温度计、变送器、液位计接液材质的变更；仪表引压管、伴热管、风管、法兰、螺栓、垫片、阀门的材质的变更	设备管理部门 仪控管理部门
		2.4.2 仪表管线上法兰与焊接方式的相互改变、引压口方向的改变、变送器的上（下）移位、增加伴热管线或伴热管线串并联仪表套数的变更	设备管理部门 仪控管理部门
		2.4.3 电缆（光缆）线径、芯数、阻燃或本安等类型的变更；信号屏蔽接地点的变更	设备管理部门 仪控管理部门
		2.4.4 按钮、开关、安全栅、隔离器、继电器、信号转换器、报警设定器等回路元件增减	设备管理部门 仪控管理部门
		2.4.5 仪表（包括调节阀）原理、结构形式、特性发生变更	设备管理部门 仪控管理部门
		2.4.6 仪表机柜间墙面槽盒或穿线管新增孔洞	设备管理部门 仪控管理部门
		2.4.7 DCS等系统的设备软（固）件版本或人机界面变更、就地控制器的软件修改、系统卡件型号变化	设备管理部门 仪控管理部门
		2.4.8 仪表电源：电压等级、功率、供电方式、保险丝或空开的容量或形式发生变化	设备管理部门 仪控管理部门

续表

序号		变更事项	建议业务主管部门
2.4	仪表设备的变更	2.4.9 控制策略、小信号切除、状态改变为强制值的变更	设备管理部门 仪控管理部门
		2.4.10 仪表设备增设直梯（爬梯、平台等）劳动保护设施	设备管理部门 仪控管理部门
		2.4.11 在线分析仪表等设备变更（包括投用、停、或取代等）	质量分析部门 仪控管理部门
2.5	特种设备的变更	2.5.1 延期检验（校验）	设备管理部门
		2.5.2 安全阀定压值的变更	设备管理部门
2.6	常压储罐的变更	2.6.1 常压储罐检修延期	设备管理部门
		2.6.2 常压储罐超设计指标运行	设备管理部门 安全管理部门
		2.6.3 常压储罐储存非设计的介质	设备管理部门 生产管理部门
2.7	设备设施的停用	2.7.1 装置运行时设备设施（除消防、安全环保设备）的停役	设备管理部门
		2.7.2 安全、仪表设备（如气体检测报警仪等）的停用和启用	安全管理部门 仪控管理部门
		2.7.3 消防通道的更改或者占用堵塞	消防部门
		2.7.4 装置运行时消防设施停用	消防部门
2.8	安保设施的变更	2.8.1 旁通或者停用卸压系统、安全系统	设备管理部门
		2.8.2 新增或者拆除安全系统	设备管理部门
		2.8.3 消防设施的减少或移位	消防部门
		2.8.4 职业病防护设施的减少或移位	安全管理部门
		2.8.5 视频监控点、门禁系统等的变更	设备管理部门
2.9	建构筑物的变更	2.9.1 增加建构筑物的承压负荷	设备管理部门
		2.9.2 改变建构筑物的主体结构	设备管理部门
2.10	测量的变更	2.10.1 测量设备（包括贸易交接、装置馏出口、装置间物料计量的测量设备）的变更	计量部门
		2.10.2 计量软件的变更	计量部门
第三部分：劳动组织变更			
3.1	劳动工作制的变更	3.1.1 公司员工劳动工作制的变更	人力资源部门
		3.1.2 劳务派遣用工劳动工作制的变更	人力资源部门
3.2	定岗定编的变更	3.2.1 生产一线班组定岗定编减少	人力资源部门

续表

序号		变更事项	建议业务主管部门
3.3	业务外包	3.3.1 业务外包的申请（新增外包业务）	企业管理部门
		3.3.2 外包业务范围或内容变更及装置运行直接相关业务外包的外包商变更	企业管理部门
3.4	岗位人员的变更	3.4.1 与生产紧密相连的基层关键岗位（不涉及党群系统）人员改变的变更	人力资源部门

表 2.7-2 变更等级评估表

生产工艺变更等级评估			
第一部分：关键安全因素（任意一项"是"即为重大变更，风险评估时必须审查关键安全因素）		是	否
G1	变更是否引入高度放热反应或具有高度放热分解倾向的不稳定物质或者反应条件（如次硫酸钠遇热、湿、空气强烈放热分解）	□	□
G2	变更是否引入国家重点监控的危险工艺或首次使用的新工艺	□	□
G3	变更是否显著增加了重点监管的危险化学品的量，使相关设施变为重大危险源或使重大危险源的级别提升	□	□
G4	变更是否使工艺参数或过程参数超出"允许操作范围"，即：压力、温度、转速、催化剂浓度、腐蚀/冲蚀速率、钻井液比重、采油（气）注采参数等（如提高中间缓冲罐的高高液位报警值以提高可用容积）	□	□
G5	变更是否改变、摘除、停用或旁路一个或多个安全设施（主要指工程保护设施，详见安全设施管理规定）或安全仪表功能（或安全联锁）	□	□
第二部分：危险程度		是	否
W1	变更是否显著增加储存设施或工艺过程中危害物质或反应物质的量（如超过法规所规定的存储限值，但没有改变重大危险源的级别）	□	□
W2	变更是否引入新的危害物质、反应性物质或不相容物质（如使用新的溶剂对某段管线除垢）	□	□
W3	变更是否引入新的化学反应或改变化学反应条件（如降低反应温度导致不完全转化，如果下游工艺对进料组分的变化不适应就可能引起事故）	□	□
W4	变更是否显著增加人员接触有害物质的可能性或显著增加人员的安全风险（如变更将封闭系统改变为人工操作，将远程操作改为手动现场操作）	□	□
W5	变更是否显著增加后果的严重性，如将后果级别提高两个级别或可能引发E级及以上后果等级的事故（后果分级见风险矩阵）	□	□
W6	变更是否显著增加对公众产生负面影响的可能性（如释放难闻气味、增加噪声）	□	□
规则：任意一项"是"上打勾代表"高"危险程度		危险程度：□高 □低	
第三部分：重要性		是	否
Z1	变更是否增加或跳过装置工艺步骤（如将需要检修的蒸馏塔旁路）	□	□
Z2	变更是否改变爆炸危害性（如提高操作温度接近容器中有机物的闪点；如导致空气或氧化剂进入密闭的设备内形成封闭式爆炸性气体环境）	□	□

续表

Z3	变更是否显著改变能量/质量平衡，包括改变能量的来源，即：化学能、机械能、热能或电能（如使用蒸汽加热器替代电加热器）	□	□
Z4	变更是否要求执行变更的技术人员得到专业的培训（如新进设备涉及受限空间进入）	□	□
Z5	变更是否涉及安全/消防等政府审批事项（如是否涉及"三废"排放）	□	□
	规则：任意一项"是"上打勾代表"高"重要性	重要性：□高 □低	

第四部分：变更等级

		重要性	
		低	高
危险程度	低	一般变更	较大变更
	高	较大变更	重大变更
关键安全因素	是	重大变更	

（二）变更审批

一般变更由变更申请单位（部门）负责人审批；较大变更由企业变更事项的主管部门负责人审批；重大变更应当由企业安全总监或业务对口的副总师审核风险管控措施和《重大变更审批参考表》，由企业分管领导审批。

（三）变更实施

变更应当严格按照变更审批确定的内容和范围实施，变更申请单位（部门）应当对变更实施过程进行监督。

变更实施前，变更申请单位（部门）要对参与变更实施的人员进行技术方案、安全风险和防控措施、应急处置措施等相关内容培训；重大变更实施前企业应当公示。

变更实施过程中应当加强风险管控，确保实施过程安全。高风险作业应当开展JSA分析，严格执行作业许可制度。

变更投入使用前，变更批准单位应当组织投用前的条件确认，合格后方可投用。

需要紧急变更时，变更申请单位（部门）应当按照业务管理要求在风险预判可控的情况下先实施变更，再按变更程序办理变更审批手续，进一步开展风险评估，制定和落实风险管控措施。

（四）变更关闭

变更项目实施完成并正常投用后，由变更申请单位（部门）提出申请，由变更事项批准单位负责变更关闭审核。

变更项目关闭前，变更申请单位（部门）应当对变更涉及的管理制度、操作规程、P&ID图、工艺参数等技术文件同步修改。

变更申请单位（部门）应当对相关单位进行变更告知，对变更所涉及的管理、操作和维护人员进行培训。

变更项目关闭后，由变更申请单位（部门）纳入正常管理范围进行管理。

变更申请单位（部门）应当将变更台账纳入安全管理信息系统管理，台账内容应当包括变更编号、变更名称、变更类型、变更评估小组成员、变更风险评估结果、变更审批情况、变更关闭等。每月最后一个工作日前,将变更台账报本企业变更归口管理部门。

三、变更管理事故案例

(一) 错误的垫圈材料造成火灾事故发生

一工厂在检修换热器过程中,采用压缩石棉垫圈代替了装置设计要求的螺旋形金属石棉垫圈,导致换热器在投运后该垫圈失效引起泄漏,继而引发大火,造成电力系统、设备系统、管道和钢制设备均被烧毁,如图2.7-1所示。

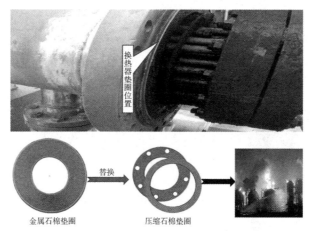

图 2.7-1 变更事故

(二) 新螺栓意外失灵事故

一大型化工厂采购部门为节约成本而降低工艺设计要求,将常用塑料外壳防锈柱头螺栓更换为镀镉合金柱头螺栓。镀镉合金柱头螺栓初期试用效果良好,但后期在裂化炉出口管线法兰上使用过程中,维修工为解决加热炉出口高温法兰渗漏问题试图旋紧螺栓,镀镉合金柱头螺栓受温度影响出现了"液态金属脆化"的腐蚀现象,造成螺帽破碎,致使生产装置停运。

(三) 英国 Flixborough 己内酰胺厂爆炸事故

1974年6月1日,位于英国 Flixborough 的 Nypro 公司己内酰胺厂发生爆炸事故,造成28人死亡,经济损失达6000万美元。发生爆炸的装置为环己烷氧化装置,该装置通过环己烷氧化生产环己酮和环己醇的混合物,爆炸前约40t环己烷泄漏并形成一个直径100~200m的蒸气云团,蒸气云与空气形成可燃性的混合物,被点火源引燃,随后发生爆炸。

事故发生前2个月,发现第5级反应器有渗漏,装置停工后将其拆下并送到制造厂维修,为维持生产,决定采用一条直径500mm的临时管道连接第4级和第6级反应器,临时管道与上、下游两台反应器间用膨胀节连接,并用脚手架支撑临时管道。

执行上述变更时,临时管道没有经过正规计划,有关人员没有考虑到压力条件下膨胀节的径向力、管道和其中物料的质量以及物料在管道内流动时的震动情况,6月1日16时

53分,临时管道上的膨胀节突然破裂,物料快速喷出,从而导致事故发生。

思考题

1. 黄油墙应保证足够的强度和厚度,输油管道用火作业过程中黄油墙的砌筑厚度有哪些要求?
2. 临时用电架空线应如何设置?
3. JSA分析小组成员应有哪些人员组成?分析的步骤有哪些?
4. 过程安全管理的要素有哪些?
5. 变更管理的几大程序或步骤有哪些?
6. 高处作业分为哪几个等级?

第三章 安全风险与隐患管理

第一节 安全风险辨识及评估

安全风险管理是指在生产建设过程中进行风险识别和风险评价，落实风险控制措施，以改善安全生产环境、减少和杜绝生产安全事故的过程。

安全风险管理坚持"谁主管、谁负责""谁的属地谁负责""全面覆盖、全员参与"的原则。安全风险按重大风险、较大风险、一般风险和低风险分级管理，分别用红、橙、黄、蓝颜色标示。重大风险及较大风险为不可接受风险；一般风险为有条件可接受风险；低风险为广泛可接受风险。

安全风险管理主要包括风险识别、风险评价、风险控制和风险监控四个环节。企业应成立安全风险分析小组，开展各环节的工作。

常用的风险识别、评估方法如图3.1-1所示，其中在管道输送企业范围内使用较多的是安全检查表法、专家评议法、危险与可操作性分析法（HAZOP）、作业安全分析（JSA）、风险矩阵法、保护层分析法（LOPA）。各种分析评估方法根据使用场景的不同进行细分如图3.1-2所示。

风险辨识	后果评估	概率评估	风险评估
◆ 安全检查表 ◆ 专家评议法 ◆ 作业危险性评价法 ◆ PHA ◆ HAZOP ◆ What-if ◆ Bow-tie ◆ JSA ◆ FMEA	◆ CEI ◆ F&EI ◆ 火灾爆炸评估 ◆ QRA	◆ ETA ◆ FTA ◆ FMEDA ◆ SIL验证 ◆ RCM ◆ RAM ◆ QRA	◆ 风险矩阵 ◆ LOPA ◆ RBI ◆ QRA

图3.1-1 常用分析评估方法

工艺安全管理	HAZOP、Bow-tie、LOPA、SIL验证、FTA、ETA、FMEDA
设备安全管理	FMEA、RBI、RCM、RAM、QRA
作业安全管理	JSA、SCL、HAZOP
应急管理	CEI、QRA、火灾爆炸评估
安全管理	安全水平量化评估

图3.1-2 常用分析评估方法根据使用场景细分

一、HAZOP 分析方法

危险与可操作性（Hazard and Operability，简称 HAZOP）研究是以系统工程为基础的一种可用于定性分析或定量评价的危险性评价方法，用于探明生产装置和工艺过程中的危险及其原因，寻求必要对策。通过分析生产运行过程中工艺状态参数的变动，操作控制中可能出现的偏差，以及这些变动与偏差对系统的影响及可能导致的后果，找出出现变动与偏差的原因，明确装置或系统内及生产过程中存在的主要危险、危害因素，并针对变动与偏差的后果提出应采取的措施。

在我国，对国内首次采用新技术、工艺的危化品建设项目，政府也在积极倡导采用 HAZOP 法进行工艺安全分析；危化品建设项目的验收前评价，政府企业也建议以安全检查表法为主，尽可能以危险与可操作性研究法（HAZOP）为辅。

HAZOP 分析既适用于设计阶段，又适用于现有的生产装置。对现有的装置进行分析时，如能吸收有操作经验和管理经验的人员共同参加，会收到很好的效果。通过 HAZOP 分析，能够全面地发现装置中存在的危险，根据危险带来的后果明确系统中的主要危害。通过 HAZOP 分析，对于在装置的工艺过程及设备中存在的危险及应采取的措施才会有透彻的认识。实践证明，HAZOP 分析是过程工艺中安全保障的有效方法，这一点已经在世界范围内得到了承认。

分析节点：当前分析的对象，该对象是分析系统的一部分。

引导词：一种特定的用于描述对系统设计目的（意图）偏离的词或短语。

偏差：对设计目的（意图）的偏离。

后果：偏差所造成的一种或多种结果，包括人员伤害、财产损失、环境影响和声誉影响等。

保护措施：用以避免或减轻偏差发生时所造成的后果的措施。

建议措施：现有安全措施不足时，HAZOP 分析小组提出的降低事故发生可能性或后果严重性的措施。

HAZOP 分析是一种用于辨识设计缺陷、工艺过程危害及操作性问题的结构化方法，方法的本质就是通过系列的会议对工艺图纸和操作规程进行分析。在这个过程中，由各专业人员组成的分析小组按规定的方式，系统地研究每一个分析节点，分析偏离设计工艺条件的偏差所导致的危险和可操作性问题。HAZOP 分析组分析每个工艺单元或操作步骤，识别出那些具有潜在危险的偏差，这些偏差通过引导词引出，使用引导词的一个目的就是为了保证对所有的工艺参数的偏差都进行分析。分析组对每个有意义的偏差都进行分析，并分析它们的可能原因、后果和已有的安全保护等，同时提出应该采取的措施。HAZOP 分析方法明显不同于其他的分析方法，它是一个系统工程。HAZOP 分析的流程图如图 3.1-3 所示。

1. 分析之前的准备

准备工作主要完成以下任务：确定 HAZOP 分析的对象、目的和范围；完成资料（包括工艺流程 PID 图、装置操作规程、管道仪表流程图、装置平面布置图、事故统计报告等）的准备工作；成立 HAZOP 分析小组；安排会议次数及时间。

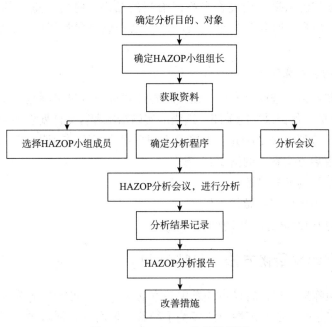

图 3.1－3　HAZOP 分析流程图

2. HAZOP 分析会议并完成分析

小组成员以 HAZOP 分析会议的形式，以工艺操作中出现的偏差作为引导词，对工艺过程的危险和操作性问题进行分析，分析导致偏差的全部原因，不同原因状况可能导致的危害后果，已有的安全措施是否充足，提出需要添加的安全措施。HAZOP 分析会议的目的就是全面地分析系统潜在的危险因素。图 3.1－4 为 HAZOP 分析会议分析的步骤。

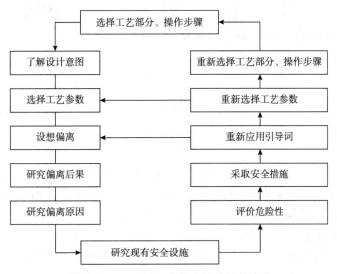

图 3.1－4　HAZOP 分析会议分析的步骤

3. 根据 HAZOP 分析的记录编写结果报告

分析记录是 HAZOP 分析的一个重要组成部分，也是后期编制分析报告的直接依据。

会议记录员应根据分析结果讨论过程提炼出恰当的结果,将所有重要的意见全部记录下来,并应当将记录内容及时与分析组人员沟通,以避免遗漏和误解。HAZOP 分析会议以表格形式记录。

4. 分析结果的追踪和完善

HAZOP 建议措施需要进行审核和实施,需要针对每一项建议制定一个行动方案,所采取的措施要有完整的文件记录才能关闭,适当的实施措施和行动计划需要包括以下内容:
（1）同意采纳建议、接受研究、不接受不同方案或拒绝的声明;
（2）接受建议后方案责任的落实;
（3）拟采取措施的简短描述;
（4）实施建议措施所需要做的工作。

某输油站库的 HAZOP 分析实例见附录3。

二、保护层频率量化方法（HALOPA）

某企业风险矩阵根据伤害后果事件发生频率的大小,将可能性分为 8 个级别。频率量化可采用定性与定量的方法,定性方法多基于经验,采用专家判断法进行确定。当后果非常严重或发生频率较高时,需要对事故后果的发生频率进行量化,采用半定量、定量技术确定事故的发生频率。频率量化方法可采用保护层分析、故障树、事件树、可靠性框图、马尔可夫模型等。对一般的生产装置和设施,可采用保护层频率量化方法（简称 HALOPA 方法）对频率进行量化。

保护层频率量化方法（HALOPA）为一种半定量方法,基本原理为 HAZOP 模型、保护层洋葱模型和事件树模型（图3.1-5）。

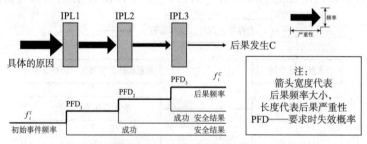

图 3.1-5 HALOPA 事件树模型

图 3.1-5 中具体的原因为引发过程发生偏差的直接原因,也称为初始事件或触发事件（Initiating event）。当过程发生偏差后,该偏差进一步发展,按时间先后顺序挑战各种保护层,当偏差穿过各保护层的漏洞并遇到合适的条件（如点火、外部阻塞环境、低温等）时,安全事故就会发生。该模型假设每一个保护层相互之间独立,在面临挑战时都存在失效的可能时。每经过一个保护层,事故发生频率因保护层的风险降低作用而降低。在整个事故链中,事故后果是考虑所有保护措施均失效下的最坏后果。当某一个保护措施不存在失效的可能时,则假设的事故场景不会发生。

初始事件是指导致过程发生偏差（偏差为广义的偏差,指偏离了正常的条件,如液位高、压力高、泄漏等）的具体原因。

使能条件是指能够导致事故场景发生的必要条件；使能条件既不是一种失效事件，也不是一种保护层，它是由不直接导致事故场景的操作或条件构成，但是对于事故场景的继续发展，这些事件或条件必须存在或活动。使能条件使用概率值进行表示。使能条件概率与初始事件频率的乘积表示了导致不期望后果的异常条件每年发生的次数。

在进行 HAZOP 分析时，使用安全风险矩阵评估事故剧情的风险等级。在使用风险矩阵评估事故剧情的剩余风险时，则需要在判断事故剧情的可能性时，考虑已经设置的预防性保护措施对发生可能性的修正作用。将预防性保护措施（即保护层）的可靠性在 0（完全失效）和 1（完全有效）进行赋值，结合初始事件发生频率，对后果事件（健康和安全影响、财产损失影响、非财务性影响和社会影响）的发生可能性进行调整。当初始事件和后果事件中间存在多个预防性保护措施时，应考虑这些保护措施是否为"独立保护层"，是否存在"共因失效"。如果属于独立保护层，则保护措施失效概率等于各个保护措施失效概率的乘积。

在评估事故剧情的剩余风险时，还需要考虑已设置的减缓性保护措施对事故后果严重程度的修正作用。

下面以实际生产场景对如何开展 HALOPA 分析进行说明。在 HAZOP 分析中，识别出某一危险场景为：储罐进油过程中罐根阀误动作关闭造成管线压力高，管线憋压造成原油泄漏遇点火源发生火灾爆炸，在该场景中外管道设有水击超前保护系统，站内设有进罐低压泄压阀，进站设有远传高压指示报警。经分析判断，该场景的后果非常严重，需要进一步使用 HALOPA 方法进行量化分析。

在该场景中初始事件为罐根阀误动作关闭，后果为管线憋压造成原油泄漏遇点火源发生火灾爆炸。该场景中的防护措施有：①水击超前保护系统；②进罐低压泄压阀；③远传高压指示报警与人员响应。

假设罐根阀误动作发生概率为 0.1，水击超前保护系统失效概率为 0.1，进罐低压泄压阀失效概率为 0.1，远传高压指示报警失效概率为 0.1，则该事故场景的发生频率计算如下：

场景发生概率 = 0.1（初始事件）× 0.1（水击）× 0.1（低压泄压阀）× 0.1（压力高报）= 10^{-4}/a。

根据安全风险矩阵中可能性等级的分级，该场景的可能性等级为 3。需要注意的是场景发生概率落在两个可能性等级分界线上时，向低可能性等级的方向取值，在该场景中 10^{-4}/a 落在可能性等级 3 和 4 的分界线上，根据以上规则，可能性等级取 3。

该场景后果设置为管线憋压造成原油泄漏遇点火源发生火灾爆炸，综合考虑健康和安全影响、财产损失影响、非财务性影响和社会影响，选取三项中最严重的后果等级，确定该场景事故严重性等级为 D。该场景的剩余风险为 D3，属于一般风险，风险值为 12，处于 ALARP 区，根据风险管理相关规定，针对该场景可设置可靠的监测报警设施或高质量的管理程序以进一步降低风险。

三、风险管控行动模型（Bow-tie）

风险管控行动模型（以下简称 Bow-tie）分析危险源如何释放，并进一步发展为各种后果，识别当前的释放预防措施与释放后的减缓措施，以及维持这些措施有效的关键管理或维护活动。这种方法将危险源、有害因素、预防性控制措施、顶上事件、减缓性措施和后果之间的关联以领结的形状图形展示出来,如图3.1-6所示。图中左边以故障树分析原理来构造,列举可能发展或导致特定顶上事件的危险源及有害因素,同时思考对于每一危险源相应的有害因素应该采取的控制措施;而右边依据事件树分析原理构造,同时列举减缓措施及危害事件进一步发展导致的后果。

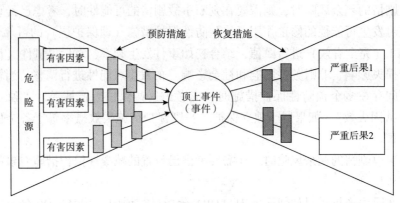

图 3.1-6 Bow-tie 分析图

Bow-tie 分析的术语和示例如表 3.1-1 所示。

表 3.1-1 Bow-tie 分析的术语和示例

术语	定义	示例
危险源	可能造成潜在人员伤亡,财产损失或环境破坏的根源、状态或行为	储存的可燃化学品、有毒的化学品、低温、高空、高压、高温、窒息气体等
有害因素	导致潜在危险释放,发生事故的可能原因	(1) 化学有害因素:腐蚀、反应时空等; (2) 物理有害因素:疲劳、振动、磨蚀、撞击等; (3) 环境有害因素:台风、地震、洪水、雷击、海啸等; (4) 工艺有害因素:压力、温度、流量、液位、组分等; (5) 人为有害因素:违章操作、误操作、材质选择不当等; (6) 电气有害因素:静电等
顶上事件	危险导致伤害的释放方式,这些事件在故障树的顶端,事件树的始端	参数偏离、泄漏、构造缺陷、高空落物、控制失灵、雷击、缺氧、隔离失效等
屏障	降低潜在危险释放可能性或后果严重性的措施,包括预防措施和减缓措施	(1) 物理屏障:基本过程控制系统、报警和人员响应、安全仪表功能、安全阀和爆破片、防火堤、防爆墙、消防系统、个体防护装备 PPE 等; (2) 非物理屏障:程序、检查、测试、培训等
预防措施	在 Bow-tie 图形主线左侧的所有屏障,即从有害因素到顶上事件之间的屏障,用以降低危险释放的可能性	本质安全设计、基本过程控制系统、安全仪表功能、物理保护措施(安全阀、爆破片等)、程序控制、预防性维护和测试、培训等

续表

术语	定义	示例
后果	危险释放后的最终结果	火灾、爆炸、中毒、环境污染、声誉影响等
减缓措施	在 Bow-tie 图形主线右侧的所有屏障，即从顶上事件到后果之间的屏障，用以降低危险释放导致的后果的严重性	(1) 检测装置：气体检测、火灾检测等； (2) 减少/限制释放的措施：泄漏释放拦蓄设施（防火堤、收集系统等）、火灾保护措施（防火涂层、喷淋系统、自动消防系统等）、爆炸减缓措施（阻火器、防爆墙、泄压板3等）、毒性减缓措施等； (3) 应急响应方案：应急程序、培训与演练等； (4) 医疗措施：人员急救、医疗处置等
失效措施	导致控制措施或减缓措施失效的因素或条件	非正常操作条件、人为失误、环境改变等
失效因素控制措施	降低失效因素导致控制措施或恢复措施失效风险的措施	管理程序、检验测试等
关键行动和任务	确保预防措施或减缓措施持续有效的行动和任务	气体探测器检验、压力容器的检验、安全阀的校正、紧急情况预案演练等

Bow-tie 的分析流程如图 3.1-7 所示。

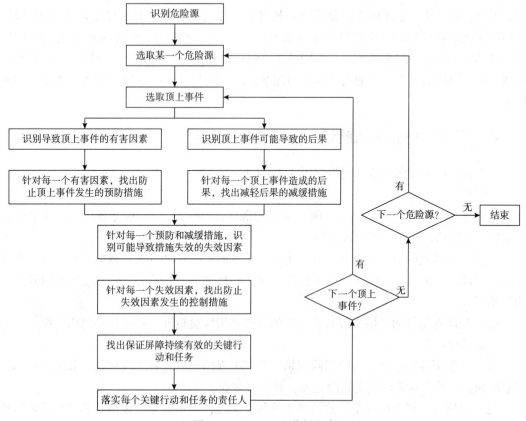

图 3.1-7　Bow-tie 分析程序

对于某个 LPG 储罐危险源，选取泄漏为顶上事件，Bow-tie 分析示例如图 3.1－8 所示。

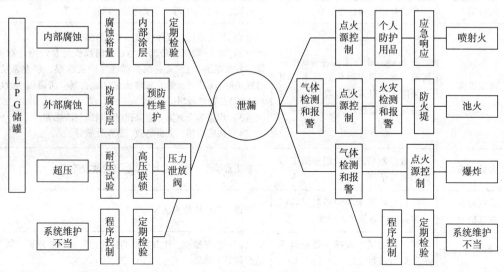

图 3.1－8　LPG 储罐泄漏 Bow-tie 分析

其中，针对压力泄放阀、气体检测和报警屏障，识别导致其失效的失效因素均为系统维护不当。针对这一失效因素，分析防止其发生的控制措施分别是程序控制和定期检验。识别保证压力泄放阀持续有效的关键行动和任务为压力泄放阀的管理规程和定期检验测试，将其落实到具体的责任人，并详细描述关键行动和任务的实施要求。同样，针对其他屏障，采取同样的步骤，识别失效因素和控制措施，以及保证屏障持续有效的关键行动和任务。

四、管道输送企业风险识别及清单建立流程

企业风险识别及清单建立流程如图 3.1－9 所示。

基层单位：

（1）主要负责开展风险识别，辨识潜在的危险源和风险（也称为潜在的风险事件），建立安全风险清单，并上报二级单位。

（2）识别风险时应包括以下内容：①识别发生的原因；②可能导致的后果；③针对该风险已采取的安全保护措施（包括工程措施和管理措施）；④存在的缺陷或导致风险升级的隐患等。

（3）鼓励有条件的基层单位对识别出的风险采用风险矩阵，初步评估风险等级。

二级单位：

（1）负责指导基层单位开展风险识别，对其上报的风险进行管理审核，并结合本单位识别的风险，建立本单位安全风险清单，并上报企业。

（2）对列入二级单位安全风险清单中的每个风险，应根据安全风险矩阵评估确定风险等级和风险值。每个风险的风险值累加得到总风险值。

（3）对部分后果严重性等级高、可能性等级高的风险进行发生频率量化评估，使用保

护层频率量化方法（HAZPLAP）、故障树分析或其他频率量化方法等。

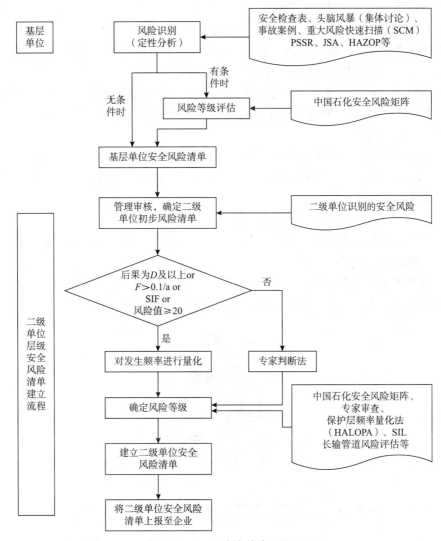

图 3.1-9　风险清单建立流程

企业各专业安全分委员会应负责对二级单位上报的风险，按照专业分类进行管理审核，并结合公司层面识别的安全风险，确定列入公司层级的安全风险，及其风险等级和风险值。

满足以下条件之一的安全风险原则上应列入企业层级的风险清单：

（1）一般风险（黄色区，风险值 10~20）且采用 ALARP（最低合理可行）原则确定为不可接受的；

（2）后果等级为 F、G 的；

（3）较大风险（橙色区）和重大风险（红色区）。

企业各专业安全分委员会应对企业安全风险清单中的风险进行筛选，推荐企业"十大"安全风险。满足以下条件之一的安全风险，可列入企业"十大"安全风险：

（1）重大风险（风险值≥40）；

(2) 后果为 E、F、G 的较大风险；

(3) 企业重点关注的其他安全风险。

企业 HSE 委员会（或安全生产委员会）负责对各专业安全分委员会上报的企业"十大"安全风险进行审核，确定企业"十大"安全风险和风险监控责任人。

企业"十大"安全风险应进一步开展以下评估工作：

(1) 涉及危险化学品泄漏、火灾爆炸，且后果严重性等级为 E、F、G 的风险，应开展后果影响分析（CEA），对安全影响进行量化评估，评估可采用工程化模型方法或计算流体动力学方法（CFD）；

(2) 对于每个风险，应采用风险管控行动模型（Bow-tie）进行分析，识别风险控制措施和减缓措施，包括工程措施和管理措施，分析保证这些措施持续有效的关键管理和维护行动，并落实相应的责任人；

(3) 形成"十大"风险专项评估报告。

同时满足以下条件的企业"十大"安全风险，可上报集团公司管控的重大安全风险：

(1) 风险值≥40 的重大风险；

(2) 后果严重性等级为 E、F 或 G。

管道输送企业推荐的各层级风险评估方法如图 3.1-10 所示。

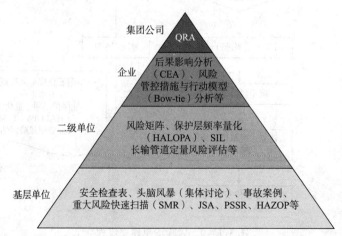

图 3.1-10 推荐的各层级风险评估方法

根据使用场景对各评估方法分类如表 3.1-2 所示。

表 3.1-2 根据使用场景对各评估方法分类

序号	分析对象	风险识别与评估方法
1	区域、总图与构建筑物	头脑风暴（专家审查） 安全检查表（SCL） 重大风险快速扫描法（SMR） 后果影响分析（CEA） 定量风险评估（QRA）

续表

序号	分析对象	风险识别与评估方法
2	危险化学品生产、储存装置与设施	安全检查表（SCL） 头脑风暴（专家审查） 重大风险快速扫描法（SMR） 危险与可操作性分析（HAZOP） 故障类型与影响分析（FMEA） 保护层频率量化分析（HALOPA） 定量风险评估（QRA）
3	危险化学品运输	管道隐患分级 安全检查表（SCL） 头脑风暴（专家审查） 重大风险快速扫描法（SMR） 长输管道风险评估 后果影响分析（CEA） 定量风险评估（QRA）
4	作业	安全检查表（SCL） JSA
5	工程施工	安全检查表（SCL） 头脑风暴（专家审查） JSA
6	自然灾害和恐怖袭击	安全检查表（SCL） 头脑风暴（专家审查） 地质灾害评价

安全风险按重大风险、较大风险、一般风险和低风险分级管理，分别用红、橙、黄、蓝颜色标示。重大风险及较大风险为不可接受风险；一般风险为有条件可接受风险；低风险为广泛可接受风险。一般风险要按照"ALARP"（最低合理可行）原则，尽可能采取措施降低风险。ALARP：在当前的技术条件和合理的费用下，对风险的控制要做到在合理可行的原则下"尽可能地低"。ALARP 原则如图 3.1 – 11 所示。

按照 ALARP 原则，风险区域可分为 3 类。

（1）不可接受的风险区域指容忍风险值以上的风险区域。在这个区域，除非特殊情况，风险是不可接受的，需要采取措施降低风险。

（2）有条件容忍的风险区域指容忍风险线与接受风险线之间的风险区域。在这个区域内必须满足以下条件之一时，风险才是可容忍的：

①在当前的技术条件下，进一步降低风险不可行；

②降低风险所需的成本远远大于降低风险所获得的收益。

（3）广泛可接受的风险区域指接受风险线以下的低风险区域。在这个区域，剩余风险水平是可忽略的，一般不要求进一步采取措施降低风险，但有必要保持警惕以确保风险维持在这一水平。

ALARP 原则推荐在合理可行的情况下，把风险降低到"尽可能低"。如果一个风险位于两种极端情况（不可接受区域和广泛可接受的风险区域）之间，如果满足 ALARP 原则，则所得到的风险可认为是可容忍的风险。各风险值最低安全要求如表 3.1-3 所示。

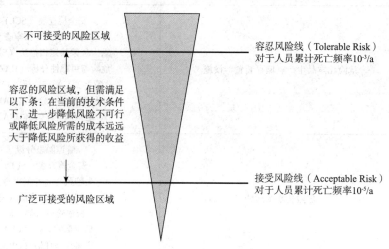

图 3.1-11　ALARP 原则

表 3.1-3　各风险值最低安全要求

风险级别	风险值 RS	风险水平	最低安全要求	风险控制负责部门
低风险	$RS < 10$	广泛可风险接受的	执行完好有效，防止风险进一步升级现有管理程序、保持现有安全措施	基层单位
一般风险	$10 \leq RS < 15$	容忍的风险（ALARP 区）	可进一步降低风险，设置可靠的监测报警设施或高质量的管理程序	二级单位
	$15 \leq RS < 20$	容忍的风险（ALARP 区）	可进一步降低风险，设置风险降低倍数等同于 SIL1 的保护层	二级单位
较大风险	$20 \leq RS < 40$	高风险的，风险不可容忍	（1）应进一步降低风险，设置风险降低倍数等同于 SIL2 或 SIL3 的保护层；（2）新建装置应在设计阶段降低风险，在役装置应采取措施降低风险	企业主管部门
重大风险	$40 \leq RS < 60$	非常高的风险，不可容忍风险	（1）必须降低风险，设置风险降低倍数等同于 SIL3 的保护层；（2）新建装置应在设计阶段降低风险，在役装置应立即采取措施降低风险	企业领导层
	$RS \geq 60$	极其严重的风险，不可容忍的风险	新建装置改变工艺或设计，对在役装置应立即采取措施降低风险，直至停车	企业领导层

五、安全风险矩阵

安全风险矩阵是安全风险等级量化工具,体现了企业容忍安全风险准则和可接受安全风险准则。在企业生产经营活动中,相关安全风险应统一采用安全风险矩阵评估初始风险等级和剩余风险等级,决定是否需要采取措施降低风险。风险削减示意如图3.1－12所示。

如剩余风险仍不可接受,则需增加防护措施来进一步降低风险,在增加防护措施后的风险为最终风险。

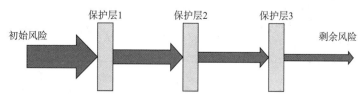

图3.1－12 风险削减示意图

某管道输送企业安全风险矩阵如图3.1－13所示。

安全风险矩阵		发生的可能性等级—从不可能到频繁发生 ⟹							
		1	2	3	4	5	6	7	8
事故严重性等级(从轻到重)⬇	后果等级	类似的事件没有在石油石化行业发生过,且发生的可能性极低	类似的事件没有在石油石化行业发生过	类似事件在石油石化行业发生过	类似的事件在中国石化曾经发生过	类似的事件发生过或者可能在多个相似设备设施的使用寿命中发生	在设备设施的使用寿命内可能发生1次或2次	在设备设施的使用寿命内可能发生多次	在设备设施中经常发生(至少每年发生)
		$<10^{-6}/a$	$(10^{-5}\sim10^{-6})/a$	$(10^{-5}\sim10^{-4})/a$	$(10^{-4}\sim10^{-3})/a$	$(10^{-3}\sim10^{-2})/a$	$(10^{-2}\sim10^{-1})/a$	$(10^{-1}\sim1)/a$	$\geq 1/a$
	A	1	1	2	3	5	7	10	15
	B	2	2	3	5	7	10	15	23
	C	2	3	5	7	11	16	23	35
	D	5	8	12	17	25	37	55	81
	E	7	10	15	22	32	46	68	100
	F	10	15	20	30	43	64	94	138
	G	15	20	29	43	63	93	136	200

图3.1－13 某管道输送企业安全风险矩阵

风险矩阵中伤害后果需要考虑健康与安全影响、财产损失影响、非财务与社会影响3类,按严重性从轻微到特别重大分为7个等级,依次A、B、C、D、E、F和G,后果严重性等级分类详见表3.1－4。其中重伤标准执行原劳动部《关于重伤事故范围的意见》(中劳护久字第56号),后果等级如表3.1－4所示。

表 3.1-4　后果等级表

后果等级	健康和安全影响	财产损失影响	非财务性影响和社会影响
A	轻微影响的健康/安全事故： （1）急救处理或医疗处理，但不需住院，不会因事故伤害损失工作日； （2）短时间暴露超标，引起身体不适，但不会造成长期健康影响	事故直接经济损失在10万元以下	能够引起周围社区少数居民短期内不满、抱怨或投诉（如抱怨设施噪声超标）
B	中等影响的健康/安全事故： （1）因事故伤害损失工作日； （2）1～2人轻伤	直接经济损失10万元以上，50万元以下；局部停车	（1）当地媒体的短期报道； （2）对当地公共设施的日常运行造成干扰（如导致某道路在24h内无法正常通行）
C	较大影响的健康/安全事故： （1）3人以上轻伤，1～2人重伤（包括急性工业中毒，下同）； （2）暴露超标，带来长期健康影响或造成职业相关的严重疾病	直接经济损失50万元及以上，200万元以下；1～2套装置停车	（1）存在合规性问题，不会造成严重的安全后果或不会导致地方政府相关监管部门采取强制性措施； （2）当地媒体的长期报道； （3）在当地造成不利的社会影响，对当地公共设施的日常运行造成严重干扰
D	较大的安全事故，导致人员死亡或重伤： （1）界区内1～2人死亡，3～9人重伤； （2）界区外1～2人重伤	直接经济损失200万元以上，1000万元以下；3套及以上装置停车；发生局部区域的火灾爆炸	（1）引起地方政府相关监管部门采取强制性措施； （2）引起国内或国际媒体的短期负面报道
E	严重的安全事故： （1）界区内3～9人死亡，10人及以上，50人以下重伤； （2）界区外1～2人死亡，3～9人重伤	事故直接经济损失1000万元以上，5000万元以下；发生失控的火灾或爆炸	（1）引起国内或国际媒体长期负面关注； （2）造成省级范围内的不利社会影响，对省级公共设施的日常运行造成严重干扰； （3）引起了省级政府相关部门采取强制性措施； （4）导致失去当地市场的生产、经营和销售许可证
F	非常重大的安全事故，将导致工厂界区内或界区外多人伤亡： （1）界区内10人及以上，30人以下死亡，50人及以上，100人以下重伤； （2）界区外3～9人死亡，10人及以上，50人以下重伤	事故直接经济损失5000万元以上，1亿元以下	（1）引起了国家相关部门采取强制性措施； （2）在全国范围内造成严重的社会影响； （3）引起国内国际媒体重点跟踪报道或系列报道

续表

后果等级	健康和安全影响	财产损失影响	非财务性影响和社会影响
G	特别重大的灾难性安全事故，将导致工厂界区内或界区外大量人员伤亡： （1）界区内 30 人及以上死亡，100 人及以上重伤； （2）界区外 10 人及以上死亡，50 人及以上重伤	事故直接经济损失 1 亿以上	（1）引起国家领导人关注，或国务院、相关部委领导作出批示； （2）导致吊销国际国内主要市场的生产、销售或经营许可证； （3）引起国际国内主要市场上公众或投资人的强烈愤慨或谴责

伤害后果发生的可能性从低到高分为 8 个等级，依次为 1，2，3，4，5，6，7 和 8，可能性分级详见表 3.1-5。

表 3.1-5 可能性等级表

可能性分级	定义描述	定量描述 发生的频率 $F/(次/a)$
1	类似的事件没有在石油石化行业发生过，且发生的可能性极低	$<10^{-6}$
2	类似的事件没有在石油石化行业发生过	$10^{-5}>F\geq10^{-6}$
3	类似事件在石油石化行业发生过	$10^{-4}>F\geq10^{-5}$
4	类似的事件在集团公司内曾经发生过	$10^{-3}>F\geq10^{-4}$
5	类似的事件发生过或者可能在多个相似设备设施的使用寿命中发生	$10^{-2}>F\geq10^{-3}$
6	在设备设施的使用寿命内可能发生 1 或 2 次	$10^{-1}>F\geq10^{-2}$
7	在设备设施的使用寿命内可能发生多次	$1>F\geq10^{-1}$
8	在设备设施中经常发生（至少每年发生）	≥1

风险矩阵中每一个具体数字代表该风险的风险指数值，非绝对风险值，最小为 1，最大为 200。风险指数值表征了每一个风险等级的相对大小。对于某风险的具体风险等级，应取 3 种后果中最高的风险等级，采用后果严重性等级的代表字母和可能性等级数字组合表示。例如：当后果等级为 A，可能性等级为 7 时，其对应的风险等级为 A7。

第二节 安全风险控制措施

一、安全风险的定义

安全风险是指因为人类的生产活动，可能产生的导致人员伤亡、财产损失的安全事故，如机械行业可能带来的人体伤害风险、化工行业可能带来的人体中毒危险等。安全风险管控是对由人类活动带来的安全风险加以识别、评估，并采取与之相对应措施的一系列活动。

避免风险，提高安全度，是人与生俱来的本能。安全风险涉及生命的保护和健全，所以，安全风险管控尤其重要，不能任由风险像田里的野草一样自由生长，应人为地进行干预和调节。

二、风险和隐患的区别

（1）安全风险一般不存在人的违法行为或物的不安全因素，事故隐患指人的违法行为、物的不安全因素或管理上的缺陷。

（2）安全风险不一定导致生产安全事故的发生，安全风险高意味着发生事故的可能性大，事故隐患则必然导致安全生产事故的发生。

三、安全风险管控

安全风险管控包括安全风险评估、安全风险管控两个过程。安全风险评估是确定安全风险程度的大小，评估安全事故的发生概率、损失大小、社会影响等，由安全生产专家独立完成。安全风险管控按照"分区域、分级别、网格化"的原则，明确落实每一处安全风险源的安全管理措施与监管责任人。

依据安全风险评估的不同结果，实施安全风险差别化动态管理。对不同的行业、领域实施量化分级管理制度。如对木制家具企业实施的安全生产许可管理，对矿山、危险化学品的安全整治等。

依据安全风险评估的不同结果，对同一个单位的不同岗位进行分级，实行危害分析与关键点控制（HACCP），如对密闭空间作业实行的特殊管理、对动火作业实行的作业票制度等。通过安全风险管控把可能导致的生产安全事故，限制在可防可控的范围之内。

依据风险程度不同，采取不同的监督管理措施，既确保了安全生产，又节约了安全生产监管资源，提高了监管效率，遏制了重特大事故的发生。

安全风险管控方法的使用，意味着遏制重特大事故三道防线的建立。第一道防线是安全风险管控；第二道防线是隐患排查治理；第三道防线是事故应急救援。

安全风险管控在隐患前面，隐患排查治理在事故前面。就好像汽车的安全系统，安全风险管控是汽车的主动刹车装置，隐患排查治理是汽车的被动刹车装置，事故应急救援是汽车的气囊保护装置，构成了完整的汽车安全保护系统。

安全风险管控方法的应用，使安全生产事故的处理形成了事前预防、事中治理、事后救援的咬合环，必将有效地遏制重特大事故的发生，减轻安全事故危害的后果。

风险控制措施主要有以下几种。

（1）消除：将危险从工作场所移除。消除是最有效的控制风险方法，因为消除意味着风险已经不存在。消除也是被最优先选用的控制危险的方法，所以在进行危险控制时，尽可能选用消除危险的方法。

（2）替代：经常用于采用一种新的相对危险性较小的化学品或新的物质代替另外的一种危险性较高的化学品或物质。替代危险控制方法经常同消除危险控制方法一起使用。替代的本质是将高危险的物质从工作场所消除。替代的最终目的是采用新的物质或方法使危险性降低。

替代的示例：使用水基型清洁剂代替有机溶剂，将减少溶剂对人体产生副作用。采用替代危险控制方法时，一定要确保采用的化学品或物质不会产生任何副作用，并且要控制和监督新采用的替代物质，保证替代品的使用低于职业暴露接触值范围。替代危险控制方法的其他示例是采用物质的不同状态使用。例如：干燥的粉末状态的物质会导致严重的吸入危险，但是如果这种物质是以丸状或结晶状态使用，空气中将会存在较少的粉尘，人员暴露接触吸入的危险性降低。

（3）工程控制：指在工厂、设备或工艺设计时进行的在设计方面采取降低风险的方法。工程控制方法是最有效的避免操作人员暴露于危险环境的方法。最基本的工程控制方法类型如下：一是工艺控制，包括改变作业活动或工艺来降低风险，当采用工艺控制措施时，对采取的措施要进行监控，以确保所采取的措施是有效地降低了风险；二是围护和隔离，这种方法的目的主要是使化学品在"里面"，操作人员在"外面"，围护是采用物理的方法使危险远离操作人员，围护设备通常情况下都是处于密闭状态的，只有在清洁和维修时，才能打开，隔离是指在空间上使操作人员远离危险，常用的隔离措施，是指在设备或人员处设置围堰；三是排风，指通过"增加"或"移除"工作场所的空气，来控制风险的一种方法。排风能有效地在危险物源头去除风险，在源头防止危险物进入到工作场所中，现场排风是一种最有效的控制人员免于暴露在风险之中的方法，通常这种方法是在无法采用排除或替代时使用。

（4）管理风险控制措施：其应用有很多限制，因为管理控制措施本身不能真正地将风险去除或降低。管理控制措施的执行和维持通常比较困难。

（5）个人防护设备（PPE）：包括呼吸器、防护服（如防护手套、面罩、眼部防护、足部防护等）。PPE 只有在特定的环境下才可以作为降低风险的控制措施，在危险控制措施中，是最后的一个选择，因为 PPE 发生损坏时不会产生警告，使用时失去保护作用。

第三节　安全隐患排查和治理

一、事故隐患判定标准

隐患是指违反安全生产法律、法规、规章、标准、规程和安全生产管理制度的规定，或者因其他因素在生产经营活动中，存在可能导致事故发生的物的危险状态、人的不安全行为和管理上的缺陷。

隐患级别分为三级，即一般隐患、较大隐患、重大隐患。

国家、集团公司对具体隐患有明确分级判定标准的，执行判定标准。国家、集团公司对具体隐患没有明确分级判定标准的，按照安全风险矩阵对隐患进行风险评估和分级判定。

一般隐患是指风险等级为一般及低风险的隐患。一般隐患危害和整改难度较小，发现后能够立即整改排除。较大隐患是指风险等级为较大风险的隐患。较大隐患发现后不能够立即整改，需要经过一定时间整改治理方能排除。重大隐患是指风险等级为重大风险的隐患。重大隐患危害和整改难度较大，治理过程需要局部或全部停产停业，并经过一定时间整改治理方能排除，或者因外部因素影响致使企业自身难以排除。

国家安全监管总局规定的化工和危险化学品生产经营单位重大生产安全事故隐患判定标准中涉及公司的如下：

（1）危险化学品生产、经营单位主要负责人和安全生产管理人员未依法经考核合格；

（2）特种作业人员未持证上岗；

（3）涉及"两重点一重大"的生产装置、储存设施外部安全防护距离不符合国家标准要求；

（4）构成一级、二级重大危险源的危险化学品罐区未实现紧急切断功能，涉及毒性气体、液化气体、剧毒液体的一级、二级重大危险源的危险化学品罐区未配备独立的安全仪表系统；

（5）地区架空电力线路穿越生产区且不符合国家标准要求；

（6）涉及可燃和有毒有害气体泄漏的场所未按国家标准设置检测报警装置，爆炸危险场所未按国家标准安装使用防爆电气设备；

（7）控制室或机柜间面向具有火灾、爆炸危险性装置一侧不满足国家标准关于防火防爆的要求；

（8）安全阀、爆破片等安全附件未正常投用；

（9）未建立与岗位相匹配的全员安全生产责任制或者未制定实施生产安全事故隐患排查治理制度；

（10）未制定操作规程和工艺控制指标；

（11）未按照国家标准制定动火、进入受限空间等特殊作业管理制度，或者制度未有效执行；

（12）未按国家标准分区分类储存危险化学品，超量、超品种储存危险化学品，相互禁配物质混放混存。

隐患排查治理工作应按照"谁主管、谁负责"和"全员、全过程、全方位、全天候"的原则，做到实时动态管理。隐患排查治理工作应包括隐患排查、隐患评估、隐患防控、隐患治理、效果后评估、信息管理等主要工作内容。

二、隐患排查

隐患排查应依据国家法律法规、标准规范等要求，运用科学的方法，开展常态化的隐患排查。隐患排查要坚持定期排查与日常检查相结合，专业排查与综合排查相结合，一般排查与重点排查相结合，做到全面覆盖、责任到人、专业管理、不留死角。全体员工应积极查找隐患，发现隐患要立即按照规定上报。

隐患排查主要有以下方式。

（一）日常隐患排查

日常隐患排查是指班组、岗位员工的交接班检查和班中巡回检查，以及基层单位领导和工艺、设备、电气、仪表、安全等专业技术人员的日常性检查，以及外线（基层站队围墙外的管道及阀室、跨越管桥、水工保护设施、三桩等附属设施、通信光缆、微波中继站和外供电）日常巡护。

(二) 综合性隐患排查

综合性隐患排查是指以落实岗位安全生产（HSE）责任制为重点，各专业共同参与的全面检查。

(三) 专项隐患排查

专项隐患排查包括季节性隐患排查、重大活动和节日前（期间）隐患排查、专业性隐患排查。

（1）季节性隐患排查是根据季节特点开展的专项检查。春季安全大检查以防静电、防解冻跑漏为重点；夏季安全大检查以防雷、防洪防汛、防暑降温、防食物中毒、防台风为重点；秋季安全大检查以防火、防冻保温为重点；冬季安全大检查以防火、防爆、防冻防凝、防煤气中毒、防滑为重点。

（2）重大活动和节日前（期间）隐患排查主要是重大活动和节日前（期间）对安全、环保、保卫、消防、生产准备、备用设备、交通、娱乐场所、应急预案进行的检查。特别应对节日期间领导干部、管理人员和检维修队伍值班安排、车辆值班和安全管理，以及原辅料、备品备件、存在隐患的防范措施和应急预案的落实情况进行重点检查。

（3）专业性隐患排查主要是对管道、输油设备及工艺管网、电气、仪表、特种设备、消防、承包商、施工和直接作业、车辆交通、环保、职业卫生、危险物品等管理线条分别进行的专业检查，以及新建项目竣工及试运行等时期进行的专项安全检查。

隐患排查频次依据企业设备设施巡护细则、外线巡护细则、安全检查规定等执行。

当发生以下情形之一，应及时组织开展相关专业的隐患排查：

（1）颁布实施有关新的法律法规、标准规范或原有适用法律法规、标准规范重新修订的；

（2）组织机构和人员发生重大调整的；

（3）外部安全生产环境发生重大变化；

（4）气候条件发生大的变化或预报可能发生重大自然灾害；

（5）发生事故或对事故、事件有新的认识；

（6）获知同类企业发生事故时，应举一反三，及时进行事故类比隐患专项排查。

三、隐患评估

二级单位对排查出来的隐患，应按照国家及企业的隐患分级判定标准、企业安全风险矩阵对隐患进行分级判定和风险评估，确定隐患级别。二级单位上报企业的隐患项目，企业相关职能部门负责审核本专业线条的隐患项目级别。

管道输送企业隐患识别评估的案例如下。

1. 存在隐患单位基本情况

某油库共有 98 座 $10 \times 10^4 m^3$ 储罐，总库容 $980 \times 10^4 m^3$，根据重大危险源判别标准，属于一级重大危险源。油库储运轻质原油，轻质原油闪点低，部分原油高含硫化氢，为一级油库。一旦发生重大泄漏、火灾事故，将造成重大经济损失、人员伤亡和社会影响，同时油库位于雷暴天气多发地区，储罐曾经发生雷击着火。使用安全风险矩阵进行评估，判定风险等级 G5，风险值 63，属于重大风险。

2. 隐患识别与评估

GB 50737—2011《石油储备库设计规范》4.0.8 中规定"小型工矿企业距油罐区防火堤的安全距离不得小于 60m，安全距离从防火堤内顶角线算起，到工矿企业围墙为止"，根据上述标准某油库周边 8 家安全距离不足的企业。

同时根据《化工和危险化学品生产经营单位重大生产安全事故隐患判定标准（试行）》（安监总管三〔2017〕121 号）中"涉及'两重点一重大'的生产装置、储存设施外部安全防护距离不符合国家标准要求"，某油库存在安全距离不足的重大生产安全事故隐患。

3. 管控措施

（1）拆除与油库安全距离不足的企业。目前已拆除周边安全距离不足的 6 家企业，并已协调当地安监局、化工园区政府协助拆除另外 2 家企业。

（2）做好储罐及罐区工艺管线检维修工作。对储罐进行声发射在线检测，对超过大修周期的每座储罐进行检测，开展基于风险的检验（RBI），及时掌握储罐状况，逐步安排大修。立项开展油库 G5~G8 罐区工艺管线优化，消减死油段风险，进行工艺管网整治，根据设备设施现状，尽量将埋地管线移至地上，更换腐蚀减薄严重的管线，优化工艺流程。

（3）将油库部分储罐罐根阀由手动改为电动紧急切断阀，作为试点总结应用情况。

（4）加强视频监控。安装了全景摄像头，对站库进行监控，进行摄像头高清升级改造，提升油库监控能力。

（5）保持联锁等保护系统完好。储油罐全部设置了油罐高低液位报警和联锁保护系统，设置了进罐超压泄压系统，加强联锁系统的维护保养，保持完好。对 SCADA 系统进行了升级改造，投用水击超前系统。完成仪表系统安全完整性评估。

（6）保持消防系统完好。设置稳高压消防系统和火灾自动报警系统。加强消防系统的检查和维护，确保完好。消防系统委托地方有资质的机构每年检测 1 次。

（7）按照规范要求设置防雷防静电设施，罐区安装雷电预警系统。委托外部单位对雷电预警系统进行维保，为工艺管网安装导静电线。

（8）加强反恐技防建设。安装一键报警系统，并与 110 报警台联网，确保紧急情况下及时报警；安装身份证识别系统，外来人员依据身份证入场，确保公安部门网上通缉、涉毒、涉恐危险人员禁止进入油库重地；后续计划安装无人机防御技术系统，采用全频段信号，实现全天时、全天候周界防御，切实防范无人机非法、恶意入侵给油库带来严重的威胁和破坏。

（9）提高应急处置能力。与周边石化企业签订了消防应急互助协议；积极参加消防区域联防活动，与地方政府开展联合应急演练，通过演练进一步提高协同作战能力。

（10）加强隐患排查治理。按照隐患排查治理管理办法有关要求，开展常态化的隐患排查。隐患治理按照"五定"要求，及时组织治理，并实行闭环管理。

（11）强化职工教育培训。一是开展经常性安全教育培训工作；二是加强班组安全活动，认真对规章制度、上级下发的文件进行宣贯；三是通过对空气呼吸器、防毒面具、可燃气体检测仪使用培训，增强职工的个人防护意识。

（12）加强反恐人防力量。增加了10名安保人员，增强日常反恐巡查力量，强化安全管理。

（13）加强直接作业和施工作业安全监管。一是严格执行作业证许可制度，针对动火等特殊作业，认真开展JSA分析，逐条落实防范措施；二是加大承包商安全教育力度，组织相关专业技术人员分专业对承包商进行培训，有针对性提高施工作业人员的安全意识，确保施工安全；三是严格承包商安全教育、考试，不及格人员一律不得进入施工现场，考试合格方能办理后续入库手续；四是严格承包商入库手续的办理，杜绝承包商未经允许入库施工。

四、隐患防控

在隐患治理完成前，二级单位应采取相应防控措施，制定并组织演练应急处置方案。针对事故隐患治理的不同阶段采取防控措施。

1. 治前防控

隐患排除前无法保证安全的，应撤出危险区域内作业人员，疏散可能危及的其他人员，暂时停产停业或停止使用，设置警示标志，采取防止人员误入危险区域的措施。

2. 治中防控

对于边生产经营边治理的，应当编制专项施工技术方案、安全防范措施以及包含各责任方在内的联动专项应急预案。

3. 自然灾害防范

对因自然灾害可能导致事故灾难的隐患，应当进行排查治理，采取有效的预防措施，制定应急预案。当发生可能危及人员安全的情况时，应采取撤离人员、停止作业、加强监测等安全措施，并及时向当地人民政府报告。

五、隐患治理

对排查出的隐患项目，建立隐患项目台账。隐患项目台账应包含隐患所在单位、存在部位、计划费用、实际费用、资金来源、计划治理完成时间、实际完成时间及隐患治理后的评估情况。

隐患治理按照"五定"要求（定方案、定资金、定期限、定责任人、定预案），及时组织治理，并实行闭环管理。一般隐患治理由基层单位负责；对于较大、重大隐患，二级单位要专题研究，及时组织治理或申报立项治理。

隐患治理完成后，按照项目管理规定组织效果后评估，并及时销项。隐患排查治理情况应及时录入安全管理信息系统。

第四节　重大危险源安全管理

《中华人民共和国安全生产法》第三十三条规定"生产经营单位对重大危险源应当登

记建档，进行定期检测、评估、监控，并制定应急预案，告知从业人员和相关人员在紧急情况下应当采取的应急措施。生产经营单位应当按照国家有关规定将本单位重大危险源及有关安全措施、应急措施报有关地方人民政府负责安全生产监督管理的部门和有关部门备案"。

危险化学品重大危险源（以下简称重大危险源）是指生产、储存、使用或者搬运危险化学品的数量等于或者超过临界量的单元（包括场所和设施）。是否属于重大危险源，企业应按照 GB 18218—2018《危险化学品重大危险源辨识》标准辨识确定。企业是本单位重大危险源安全管理的责任主体，其主要负责人对本单位的重大危险源安全管理工作负责，并保证重大危险源安全生产所必需的安全投入。涉及危险化学品重大危险源的单位应当对本单位的危险化学品生产、经营、储存和使用装置、设施或者场所进行重大危险源辨识（图 3.4-1），并记录辨识过程与结果。企业应当对重大危险源进行安全评估并确定重大危险源等级，重大危险源根据其危险程度，分为一级、二级、三级和四级，一级为最高级别。具体详见 GB 18218—2018《危险化学品重大危险源辨识》。按照 GB 18218—2018《危险化学品重大危险源辨识》的有关规定原油属于易燃液体，闪点小于 23℃，临界量为 1000t。

图 3.4-1 重大危险源储存场所标识

一、评估

（一）常用评估依据

1. 法律、法规及规范性文件

《中华人民共和国安全生产法》（主席令第 70 号〔2002〕公布，根据主席令第 13 号《全国人民代表大会常务委员会关于修改〈中华人民共和国安全生产法〉的决定》修订，自 2014 年 12 月 1 日起施行）

《中华人民共和国消防法》（根据 2019 年 4 月 23 日第十三届全国人民代表大会常务委员会第十次会议《关于修改〈中华人民共和国建筑法〉等八部法律的决定》修正，自 2019 年 4 月 23 日起施行）

《中华人民共和国突发事件应对法》（主席令第 69 号，自 2007 年 11 月 1 日起施行）

《中华人民共和国防震减灾法》（主席令第 7 号，自 2009 年 5 月 1 日起施行）

《中华人民共和国特种设备安全法》（主席令第 4 号，自 2014 年 1 月 1 日起施行）

《危险化学品安全管理条例》（国务院令第 645 号，自 2013 年 12 月 4 日起施行）

《气象灾害防御条例》（国务院令第 570 号，自 2010 年 4 月 1 日起施行）

《公路安全保护条例》（国务院令第 593 号，自 2011 年 7 月 1 日起施行）

《关于危险化学品企业贯彻落实〈国务院关于进一步加强企业安全生产工作的通知〉的实施意见》（安监总管三〔2010〕186 号）

《危险化学品重大危险源监督管理暂行规定》（2011 年 8 月 5 日国家安全监管总局令

第 40 号公布，根据 2015 年 5 月 27 日国家安全监管总局令第 79 号修正）

《国家安全监管总局关于进一步加强化学品罐区安全管理的通知》（安监总管三〔2014〕68 号）

《国家安全监管总局关于进一步严格危险化学品和化工企业安全生产监督管理的通知》安监总管三〔2014〕46 号

《国家安全监管总局关于加强化工过程安全管理的指导意见》安监总管三〔2013〕88 号

《国家安全监管总局关于加强化工企业泄漏管理的指导意见》安监总管三〔2014〕94 号

《生产安全事故应急预案管理办法》（2009 年 3 月 20 日国家安全生产监督管理总局第 17 号令公布，2016 年 4 月 15 日国家安全生产监督管理总局第 88 号令修订，自 2016 年 7 月 1 日起施行。）

《危险化学品目录》（2015 版）（国家安全生产监督管理总局等 10 部委公告〔2015〕第 5 号）

《重点监管的危险化学品名录》（2015 年完整版）

2. 主要标准、规范、规程

GB 18218—2018《危险化学品重大危险源辨识》

GB 30000.7—2013《化学品分类和标签规范 第 7 部分：易燃液体》

GB 50183—2004《石油天然气工程设计防火规范》

GB 50253—2014《输油管道工程设计规范》

GB 2894—2008《安全标志及其使用导则》

GB 4053.1～3—2009《固定式钢梯及平台安全要求》

GB 7231—2003《工业管道的基本识别色、识别符号和安全标识》

GB 6944—2012《危险货物分类和品名编号》

GB/T 12241—2005《安全阀 一般要求》

GB 12268—2012《危险货物品名表》

GB 15599—2009《石油与石油设施雷电安全规范》

GB/T 29639—2013《生产经营单位生产安全事故应急预案编制导则》

GB 30077—2013《危险化学品单位应急救援物资配备要求》

GB 50011—2010《建筑抗震设计规范》

GB 50016—2014《建筑设计防火规范》

GB 50052—2009《供配电系统设计规范》

GB 50054—2011《低压配电设计规范》

GB 50057—2010《建筑物防雷设计规范》

GB 50058—2014《爆炸危险环境电力装置设计规范》

GB 50116—2013《火灾自动报警系统设计规范》

GB 50140—2005《建筑灭火器配置设计规范》

GB 50151—2010《泡沫灭火系统设计规范》

GB 50187—2012《工业企业总平面设计规范》
GB 50351—2014《储罐区防火堤设计规范》
GB 50493—2009《石油化工可燃气体和有毒气体检测报警设计规范》
GB/T 50892—2013《油气田及管道工程仪表控制系统设计规范》
AQ 3009—2007《危险场所电气防爆安全规范》
AQ 3018—2008《危险化学品储罐区作业安全通则》
AQ 3035—2010《危险化学品重大危险源安全监控通用技术规范》
AQ 3036—2010《危险化学品重大危险源 罐区现场安全监控装备设置规范》
TSG 21—2016《固定式压力容器安全技术监察规程》
TSG D0001—2009《压力管道安全技术监察规程——工业管道》
TSG ZF001—2006《安全阀安全技术监察规程》

3. 评估依据的有关文件

区域位置图、总平面布置图、工艺流程图；安全管理制度、工艺技术规程、操作规程及应急救援预案；重大危险源安全评估技术服务合同。

（二）评估程序

危险化学品重大危险源安全评估工作程序包括前期准备、重大危险源辨识分级及风险评估、与企业交换意见、编制评估报告等主要步骤，如图 3.4-2 所示。各步骤工作内容如下：

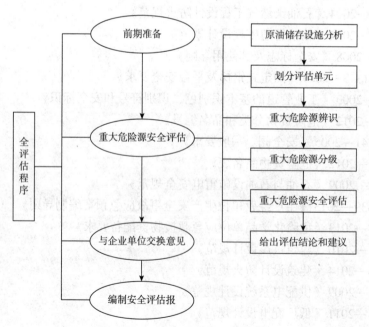

图 3.4-2 安全评估工作程序图

（1）前期准备：了解企业基本情况，确定危险化学品重大危险源安全评估的范围，收集、整理所需资料；

（2）对储存设施进行危险化学品重大危险源辨识、分级、评估；

(3) 与企业单位交换意见;

(4) 编制危险化学品重大危险源安全评估报告。

(三) 评估内容

构成一级或者二级重大危险源,且毒性气体实际存在(在线)量与其在 GB 18218—2018《危险化学品重大危险源辨识》中规定的临界量比值之和大于或等于 1 的;构成一级重大危险源,且爆炸品或液化易燃气体实际存在(在线)量与其在 GB 18218—2018《危险化学品重大危险源辨识》中规定的临界量比值之和大于或等于 1 的单位应当委托具有相应资质的安全评价机构,按照有关标准的规定采用定量风险评价方法进行安全评估,确定个人和社会风险值。

重大危险源安全评估报告应当客观公正、数据准确、内容完整、结论明确、措施可行,并包括下列内容:

(1) 评估的主要依据;

(2) 重大危险源的基本情况;

(3) 事故发生的可能性及危害程度;

(4) 个人风险和社会风险值(仅适用定量风险评价方法);

(5) 可能受事故影响的周边场所、人员情况;

(6) 重大危险源辨识、分级的符合性分析;

(7) 安全管理措施、安全技术和监控措施;

(8) 事故应急措施;

(9) 评估结论与建议。

(四) 评估频次

有下列情形之一的,企业应当对重大危险源重新进行辨识、安全评估及分级:

(1) 重大危险源安全评估已满 3 年的;

(2) 构成重大危险源的设备、设施或者场所进行新建、改建、扩建的;

(3) 危险化学品种类、数量、生产、使用工艺或者储存方式及重要设备、设施等发生变化,影响重大危险源级别或者风险程度的;

(4) 外界生产安全环境因素发生变化,影响重大危险源级别和风险程度的;

(5) 发生危险化学品事故造成人员死亡,或者 10 人以上受伤,或者影响到公共安全的;

(6) 有关重大危险源辨识和安全评估的国家标准、行业标准发生变化的。

二、安全管理

企业应当建立完善重大危险源安全管理规章制度和安全操作规程,并采取有效措施保证其得到执行。

根据构成重大危险源的危险化学品种类、数量、生产、使用工艺(方式)或者相关设备、设施等实际情况,建立健全安全监测监控体系,完善控制措施。

(1) 重大危险源配备温度、压力、液位、流量等信息的不间断采集和监测系统以及可燃气体和有毒有害气体泄漏检测报警装置,并具备信息远传、连续记录、事故预警、信息存储等功能；一级或者二级重大危险源，具备紧急停运功能。记录的电子数据的保存时间不少于30d。

（2）重大危险源的设备设施满足安全生产要求的自动化控制系统；一级或者二级重大危险源，装备满足安全生产要求的紧急停运系统。

（3）对重大危险源中的毒性气体、剧毒液体和易燃气体等重点设施，设置紧急切断装置；毒性气体的设施，设置泄漏物紧急处置装置；涉及毒性气体、液化气体、剧毒液体的一级或者二级重大危险源，配备独立的安全仪表系统（SIS）。

（4）重大危险源中储存剧毒物质的场所或者设施，设置视频监控系统。

（5）安全监测监控系统符合国家标准或者行业标准的规定。

企业应当按照国家有关规定，定期对重大危险源的安全设施和安全监测监控系统进行检测、检验，并进行经常性维护、保养，保证重大危险源的安全设施和安全监测监控系统有效、可靠运行。维护、保养、检测应当作好记录，并由有关人员签字。需明确重大危险源中关键装置、重点部位的责任人或者责任机构，并对重大危险源的安全生产状况进行定期检查，及时采取措施消除事故隐患。事故隐患难以立即排除的，应当及时制定治理方案，落实整改措施、责任、资金、时限和预案。

企业应当对重大危险源的管理和操作岗位人员进行安全操作技能培训，使其了解重大危险源的危险特性，熟悉重大危险源安全管理规章制度和安全操作规程，掌握本岗位的安全操作技能和应急措施。应当在重大危险源所在场所设置明显的安全警示标志，写明紧急情况下的应急处置办法。将重大危险源可能发生的事故后果和应急措施等信息，以适当方式告知可能受影响的单位、区域及人员。

企业应当依法制定重大危险源事故应急预案，建立应急救援组织或者配备应急救援人员，配备必要的防护装备及应急救援器材、设备、物资，并保障其完好和方便使用；配合地方人民政府安全生产监督管理部门制定所在地区涉及本单位的危险化学品事故应急预案。

对存在吸入性有毒、有害气体的重大危险源，各单位应当配备便携式浓度检测设备、空气呼吸器、化学防护服、堵漏器材等应急器材和设备；涉及易燃易爆气体或者易燃液体蒸气的重大危险源，还应当配备一定数量的便携式可燃气体检测设备。对重大危险源专项应急预案，每年至少进行1次；对重大危险源现场处置方案，每半年至少进行1次。

企业应当对辨识确认的重大危险源及时、逐项进行登记建档。重大危险源档案应当包括下列文件、资料：

（1）辨识、分级记录；

（2）重大危险源基本特征表；

（3）涉及的所有化学品安全技术说明书；

（4）区域位置图、平面布置图、工艺流程图和主要设备一览表；

（5）重大危险源安全管理规章制度及安全操作规程；

（6）安全监测监控系统、措施说明、检测、检验结果；

（7）重大危险源事故应急预案、评审意见、演练计划和评估报告；

（8）安全评估报告或者安全评价报告；

（9）重大危险源关键装置、重点部位的责任人、责任机构名称；

(10) 重大危险源场所安全警示标志的设置情况；
(11) 其他文件、资料。

三、备案

企业在完成重大危险源安全评估报告或者安全评价报告后 15 日内，应当填写重大危险源备案申请表，连同重大危险源档案材料，报送所在地县级人民政府安全生产监督管理部门备案。

四、案例分析

某石油罐库区的库容规模为 $260 \times 10^4 m^3$，单体罐容为 $10 \times 10^4 m^3$。根据 GB 18218—2018《危险化学品重大危险源辨识》及国家安监总局 40 号令的规定，该企业聘请第三方评估机构对该罐库区危险化学品重大危险源进行分级评估，经过计算，构成危险化学品一级重大危险源。形成评估报告后，该企业到地方政府部门进行了备案。

备案完成后该企业对重大危险源采取了一系列管控措施。

(1) 设立安全科为该企业重大危险源的监督管理部门，负责定期对重大危险源进行监督管理。

①负责建立完善公司级重大危险源档案；
②组织建立健全相关安全生产管理制度及安全技术操作规程；
③每月对重大危险源进行 2 次检查；
④对重大危险源设备设施进行视频监控；
⑤定期向上级部门统计上报重大危险源各类报表；
⑥定期对重大危险源进行安全评估，组织编制重大危险源应急预案并组织演练。

(2) 运行站队为重大危险源管理责任主体单位，负责重大危险源的日常安全生产管理。

①每周至少对重大危险源进行一次检查；
②建立健全车间级重大危险源管理台账；
③对重大危险源进行巡检。

巡检规定：相关岗位人员定时巡检，频次为 2 次/h，在巡检人员应随身携带防护用具；重大危险源巡检实行挂牌巡检；在巡检过程检查液氯计量槽、储槽进出口阀门密封情况、连接法兰是否泄漏、压力计是否正常、并记录数值，安全阀是否正常，液位计液位是否在正常范围内；各条管线在巡检时检查其是否有泄漏现象；备用计量槽、储槽按运行中设备巡检；在巡检时如发现隐患问题，及时调整解决、处理，并做记录，如无法处理时，应及时上报；定期对重大危险源的设备设施进行维护保养；定期组织重大危险源操作人员进行操作技能、安全知识培训。

(3) 设备管理部门负责对重大危险源的设备设施定期进行监督管理。

①每月对重大危险源进行设备设施检查；
②组织对重大危险源主要设备设施、仪表进行定期检验检测。

(4) 生产技术管理部门负责对重大危险源生产运行进行监督管理。

①每月对重大危险源的生产运行状况进行检查;
②组织对重大危险源各项生产技术指标的审核。

思考题

1. 定性风险评估方法有哪些?定量风险评估方法有哪些?
2. HAZOP 适用于那些场景的评估?
3. 独立保护层的定义是什么?常见的独立保护层有哪些?
4. 风险控制措施主要有哪些?使用的优先顺序是什么?
5. ALARP 原则是什么?该原则用在哪个级别的风险管控中?
6. 重大危险源管理的关键环节是哪些?

第四章 应急预案与事故管理

第一节 应急预案管理

一、应急预案的概述

(一) 管理概述

企业应识别出可能发生的突发事件,编制与上下级单位、当地政府及相关部门相衔接的应急预案。应急预案明确规定应急响应级别,明确各级应急预案激动的条件。企业应针对油气输送管道、危险化学品储罐、关键装置、特殊危险截止可能发生的泄漏、火灾、爆炸等重大突发事件,制定企业级专项应急预案。企业在应急预案中应明确不同层级、不同岗位人员的应急处置职责、应急处置方法和注意事项。企业应根据现场处置方案编制岗位应急处置卡,明确经济状态下岗位人员"做什么""怎么做"和现场"谁来做"。

(二) 预案分类

综合应急预案是企业应急预案体系的总纲,主要从总体上阐述事故的应急工作原则,包括企业应急组织机构及责任、应急预案体系、事故风险描述、预警及信息报告、应急响应、保障措施、应急预案管理等内容。

专项应急预案是各业务部门为应对某一类型或某几类型事故,或者针对重要生产设施、重大危险源、重大活动等内容而制定的应急预案,主要包括事故风险分析、应急指挥机构及职责、处置程序和措施等内容。

现场处置方案是基层单位根据不同事故类型,针对现场场所、装置或设施所指定的应急处置措施,主要包括事故风险分析、应急工作职责、应急处置和注意事项等内容,基层单位应根据风险评估、岗位操作规程等内容编制现场处置方案。

二、应急预案的编制

(一) 应急预案编制程序

应急预案的编制应包括成立应急预案编制工作组、资料收集、风险评估、应急能力评估、编制应急预案和应急预案评审6个步骤,如图4.1-1所示。

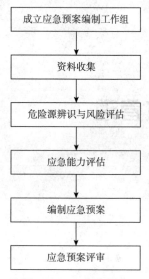

图 4.1-1 应急预案编制流程

1. 成立应急预案编制工作组

公司各单位应结合自身各部门职能和分工，成立以单位主要负责人（或分管负责人）为组长，单位相关部门人员参加的应急预案编制工作组，明确工作职责和任务分工，制定工作计划，组织开展应急预案编制工作。

2. 资料收集

应急预案编制工作组应收集与预案编制工作相关的法律法规、技术标准、应急预案、国内外同行业企业事故资料，同时收集本单位安全生产相关技术资料、对周边环境的影响情况、可调用的应急资源等有关资料。

3. 危险源辨识与风险评估

（1）危险源辨识的原则为：横向到边、纵向到底、不留死角。

（2）在危险源调查之前，首先确定所要分析的系统。例如，是对整个公司、库区，还是某个生产区域的一个工艺过程，然后要从危险因素（强调突发性和瞬间性）和危害因素（强调在一定时间范围内的积累作用）两个方面着手对所分析的系统进行调查。

（3）危险源辨识的方法是辨识危险源的主要工具，许多系统安全分析、评价方法，都可用来进行危险、危害因素的辨识。选用那种方法要根据作业性质、特点和辨识人员的知识、经验和习惯来定。危险源辨识的方法主要包括：直观经验法、基本分析法、安全查表法、工作安全分析法、安全质量标准化法等。

（4）在确定危险源后，应对危险源所产生的风险进行评估。分析可能发生的事故类型及后果，评估事故的危害程度和影响范围，评估结果应包括：发生响应事故的可能性、多种事故同时发生的可能性、环境异常的可能性和情况、对人员造成的伤害类型、对财产造成的破坏类型、对环境造成的破坏类型等。

（5）在风险评估的同时还应进行脆弱性分析。脆弱性分析就是指一旦发生危险事故，本单位哪些位置和环节容易被破坏和影响，会产生哪些相应的次生事故。

4. 应急能力评估

在全面调查和客观分析生产经营单位应急队伍、装备、物资等应急资源状况基础上开展应急能力评估，并依据评估结果，完善应急保障措施。评估内容应包括：现有可调动人力、灭火能力（设备设施、灭火资源调集等）、通信保障能力、个人防护装备（存放地点、数量、类型等）、检测设备、生产和照明的备用电力设备、交通运输设备等。

5. 编制应急预案

应急预案编制工作组掌握相关信息、完成危险源辨识与风险评估后，即可开始编制应急预案或修订现有的应急预案。应急预案编制应注重系统性和可操作性，要能够做到与相关部门和单位应急预案相衔接。

6. 应急预案评审

应急预案编制完成后，各单位应组织评审。评审分为内部评审和外部评审，内部评审由各单位主要负责人组织有关部门和人员进行；外部评审由各单位组织外部有关专家和人员进行评审。应急预案评审合格后，由各单位主要负责人（或分管负责人）签发实施，并进行备案管理。

（二）应急预案编制内容

1. 综合应急预案编制内容

综合应急预案的基本内容应包括：总则、事故风险描述、应急组织机构与职责、预警与信息接报、应急响应、信息公开、后期处置、应急保障、应急预案管理9项内容，如图4.1-2所示。

（1）总则

总则应包括：编制目的、编制依据、使用范围、应急预案体系、应急工作原则。

（2）事故风险描述

简述各单位存在或可能发生的事故风险种类、发生的可能性和严重程度及影响范围等。

（3）应急组织机构及职责

明确各单位的应急组织形式及组成单位或人员，可用结构图的形式表示，明确构成部门的职责。应急组织机构根据事故类型和应急工作需要，可设置相应的应急工作小组，并明确各小组的工作任务及职责。

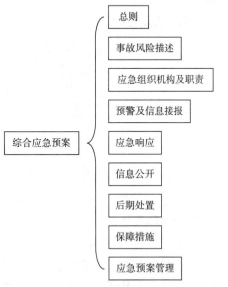

图4.1-2　综合应急预案基本内容

（4）预警及信息接报

预警应根据各单位监测监控系统数据变化状况、事故险情紧急程度和发展势态或有关部门提供的预警信息进行预警，明确预警的条件、方式、方法和信息发布的程序。

信息接报应明确事故及事故险情信息接报程序，主要包括：信息接收与通报、信息上报和信息传递。

（5）应急响应

应急响应分为响应分级、响应程序、处置措施和应急结束4个步骤。

响应分级应针对事故危害程度、影响范围和各单位控制事态的能力，对事故应急响应进行分级，明确分级响应的基本原则。

响应程序应根据事故级别和发展态势，描述应急指挥机构启动、应急资源调配、应急救援、扩大应急等响应程序。

处置措施应针对可能发生的事故风险、事故危害程度和影响范围，制定相应的应急处置措施，明确处置原则和具体要求。

应急结束应明确现场应急响应结束的基本条件和要求。

（6）信息公开

明确向有关新闻媒体、社会公众通报事故信息的部门、负责人和程序以及通报原则。

（7）后期处置

主要明确污染物处理、生产秩序恢复、医疗救治、人员安置、善后赔偿、应急救援评估等内容。

（8）保障措施

保障措施应包括通信与信息保障、应急队伍保障、物资装备保障和其他保障4部分内容。

（9）应急预案管理

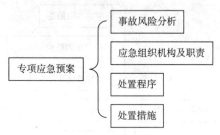

图4.1-3 专项应急预案基本内容

应急预案管理应做好应急预案培训、应急预案演练、应急预案修订、应急预案备案和应急预案实施5部分工作。

2. 专项应急预案编制内容

专项应急预案的基本内容应包括：事故风险分析、应急指挥机构及职责、处置程序、处置措施4项内容，如图4.1-3所示。

（1）事故风险分析

针对可能发生的事故风险，分析事故发生的可能性以及严重程度、影响范围等。

（2）应急指挥机构及职责

根据事故类型，明确应急指挥机构总指挥、副总指挥以及各成员单位或人员的具体职责。应急指挥机构可以设置相应的应急救援工作小组，明确各小组的工作任务及主要负责人职责。

（3）处置程序

明确事故及事故险情信息报告程序和内容，报告方式和责任人等内容。根据事故响应级别，具体描述事故接警报告和记录、应急指挥机构启动、应急指挥、资源调配、应急救援、扩大应急等应急响应程序。

（4）处置措施

针对可能发生的事故风险、事故危害程度和影响范围，制定相应的应急处置措施，明确处置原则和具体要求。

3. 现场处置方案编制内容

现场处置方案的基本内容应包括：事故风险分析、应急工作职责、应急处置、注意事项4项内容，如图4.1-4所示。

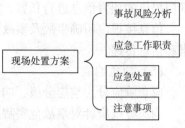

图4.1-4 现场处置方案基本内容

（1）事故风险分析

事故风险分析主要包括事故类型，事故发生的区域或地点的名称，事故发生的可能时间、事故的危害严重程度及其影响范围，事故前可能出现的征兆，事故可能引发的次生、衍生事故。

（2）应急工作职责
根据现场工作岗位、组织形式及人员构成，明确各岗位人员的应急工作分工和职责。
（3）应急处置
应急处置应做好事故应急处置程序、现场应急处置措施。
事故应急处置程序：根据可能发生的事故及现场情况，明确事故报警、各项应急措施启动、应急救护人员的引导、事故扩大及同生产经营单位应急预案的衔接的程序。
现场应急处置措施：针对可能发生的火灾、爆炸、危险化学品泄漏、坍塌、水患、机动车辆伤害等，从人员救护、工艺操作、事故控制、消防、现场恢复等方面制定明确的应急处置措施。
明确报警负责人以及报警电话，上级管理部门、相关应急救援单位联系方式和联系人员，事故报告基本要求和内容。
（4）注意事项
①应注意佩戴个人防护器具方面的注意事项。
②使用抢险救援器材方面的注意事项。
③采取救援对策或措施方面的注意事项。
④现场自救和互救注意事项。
⑤现场应急处置能力确认和人员安全防护等事项。
⑥应急救援结束后的注意事项。
⑦其他需要特别警示的事项。

三、应急预案的演练

（一）应急演练目的

1. 检验预案
发现应急预案中存在的问题，提高应急预案的科学性、实用性和可操作性。

2. 锻炼队伍
熟悉应急预案，提高应急人员在紧急情况下妥善处置事故的能力。

3. 磨合机制
完善应急管理相关部门、单位和人员的工作职责，提高协调配合能力。

4. 宣传教育
普及应急管理知识，提高参演和观摩人员风险防范意识和自救互救能力。

5. 完善准备
完善应急管理和应急处置技术，补充应急装备和物资，提高其适用性和可靠性。

（二）应急演练原则

1. 符合相关规定
按照国家相关法律、法规、标准及有关规定组织开展演练。

2. 切合企业实际

结合企业生产安全事故特点和可能发生的事故类型组织开展演练。

3. 注重能力提高

以提高指挥协调能力、应急处置能力为主要出发点组织开展演练。

4. 确保安全有序

在保证参演人员及设备设施安全的条件下组织开展演练。

(三) 综合演练的组织

1. 演练计划

演练计划应包括演练目的、类型（形式）、时间、地点、主要内容、参加单位和经费预算等。

2. 演练准备

（1）成立演练组织机构

综合演练通常成立演练领导小组，下设策划组、执行组、保障组、评估组等专业工作组。根据演练规模大小，其组织机构可进行调整。

①领导小组负责演练活动筹备和实施过程中的组织领导工作，具体负责审定演练工作方案、演练工作经费、演练评估总结以及其他需要决定的重要事项等。

②策划组负责编制演练工作方案、演练脚本、演练安全保障方案或应急预案、宣传报道材料、工作总结和改进计划等。

③执行组负责演练活动筹备及实施过程中与相关单位、工作组的联系和协调、事故情景布置、参演人员调度和演练进程控制等。

④保障组负责演练活动工作经费和后勤服务保障，确保演练安全保障方案或应急预案落实到位。

⑤评估组负责审定演练安全保障方案或应急预案，编制演练评估方案并实施，进行演练现场点评和总结评估，撰写演练评估报告。

（2）编制演练文件

①演练工作方案内容主要包括：应急演练目的及要求、应急演练事故情景设计、应急演练规模及时间、参演单位和人员主要任务及职责、应急演练筹备工作内容、应急演练主要步骤、应急演练技术支撑及保障条件、应急演练评估与总结。

②演练脚本主要内容包括：演练模拟事故情景，处置行动与执行人员，指令与对白、步骤及时间安排，视频背景与字幕，演练解说词等。

③演练评估方案主要内容包括：演练信息、评估内容、评估标准、评估程序、附件等。

④演练保障方案：针对应急演练活动可能发生的意外情况制定演练保障方案或应急预案，并进行演练，做到相关人员应知应会，熟练掌握。演练保障方案应包括应急演练可能发生的意外情况、应急处置措施及责任部门、应急演练意外情况中止条件与程序等。

⑤演练观摩手册：根据演练规模和观摩需要，可编制演练观摩手册。演练观摩手册通常包括应急演练时间、地点、情景描述、主要环节及演练内容、安全注意事项等。

(3) 演练工作保障

①人员保障：按照演练方案和有关要求，策划、执行、保障、评估、参演等人员参加演练活动，必要时设置替补人员。

②经费保障：根据演练工作需要，明确演练工作经费及承担单位。

③物资和器材保障：根据演练工作需要，明确各参演单位所准备的演练物资和器材等。

④场地保障：根据演练方式和内容，选择合适的演练场地。演练场地应满足演练活动需要，避免影响企业和公众正常生产、生活。

⑤安全保障：根据演练工作需要，采取必要安全防护措施，确保参演、观摩等人员以及生产运行系统安全。

⑥通信保障：根据演练工作需要，采用多种公用或专用通信系统，保证演练通信信息通畅。

⑦其他保障：根据演练工作需要，提供其他保障措施。

(四) 应急演练的内容

1. 预警与报告

根据事故情景，向相关部门或人员发出预警信息，并向有关部门和人员报告事故信息。

2. 指挥与协调

根据事故情景，成立应急指挥部，调集应急救援队伍等相关资源，开展应急救援行动。

3. 应急通信

根据事故情景，在应急救援相关部门或人员之间进行音频、视频信号或数据信息互通。

4. 事故监测

根据事故情景，对事故现场进行观察、分析或测定，确定事故严重程度、影响范围和变化趋势等。

5. 警戒与管制

根据事故情景，建立应急处置现场警戒区域，实行交通管制，维护现场秩序。

6. 疏散与安置

根据事故情景，对事故可能波及范围内的相关人员进行疏散、转移和安置。

7. 医疗卫生

根据事故情景，调集医疗卫生专家和卫生应急队伍开展紧急医学救援，并开展卫生监测和防疫工作。

8. 现场处置

根据事故情景，按照相关应急预案和现场指挥部要求对事故现场进行控制和处理。

9. 社会沟通

根据事故情景，召开新闻发布会或事故情况通报会，通报事故有关情况。

10. 后期处置

根据事故情景，应急处置结束后，开展事故损失评估、事故原因调查、事故现场清理和相关善后工作。

11. 其他

根据相关安全生产特点所包含的其他应急功能。

（五）应急预案的实施

1. 熟悉演练任务和角色

组织各参演单位和参演人员熟悉各自参演任务和角色，并按照演练方案要求组织开展相应的演练准备工作。

2. 组织预演

在综合应急演练前，演练组织单位或策划人员可按照演练方案或脚本组织桌面推演或合成预演，熟悉演练实施过程的各个环节。

3. 安全检查

确认演练所需的工具、设备、设施、技术资料以及参演人员到位。对应急演练安全保障方案以及设备、设施进行检查确认，确保安全保障方案可行，所有设备、设施完好。

4. 应急演练

应急演练总指挥下达演练开始指令后，参演单位和人员按照设定的事故情景，实施相应的应急响应行动，直至完成全部演练工作。演练实施过程中如出现特殊或意外情况，演练总指挥可决定中止演练。

5. 演练记录

演练实施过程中，安排专门人员采用文字、照片和音像等手段记录演练过程。

6. 评估准备

演练评估人员根据演练事故情景设计以及具体分工，在演练现场实施过程中展开演练评估工作，记录演练中发现的问题或不足，收集演练评估需要的各种信息和资料。

7. 演练结束

演练总指挥宣布演练结束，参演人员按预定方案集中进行现场讲评或者有序疏散。

（六）应急演练评估与总结

1. 应急演练评估

（1）现场点评

应急演练结束后，评估人员或评估组负责人在演练现场对演练中发现的问题、不足及取得的成效进行口头点评。

（2）书面评估

评估人员针对演练中观察、记录以及收集的各种信息资料，依据评估标准对应急演练活动全过程进行科学分析和客观评价，并撰写书面评估报告。

评估报告重点对演练活动的组织和实施、演练目标的实现、参演人员的表现以及演练中暴露的问题进行评估。

2. 应急演练总结

应急演练结束后，演练组织单位应根据演练记录、演练评估报告、应急预案、现场总结等材料，对演练进行全面总结，并形成演练书面总结报告。报告可对应急演练准备、策划等工作进行简要总结分析。参与单位也可对本单位的演练情况进行总结。演练总结报告的内容主要包括：

（1）演练基本概要；
（2）演练发现的问题，取得的经验和教训；
（3）应急管理工作建议。

四、专项应急预案注意事项

（一）火灾爆炸专项应急预案

（1）报告内容包括以下但不限于以下内容：火灾单位的全称、发生时间、地点和部位、介质名称、容器容积、火灾或爆炸波及范围、人员伤亡情况、事件简要情况、已采取的措施。

（2）进入现场必须正确选择行车路线、停车位置、作战阵地。

（3）根据火灾爆炸危险化学品的毒性及划定的危险区域，确定相应的个体防护等级。

（4）检测周边暗渠、管沟、管井等相对密闭空间应建立清单，逐一销号检测，对原油进入且气体集聚的密闭空间设立警示标识。

（5）灭火时严禁单独行动，必要时水枪、水炮掩护。

（6）抢险人员严禁站位于火场下风侧，避免吸入有毒烟气。

（7）发生火灾，必须立即切断电源，避免次生灾害。

（8）设立的安全区域必须是通风、宽敞、远离危险点、便于展开施救的区域。

（9）现场指挥部应根据风向随时调整应急指挥部。地方相关部门赶到成立现场指挥部，将指挥权交由地方政府或地方消防部门，并配合其开展灭火抢险任务。

（二）外管道原油泄漏应急预案

原油管道泄漏现场进行处理时，要注意以下安全要求：

（1）须设置专职人员对可能存在可燃（有毒）气体的场所及周边持续进行监测，并严格控制进入警戒区人员数量，严格现场火源及用电管控；

（2）进入可能存在可燃（有毒）气体环境检测、救援、作业的人员，须佩戴个体防护设备；

（3）保持现场通信畅通，保持逃生通道、应急疏散通道畅通，严禁现场人员在无监护状态下擅自行动；

（4）对于可能存在可燃（有毒）气体积聚的相对密闭空间，应采取强风吹扫、注水、喷泡沫液等方式进行处理，并设置专职人员进行持续检测，防止由于油气积聚发生火灾、中毒、窒息等次生灾害；

（5）对于拟进入的相对密闭空间，需对空间内氧含量、可燃物进行检测并保持持续监测，确保相对密闭空间符合人员进入安全要求；

（6）现场指挥部应根据风向随时调整应急指挥部，地方相关部门赶到成立现场指挥部，将指挥权交由地方应急办人员，并配合地方消防队开展灭火。

原油、油气泄漏隔离、疏散、防护距离如下。

（1）原油泄漏，立即隔离泄漏区至少50m；原油大量泄漏，考虑最初下风向撤离至少300m；火场内如有储罐、槽车或罐车，四周隔离800m，考虑初始撤离800m；油气少量泄漏，初始隔离距离30m，下风向防护距离100m（白天）、100m（夜晚）；油气大量泄漏，初始隔离距离60m，下风向防护距离300m（白天）、400m（夜晚）。

（2）小量泄漏指液体泄漏量不大于200L；大量泄漏指液体泄漏量大于200L。

（三）原油管道凝管专项应急预案

（1）进入现场必须正确选择行车路线、停车位置、作战阵地。

（2）根据火灾爆炸危险化学品的毒性及划定的危险区域，确定相应的个体防护等级。

（3）发生火灾，必须立即撤离周边可燃物，避免次生灾害。

（4）现场抢险人员及抢险机具车辆应处于泄放点上风侧。

（5）所有进入警戒范围之内的人员应穿（佩）戴符合要求的个体劳动防护用品。

（6）现场严格执行用火作业安全规章制度。

（四）站（库）工艺管网及设备泄漏专项应急预案

（1）现场抢险人员及抢险机具车辆应处于泄漏点上风侧。

（2）所有进入警戒范围之内的人员应穿（佩）戴符合要求的个体劳动防护用品。

（3）严格执行用火、用电作业安全管理规定。

（4）须设置专职人员对可能存在可燃（有毒）气体的场所及周边环境持续进行监测，并严格控制进入警戒区人员数量，严格现场火源及用电管控。

（5）保持现场通信畅通，保持逃生通道、应急疏散通道畅通，严禁现场人员在无监护状态下擅自行动。

（6）对于可能存在可燃（有毒）气体积聚的相对密闭空间，应采取强风吹扫、注水、喷泡沫液等方式进行处理，并设置专职人员进行持续检测，防止由于油气积聚发生火灾、中毒、窒息等次生灾害。

（7）对于拟进入的相对密闭空间，需对空间内氧含量、可燃物进行检测并保持持续监测，确保相对密闭空间符合人员进入安全要求。

（8）现场指挥部应根据风向随时调整应急指挥部。地方相关部门赶到成立现场指挥部，将指挥权交由地方应急办人员，并配合地方消防队开展灭火。

（五）石脑油管道泄漏专项应急预案

（1）须设置专职人员对可能存在可燃（有毒）气体的场所及周边持续进行监测，并严格控制进入警戒区人员数量，严格现场火源及用电管控。

(2) 进入可能存在可燃（有毒）气体环境检测、救援、作业的人员，须佩戴个体防护设备。

(3) 保持现场通信畅通，保持逃生通道、应急疏散通道畅通，严禁现场人员在无监护状态下擅自行动。

(4) 对于可能存在可燃（有毒）气体积聚的相对密闭空间，应采取强风吹扫、注水、喷泡沫液等方式进行处理，并设置专职人员进行持续检测，防止由于油气积聚发生火灾、中毒、窒息等次生灾害。

(5) 对于拟进入的相对密闭空间，需对空间内氧含量、可燃物进行检测并保持持续监测，确保相对密闭空间符合人员进入安全要求。

(6) 现场指挥部应根据风向随时调整应急指挥部，地方相关部门赶到成立现场指挥部，将指挥权交由地方应急办人员，并配合地方消防队开展灭火。

（六）海底管道原油泄漏应急预案

(1) 设置专职人员对可能存在可燃（有毒）气体场所及周边持续监测，严格控制进入警戒区人员数量。

(2) 进入可能存在可燃（有毒）气体环境检测、救援、作业的人员，须佩戴个体防护设备。

(3) 保持现场通信畅通，保持逃生通道、应急疏散通道畅通，严禁现场人员在无监护状态下擅自行动。

(4) 根据环境、资源对溢油的敏感程度，现有应急措施的可行性和有效性，可能造成的经济损失以及清理油污的难易程度等因素来确定优先保护次序。

（七）硫化氢（有毒气体）中毒专项应急预案

(1) 硫化氢中毒事故医学救援的基本规则：抢救最危急的生命体征、处理眼和皮肤污染、查明硫化氢浓度的含量、进行特殊和（或）对症处理。

(2) 急救之前，救援人员应确定受伤者所在环境是安全的。

(3) 口对口的人工呼吸及冲洗污染的皮肤或眼睛时，要避免施救者受伤。

(4) 对中毒者施救中，在医疗救护没有到达现场前不能放弃，医疗救护单位到达后转交给专业救护人员。

（八）大型储油罐（雷击）专项应急预案

(1) 向上级单位或地方部门报告内容包括但不限于以下内容：企业全称、发生时间、地点和部位、介质名称、储罐容积、火灾或爆炸波及范围、人员伤亡情况、事件简要情况、已采取的措施。

(2) 进入现场必须正确选择行车路线、停车位置、作战阵地。

(3) 根据火灾爆炸危险化学品的毒性及划定的危险区域，确定相应的个体防护等级。

(4) 检测周边暗渠、管沟、管井等相对密闭空间应建立清单，逐一销号检测，对原油进入且气体集聚的密闭空间设立警示标识。

(5) 灭火时严禁单独行动，必要时水枪、水炮掩护；发生沸溢喷溅危险时，尽可能使用移动水炮。

(6) 抢险人员严禁站位于火场下风侧，避免吸入有毒烟气。

（7）发生火灾，必须立即切断电源，避免次生灾害。

（8）设立的安全区域必须是通风、宽敞、远离危险点、便于展开施救的区域。

（9）现场指挥部应根据风向随时调整应急指挥部。地方相关部门赶到成立现场指挥部，将指挥权交由地方应急办人员，并配合地方消防队开展灭火。

（10）现场雷电等级在黄色及以上级别时，应注意防雷，采用高喷车应做好接地工作。

五、突发环境事件应急预案

（一）环境应急预案编制步骤

1. 成立应急预案编制小组

应急预案编制小组应当由熟悉管道情况的人员和各方面（如安全、环境保护、工程技术、组织管理、医疗急救等）的专业人员或专家组成。制定详细周密计划，确保应急预案的制定工作有条不紊地进行。

2. 管道调查与突发环境事件风险评估

（1）信息收集与调查

信息收集与调查包括但不限于：

①适用的法律、法规和标准；

②管道基础信息；

③周边环境风险受体及分布情况；

④地理、环境、气象资料；

⑤现有应急资源；

⑥政府相关部门，以及外部相关单位的应急预案；

⑦可用的外部应急资源及联系方式等。

（2）管道突发环境事件风险评估

环境风险评估内容包括：管道环境风险识别、管道失效可能性评价、可能发生的事故情景与影响后果分析、现有环境风险防控和应急措施的差距分析、管道突发环境事件风险等级划分等。

（3）编制应急预案

组织编写应急预案。明确应急组织机构的组成、职责。明确应急响应程序，针对油气管道事故情景分析，提出相关应急处置措施。明确应急预案保障条件。应急预案编制过程中，应征求周边可能受影响的居民和单位代表的意见。

（4）评审、发布实施

组织专家和可能受影响的居民、单位代表对环境应急预案进行评审。

通过评审后，报单位主管领导审定后发布实施。根据风险评估、预案执行和相关要求及时修订应急预案。

（二）预案的主要内容

应急预案应包括的主要内容有：预案总则、应急组织指挥体系、应急响应、应急保障、附则等内容。

1. 应急组织指挥体系

明确管道运营单位的应急组织指挥体系，包括内部应急组织机构和外部应急救援机构。

（1）内部应急组织机构与职责

明确管道运营单位内部应急组织机构的构成、应急状态的工作职责和日常的应急管理工作职责。

通常应急组织机构包括应急指挥部（包括总指挥、副总指挥和应急办公室）、综合协调组、现场处置组、应急监测组、应急保障组、专家组以及其他必要的行动组。

应列出应急组织机构中所有小组的组成、责任人和联系方式、日常职位、日常职责和应急职责，发生变化时及时进行更新。各应急组织机构应建立A、B角制度，即明确各岗位的主要责任人和替补责任人，重要岗位应当有多个后备人员。

应急组织机构应当和企业内部的常设机构和其他预案的组织机构进行衔接，匹配相应职责。

（2）外部应急救援机构

明确突发环境事件时可请求支援的外部应急救援机构及其可保障的支持方式和支持能力，并定期更新相关信息。

通常为确保外部应急救援在需要时能够正常发挥作用，制定应急预案时，企业应同外部应急救援机构进行必要的沟通和说明，明确其应急能力、装备水平、联系人员及联系方式、抵达距离及时限等，并介绍本单位有关设施、风险物质特性等情况，必要时签署救援协议。

外部应急救援机构主要包括：上级主管部门、专业公司或与企业签订应急联动协议的企业或单位。

2. 应急响应

明确发生事故后，各应急机构应当采取的具体行动措施。包括预案启动、信息报告、分级响应、现场处置、警戒隔离、应急监测等。

（1）预案启动条件

由于管道发生泄漏、火灾、爆炸的同时，即会造成物料进入自然环境，因此，预案中应明确发生管道泄漏、火灾、爆炸等事故时，即启动环境应急预案。

（2）信息报告与通报

明确发生事故时，有关内部与外部信息报告与通报的程序、方式、时限要求、内容等。包括内部事故信息报告、通知协议单位协助应急救援、向事发地人民政府和环保部门报告、向邻近单位和人员通报。

（3）分级响应

可根据事故的可能影响范围、可能造成的危害和需要调动的应急资源，明确事故的响应级别，通常分为Ⅰ级响应（社会级）和Ⅱ级响应（企业级）。根据自身应急情况可在Ⅱ级响应（企业级）中再分解响应级别。

①Ⅰ级响应（社会级）

事故范围大，难以控制与处置，对人群与环境构成极端威胁，可能需要大范围撤离；

或需要外部力量、资源进行支援的事故。包括但不限于以下情况：发生在环境敏感区的油品泄漏量超过10t，以及在非环境敏感区油品泄漏量超过100t；对社会安全、环境造成重大影响，或需要紧急转移疏散1000人以上；区域生态功能部分丧失或濒危物种生存环境受到污染；油品管道泄漏污染导致或可能导致集中式饮用水水源取水中断12h以上，或饮用水水源一级保护区、重要河流、湖泊、水库、沿海水域或自然保护区核心区大面积污染，单独地区公司启动预案且无法救助的；油气长输管道与城镇市政管网交叉点段发生泄漏。

在Ⅰ级响应（社会级）状态下，管道运营单位必须在第一时间内向上级管理部门与地方人民政府有关部门，或其他外部应急救援力量报警，请求支援。企业在地方人民政府和相关部门的指挥和指导下，积极采取各项应急措施。

②Ⅱ级响应（企业级）

事故或泄漏可以完全控制，一般不需要外部援助，不需要额外撤离其他人员。事故限制在小区域范围内，不会立即对人群和环境构成威胁。

在Ⅱ级响应（企业级）状态下，可完全依靠企业自身应急能力处理。

(4) 现场应急处置

管道运营单位应针对各种管道突发环境事件情景制定相应的现场处置措施，明确应急处置流程、步骤、措施、相关责任人和所需应急资源等。

(5) 警戒隔离

明确事故应急状态下的现场警戒与治安秩序维护的方案，设置警戒线和划定安全区域。明确单位内部负责警戒治安的人员，以及同当地公安机关的协作关系。

事故应急状态下，应当在事故现场周围建立警戒区域，维护现场治安秩序，防止无关人员进入应急指挥中心或应急现场，保障救援队伍、物资运输和人群疏散等的交通畅通，避免发生不必要的伤亡。

(6) 应急监测

明确事故状态下的应急监测方案，环境应急监测方案应包括事故现场和环境敏感区域的监测方案。监测方案应明确监测范围，采样布点方式，监测标准、方法、频次及程序、采用的仪器等。具体参见HJ 589—2010《突发环境事件应急监测技术规范》。相关环境应急监测信息及时提供给应急人员，以确定应急处置措施、选择合适的应急装备和个人防护装备。

监测油类泄漏污染场地的污染物浓度，涉及地下水的，监测地下水油污染物浓度及影响范围；油类污染地表水的，结合气象和水文条件，在其扩散方向合理布点，监测油膜厚度、油污染浓度及影响范围，重点应抓住污染带前锋和浓度峰值的浓度及位置，对污染带移动过程形成动态监控。同时监测挥发性气体浓度及影响范围。

(7) 响应终止

明确应急响应终止责任人、终止的条件和应急终止的程序。

通常企业可以从以下几个方面明确终止条件：

①事故现场得到控制，事故条件得到消除；

②污染源的泄漏或释放已得到完全控制；

③事件造成的危害已彻底消除，无继发可能；

④事故现场的各种专业应急处置行动无继续的必要;

⑤采取了必要的防护措施以保护公众免受再次危害,并使事件可能引起的中长期影响趋于合理并且尽可能低的水平;

⑥根据环境应急监测和初步评估结果,由应急指挥部决定应急响应终止,下达应急响应终止指令。

3. 应急保障

(1) 队伍保障

应急队伍保障包括企业内部专业环境应急队伍与签署互助协议的外部应急救援机构,队伍规模和人员技能应满足环境应急工作需要。定期开展应急培训、预案宣传和演练。针对管道泄漏易发环节,每年至少开展1次预案演练。

(2) 应急装备

根据油气管道事故情景,配备必要的应急装备。列出应急预案涉及的主要物资和装备名称、型号、性能、数量、存放地点、运输和使用条件、管理责任人和联系电话等。

应急装备主要包括防护装备(防毒面具、正压式空气呼吸器、防静电工作服、绝缘手套、绝缘靴等),便携式应急监测仪器(有毒气体检测仪、挥发性气体检测仪、可燃气体报警器等),处理处置设备(收油机、油气回收装置、防爆泵等),应急通信设备,消防装备,应急急救装备等。

仪表、通信设备等由单独设置的 UPS 装置供电,供电时间不小于120min。应急物资应每年定期检查,并根据企业实际情况进行补充、更新。

(3) 应急物资

根据油气管道事故情景,配备必要的应急物资。应列明应急物资清单,清单应当包括种类、名称、数量、存放地点、规格、性能、用途和用法等信息,以利于在紧急状态下使用。规定应急物资的定期检查和维护措施,以保证其有效性。依据应急处置的需求,建立健全以应急物资储备为主,社会救援物资为辅的物资保障体系。建立应急物资动态管理制度,每年定期检查,并根据企业实际情况进行补充、更新。

应急物资主要包括油类泄漏围堵物资(围油栏、筑坝用编织袋、草垛、活性炭、塑料布等),残油清理物资(吸油毡、溢油分散剂、凝油剂、消油剂等)。

(4) 资金保障

安排应急专项资金,用于应急队伍建设、物资设备购置、应急预案演练、应急知识培训和宣传教育等工作。

(5) 应急联动保障

与外部应急救援力量、周围社区和临近企业建立定期沟通机制,促进相互配合。在应急期间,按照地方政府的统一要求,做好各项应急措施的衔接和配合。

(6) 技术保障

应急办公室组织单位有关专业技术人员及其他单位、地方政府或环保部门等有关专家组成应急救援专家组,为应急救援提供技术支持,对突发事件情况进行科学研究,加强环境监测、预测、预防和应急处置的技术研发,改进技术装备,提高处理突发环境事件的技术水平。

(三）环境应急预案修订

企业结合环境应急预案实施情况，至少每 3 年对环境应急预案进行 1 次回顾性评估。有下列情形之一的，及时修订：

（1）面临的环境风险发生重大变化，需要重新进行环境风险评估的；

（2）应急管理组织指挥体系与职责发生重大变化的；

（3）环境应急监测预警及报告机制、应对流程和措施、应急保障措施发生重大变化的；

（4）重要应急资源发生重大变化的；

（5）在突发事件实际应对和应急演练中发现问题，需要对环境应急预案作出重大调整的；

（6）其他需要修订的情况。

对环境应急预案进行重大修订的，修订工作参照环境应急预案制定步骤进行。对环境应急预案个别内容进行调整的，修订工作可适当简化。

（四）环境应急预案备案

企业环境应急预案应当在环境应急预案签署发布之日起 20 个工作日内，向企业所在地县级环境保护主管部门备案。县级环境保护主管部门应当在备案之日起 5 个工作日内将较大和重大环境风险企业的环境应急预案备案文件，报送市级环境保护主管部门，重大的同时报送省级环境保护主管部门。

跨县级以上行政区域的企业环境应急预案，应当向沿线或跨域涉及的县级环境保护主管部门备案。县级环境保护主管部门应当将备案的跨县级以上行政区域企业的环境应急预案备案文件，报送市级环境保护主管部门，跨市级以上行政区域的同时报送省级环境保护主管部门。

省级环境保护主管部门可以根据实际情况，将受理部门统一调整到市级环境保护主管部门。受理部门应及时将企业环境应急预案备案文件报送有关环境保护主管部门。

企业环境应急预案首次备案，现场办理时应当提交下列文件：

（1）突发环境事件应急预案备案表；

（2）环境应急预案及编制说明的纸质文件和电子文件，环境应急预案包括：环境应急预案的签署发布文件、环境应急预案文本，编制说明包括：编制过程概述、重点内容说明、征求意见及采纳情况说明、评审情况说明；

（3）环境风险评估报告的纸质文件和电子文件；

（4）环境应急资源调查报告的纸质文件和电子文件；

（5）环境应急预案评审意见的纸质文件和电子文件，提交备案文件也可以通过信函、电子数据交换等方式进行，通过电子数据交换方式提交的，可以只提交电子文件。

建设单位制定的环境应急预案或者修订的企业环境应急预案，应当在建设项目投入生产或者使用前，向建设项目所在地受理部门备案。

受理部门应当在建设项目投入生产或者使用前，将建设项目环境应急预案或者修订的企业环境应急预案备案文件，报送有关环境保护主管部门。建设单位试生产期间的环境应急预案，应当参照上述要求制定和备案。

六、情景构建

(一) 情景构建基本概念

情景构建中的"情景"不是某典型案例的片段或整体的再现,而是无数同类事件和预期风险的系统整合,是基于真实背景对某一类突发事件的普遍规律进行全过程、全方位、全景式地系统描述。"情景"的意义不是尝试去预测某类突发事件发生的时间与地点,而是尝试以"点"带面、抓"大"带小,引导开展应急准备工作的工具。理想化的"情景"应该具备最广泛的风险和任务,表征一个地区(或行业)的主要战略威胁。

情景构建是结合大量历史案例研究、工程技术模拟对某类突发事件进行全景式描述(包括诱发条件、破坏强度、波及范围、复杂程度及严重后果等),并以此开展应急任务梳理和应急能力评估,从而完善应急预案、指导应急演练,最终实现应急准备能力的提升。因此,情景构建是"底线思维"在应急管理领域的实现与应急,"从最坏处准备,争取最好的结果"。

情景构建与企业战略研究中的"情景分析"都是以预期事件为研究对象,但是应用领域和技术路线又不尽相同。情景分析法又称前景描述法,是假定某种现象或某种趋势将持续到未来的前提下,对预测对象可能出现的情况或引起的后果做出预测的方法,因此情景分析是一种定性预测方法;情景构建是一种应急储备策略,通过对预期战略风险的实例化研究,实现对防线的深入剖析,对既有应急体系开展"压力测试",进而优化应对策略,完善预案,强化准备。

在传统应急管理中,实战演练之前往往开展情景设计,常规情景设计与重大突发事件情景构建无论在研究体量、研究目的,还是研究意义方面都存在着一定的差异,如表4.1-1所示。

表 4.1-1 常规情景设计与重大突发事件情景构建差异表

项目	重大突发事件(巨灾)情景构建	常规情景设计
构建基础	大量历史典型案例统计分析、预期风险评估、真实背景深层次调研	基于对典型案例和常规风险的认知
构建目的	面向应急准备	主要针对应急响应(侧重协同与处置)
构建角度	全景式、全业务、全过程	侧重灾害的"事中"场景
体量差异	无数常规突发事件情景的时空耦合	灾害态势
支撑预案	预案体系(相关预案组合)	侧重专项预案或操作预案
匹配演练形式	桌面演练,跨层级、跨部门演练(情景构建过程就是由若干桌面演练组成)	常规演练(技能、业务演练)
展现形式	面向各层级(决策领导层、业务处置层、公众响应层)的风险实例化表现与应急处置要点(含视频和文档)	演练背景材料
指导意义	预案体系优化、演练规划设计、对照评估应急能力	明确演练场景、提高演练针对性

（二）情景构建背景

情景构建工作始于 2001 年 9 月 11 日的美国恐怖袭击事件，此事件使得美国政府深刻意识到了"先见之明"与"后见之明"，虽然有些美国的政府机构之前认识到了类似于"9.11"事件这种威胁，但没有人去模拟并检验这些场景，并想办法找出相应的建设性措施，"如何使想象力制度化"这一问题迫使情景构建工作在美国全面开展起来，从而进一步解决如下几个问题：

（1）考虑灾害如何产生；
（2）确认与灾害相关的预警信号有哪些；
（3）在可行的时候根据哪些信号收集情报；
（4）采取方位措施以使最危险的突袭转向或者至少较早地发布预警。

在接下来的 2005 年 8 月 23～31 日的卡特里娜飓风事件中，造成了 1800 余人死亡，50 万人紧急疏散，上百万人流离失所，导致美国 FEMA 署张迈克尔·布朗下台，布什政府支持率将至冰点，在《卡特里娜飓风调查报告》中提到："虽然我们对常规的、有限的自然和人类灾难建立了有效应急系统，但我们的系统在应对严重灾难事件上还存在明显的机构性缺陷。""……如果我们不能从中获取经验教训并加强我们的应急准备和响应，我们将使悲剧重演。我们不能对过去所发错误无动于衷……"。此次事件使得美国政府更加深刻地认识到情景构建工作的重要性，为了有助于确定未来很有可能发生的各种危机事件，美国国土安全部制定了一组共 15 种全国应急计划模式，即巨灾情景组。

（三）重大突发事件情景组成与分类

重大突发事件情景实质上是反映经营单位的最主要风险，而不同的国家或地区由于经济社会发展水平，以及文化和自然环境的差异性，使其面对突发事件的风险有很大区别，需要对情景进行可选择性地分级与分类，这既可保证应急管理在整合水平上的一致性，又有利于对不同风险进行区别对待和实施分级和分层管理。一个主要基于风险特征的突发事件情景分级分类矩阵如表 4.1-2 所示，用一个简略矩阵形式，体现出事件情景的性质分类、强度级别、情景特点三个维度的特性。

表 4.1-2 突发事件情景分级分类矩阵

级别/性质	自然（N）	技术（T）	社会（S）	合计
一级巨灾（危机）	疫病大流行、特大地震、飓风	核泄漏、危险化学品泄漏	恐怖袭击（爆炸、生物袭击或核爆）、暴乱	7
二级灾难级	洪水、大坝失效、森林	特大交通事故、空难、海难	种族、宗教和经济纠纷等导致激烈冲突，网络袭击	8
三级事故（件）级	局地极端气象条件、地址灾害	工业与环境事故、重大火灾、重大交通事故	公共集聚、大规模工潮	7
合计	8	8	6	22

第一级为巨灾或危机级情景，是所有情景中最高级别，也可称其为国家突发事件情

景。这类事件特点是极端小概率，严重威胁公众群体生命安全与健康，对经济社会破坏力极强，损失严重，波及范围广泛，影响至全国，有时可超越国界，灾变情况十分复杂，常造成继发性或耦合性灾害，恢复十分困难，甚至难以恢复，需要动员国家力量才能应对的特别重大危机事件。矩阵表中试列出了7项巨灾（危机）情景。

第二级为灾难，一般是指事件发生概率相对较低，破坏强度很大，后果较为严重，波及范围超出几个市、可遍布全省、乃至跨越省辖区，情况较为复杂，动员力度较大，较长时间才能恢复的重大突发事件。矩阵表中试列出8项，可作为省辖区重大突发事件情景组。

第三级为事故或事件，主要是指发生概率相对较高，事件造成破坏强度有限，波及范围在市县级政府辖区范围之内，灾种较为单一，处置力度相对较小，较短时间即可恢复的突发事件情景。矩阵表中试列有7项情景，这类基本属于市县辖区的突发事件情景。

我们已注意到，列入矩阵中的22个情景中并没有包括一些大家所熟知的具有影响的时间，但同样也可以发现，已提出的这些情景基本反映了各类突发事件共性特点和公共安全面临的主要威胁，这样基本可以保障用最少量的、最有代表性和最可靠的情景，明确应急准备的方向和范围，指导综合性应急预案的编制和组织培训与演练实施。

突发事件情景规划的事件分级不同于我们目前对突发事件的分级方法。在我国突发事件应对法和《国家突发公共事件总体应急预案》等相关法律法规文件中都是首先按照行政管理的领域划分成自然灾害、事故灾难、公共卫生事件和社会安全事件4个类别，然后依据每个类别不同类型事件的损失后果（人员伤亡或经济损失等）程度进行事件分级，即所谓先分类再分级的办法。突发事件情景规划的事件分级，主要强调事件本身的强度和应对的难易程度，尤其关注应急准备和应急响应与之相匹配的能力。因此，应急准备任务设置和应急响应能力要求成为突发事件情景规划中主体内容，对此，可以称之为基于事件强度和能力的分级思想。突发事件情景规划的这种分级方法有利于对所有各类事件进行分层管理。分级与分层是两个不同属性的概念，分层管理特别强调的是每一级政府或每一个单位应对突发事件的能力，无论突发事件类型、级别和预期后果如何，都必须从事发地最底层政府启动应急响应，应急管理权与指挥权是否转移至上一级，主要取决于应对能力。这样处置不但可以充分发挥基层政府"第一时间响应"的作用，而且特别有利于实现属地为主原则和减少应急响应成本。

（四）突发事件情景构建基本技术方法

突发事件情景构造从技术路线上大致可划分为三个主要阶段。

1. 第一阶段——资料收集与分解

用于情景构建的资料与信息主要来源于三部分：一是近年来（至少应十年以上）国家或区域内已发生的各类突发事件典型案例，这些案例要描述和解释事件的原因、经过、后果和采取的应对措施及其经验教训等；二是其他国家或地区类似重大突发事件的相关资讯；三是依据国际、国内和地区经济社会发展形势变化，以及环境、地理、地质、社会和文化等方面出现的新情况和新动向，预期可能产生最具有威胁性的非常规重大突发事件风险，包括来源与类型等。

2. 第二阶段——以事件为中心的评估与收敛

依靠专业人员和专业技术方法列近乎海量的数据进行聚类和同化，这一阶段应完成三个主要任务：一是按时间序列描述事件发生，发展过程，分析事件演化的主要动力学行为，应特别关注焦点事件的涌现、处置及其效果；二是经过梳理和聚类，从复杂多变的"事件群"中提炼归纳出具有若干特征的要素，并聚结形成事件链，辨识不同事件的同、异性特点；三是建立各类事件的逻辑结构，同时，对未来可能遭遇到的主要风险和威胁做评估与聚类分析。

3. 第三阶段——突发事件情景的集成与描述

在前两个阶段工作基础上，按照事件的破坏强度、影响范围、复杂性和未来出现特殊风险的可能性，建立所有事件情景重要度和优先级的排序，再次对事件情景进行整合与补充，筛选出最少数和共性最优先的若干个突发事件情景。此后，则可依据国家对应急准备战略需求和实际能力现状，提出国家或本地区若干个突发事件情景规划草案，以此为蓝本，通过专家评审和社会公示等形式，广泛征求各方面意见，进一步修改完善，形成重大突发事件情景规划。

（五）情景构建基本工作流程

（1）情景筛选：情景初步构想。
（2）基础资料收集：资料清单中的内容基本完备。
（3）启动会：确定企业参与人员及分工。
（4）情景设置：
①情景演化过程设定；
②应急响应过程确认；
③计算参数确认。
（5）桌面推演：
①情景演化过程完善；
②应急响应过程完善。
（6）模拟计算分析：
①计算结果分析；
②模拟过程完善。
（7）应急能力评估：
①总体应急准备评估；
②情景-任务-能力体系评估。
（8）情景集成：
①情景文档；
②情景演示动画。

（六）重大突发事件情景构建的作用

重大突发事件情景构架是应急预案制定的重要基础。

重大突发事件情景构建是应急预案制定工作的中心点，规划中列出的这些情景是未来可能面对的最严重威胁的"实例"，因而，在国家和地方应急预案中应得到最优先的关注和安排。按照"情景-任务-能力"应急预案编制技术路线，情景规划可对应急预案每个主要环节都发挥关键性作用。

基于"情景"应急预案编制本质上是危害识别和风险管理的过程，其主要内容包括特殊风险分析、脆弱性分析和综合应急能力评估三大部分，这三大部分都为应急预案制定修订提供重要技术支撑。时间情景清晰刻画了未来可能面对的最主要威胁，描述了事件可预期的演变过程和可能涌现的"焦点事件"，事件情景所提供的地址、地理条件、社会环境和气象条件，都可成为制定应急预案的重要参考。这些内容对设定应急预案的方向、目标、结构和内容都有指导意义。

在情景规划中，有一大部分内容是各部门和各单位在某一事件中需要承担和完成的各类应急任务要求，这些任务不但涵盖了预防、监测预警、应急响应和现场恢复等各项工作，而且比较细致地描述了每个单位或职责岗位的具体活动，有助于对应急预案的职责和内容进行整合与分配，避免职能的重叠与交叉，保障应急响应指挥协调的通畅。

无论是应急准备，还是应急预案，其核心目标都是应急响应能力建设。"情景"通过事件后果评估和应急任务设置，对通用能力和预防、保护、响应和恢复4种职责能力都规范了明确要求，同时，也可为应急能力考核、评估提供衡量标准。

第二节　生产安全事故管理

一、事故定义

生产安全事故包括人身伤亡事故、火灾事故、爆炸事故、交通事故、放射事故、生产事故、设备事故、管道事故。

1. 人身伤亡事故

在生产经营活动中造成人员人身伤亡和急性中毒事故，主要分为：物体打击事故、机械伤害事故、起重伤害事故、触电伤害事故、淹溺事故、灼烫事故、高处坠落事故、坍塌事故、中毒和窒息事故、其他伤害事故。

2. 火灾事故

在生产经营活动中，由于各种原因引起的火灾，造成人员伤亡或财产损失的事故。

3. 爆炸事故

在生产经营活动中，由于各种原因引起的爆炸，造成人员伤亡或财产损失的事故。

4. 交通事故

车辆、船舶在行驶、航运过程中，由于违反交通、航运规则或因机械故障等造成车辆、船舶损坏、财产损失或人身伤亡的事故。

5. 放射事故

放射源丢失、失控、保管不善等，造成人员伤害、重大社会影响的事故。

6. 生产事故

由于违章指挥、违章作业、违反劳动纪律或其他原因造成输油站（油库）及外管道发生的以下事故：输油站（油库）油品泄漏，油罐发生抽瘪、冒溢、沉船、泄漏，管道清管或内检测卡堵，站内管线或外管道憋压，站内管线或外管道凝管，外管道因憋压致油品泄漏，输油泵甩泵，油品非正常混油，加热炉非正常停炉，添加剂非正常停注，管线非计划停输等事故。

7. 设备事故

由于设计、制造、安装、施工、使用、检维修、管理等原因造成设备设施及建（构）筑物等损坏，造成损失或影响生产的事故。

8. 管道事故

由于设计、管道建设和维修质量、腐蚀、第三方施工、打孔盗油等原因造成外管道损坏和油品泄漏等事故。

二、事故分级

生产安全事故的分级如表 4.2-1 所示。

表 4.2-1　生产安全事故的级别划分

序号	级别	类别	备注
1		特别重大事故	指造成 30 人（含）以上死亡，或者 100 人（含）以上重伤（包括急性工业中毒，下同），或者 1 亿元（含）以上直接经济损失的事故
2		重大事故	指造成 10~29 人死亡，或者 50~99 人重伤，或者 5000 万（含）~1 亿元直接经济损失的事故
3		较大事故	指造成 3~9 人死亡，或者 10~49 人重伤，或者 1000 万（含）~5000 万元直接经济损失的事故
4	上报集团公司级生产安全事故	一般事故 A 级	一般 A 级事故。指造成 1~2 人死亡，或者 3 人以上 10 人以下重伤，或者 10 人以上轻伤，或者 100 万元以上 1000 万元以下直接经济损失的事故。具备下列情况之一的，视同一般 A 级事故管理：（1）导致生产装置（单元）停产、管道停输的爆炸事故；（2）储罐、库区（房）发生的爆炸事故；（3）输油站、外管道、油库等发生持续燃烧 20min 以上火灾
5		一般事故 B 级	指造成 1~2 人重伤，或者 3 人以上 10 人以下轻伤，100 万元以下直接经济损失的事故。具备下列情况之一的，视同一般 B 级事故管理：（1）持续燃烧 20min 以下的所有火灾；（2）生产装置区、库区等发生的严重泄漏（T1）；（3）油气长输管道途径人员密集场所高后果区发生一般泄漏（T2）；（4）因各种原因，单套生产装置非计划停车停产、长输管道故障停输 24h 以上

续表

序号	级别	类别	备注
6	企业级生产安全事故		3人及以下轻伤事故（不包括交通事故）
7			直接经济损失小于10万元的生产设施（设备、外管道等）火灾事故，或者直接经济损失5万（含）~10万元的其他火灾事故
8			直接经济损失5万（含）~10万元的放射事故
9			直接经济损失5万（含）~10万元的车辆（厂区、作业场所内）交通事故或船舶交通事故
10			外管道人口密集区、铁路和公路等重要交通设施高后果区发生泄漏，泄漏量5m³（含）以上或过油面积50m³（含）以上
11			站内管线油品泄漏5m³（含）以上或过油面积50m³（含）以上，现场应急处置时间超过8h以上
12			储油罐发生抽瘪、冒溢、沉船、泄漏事故
13			站内管线或外管道凝管、外管道清管或内检测卡堵、站内管线或外管道憋压、管线因各种原因非计划停输、输油泵甩泵、油品非正常混油、加热炉非正常停炉、添加剂非正常停注等导致输油运行中断，应急处置时间超过工艺操作规程最长允许停输时间的事故
14			发生人员死亡或重伤的道路交通事故
15			直接经济损失20万元（含）以上的生产事故、设备事故、管道事故、交通事故
16			造成一定负面社会影响的事故
17	未列入企业级及以上级别的所有生产安全事故为处级生产安全事故		
18	提级管理的事故（提级管理是指事故调查、责任追究上进行提级，在事故统计上仍按照原级别进行统计上报）		造成较大社会影响，经或企业HSSE委员会会议研究决定提级管理的事故
19			被国家、地方政府挂牌督办、确定提级管理的事故
20			迟报、谎报、隐瞒不报、被举报的事故

注：以上包括本数，以下不包括本数。

三、事故报告

发生事故后，基层单位（业务单元）应立即逐级上报二级单位安全监管部门；企业发生集团公司级事故，必须第一时间如实向集团公司报告。

（一）企业内部事故信息报告

各二级单位、重点工程建设项目部发生与输油生产及工程建设相关的事故，应按照相关规定上报。

1. 处级生产安全事故信息报告

发生处级生产安全事故，第一时间到达现场人员和基层站队应在5min内电话初报二级单位和重点工程建设项目部应急值班室紧急信息；没有设置应急值班的重点工程建设项目部，第一时间到达现场人员和事故现场人员应在5min内电话初报项目部事故主管部门或项目部的领导。

2. 公司级及以上的生产安全事故信息报告

发生公司级及以上的生产安全事故，第一时间到达现场人（事故现场）和处级单位应急指挥中心应在5min内电话初报公司应急办公室紧急信息。二级单位应急指挥中心办公室和设置了应急值班的重点工程建设项目部必须在30min内向公司应急办公室提交书面的《突发事件信息报告单》，发送传真后必须再电话确认，有条件的可附视频影像等多媒体资料。没有设置应急值班的重点工程建设项目部，正常工作时间，必须在30min内向企业应急办公室提交书面的《突发事件信息报告单》，发送传真后必须再电话确认，有条件的可附视频影像等多媒体资料；夜间等特殊时期，30min内不能提交书面的《突发事件信息报告单》，必须在30min内以电话或信息等形式报告《突发事件信息报告单》相关内容，1h内提交书面的《突发事件信息报告单》。事故持续发展的，至少每0.5h（电话、书面传真报告单）报告1次。如事态突然恶化或扩大必须立即报告。事故处置结束后16h内，进行终报。

3. 与输油生产及工程建设无关的生产安全事故信息报告

各二级单位、重点工程建设项目部发生与输油生产及工程建设无关的生产安全事故，第一时间到达现场人（事故现场）和基层站队接到事故信息后应在5min内电话报告二级单位（二级单位应急值班室，或事故主管部门，或处领导）和重点工程建设项目部（项目部应急办公室，或事故主管部门，或项目部领导）；二级单位和重点工程建设项目部接到事故报告后，应在5min内电话报告企业事故主管部门；当企业事故主管部门联系不上时，二级单位和重点工程建设项目部应在5min内电话报告公司应急办公室。二级单位和重点工程建设项目部应在30min内提交书面的《生产安全事故初期报告单》。对于夜间等特殊时期，30min内不能提交书面《生产安全事故初期报告单》，必须在30min内以电话或信息等形式报告《生产安全事故初期报告单》相关内容，1h内提交书面的《生产安全事故初期报告单》。根据事故的发展和抢险救援情况随时报告，事故持续发展的至少0.5h报告1次，事故突然恶化或扩大必须立即报告；事故处置结束后16h内，进行终报。

（二）报告集团公司事故信息

发生以下事故，报告集团公司生产调度应急指挥中心：

（1）公司级及以上的生产安全事故；

（2）发生在敏感地区（人口密集，交通要道，沿江、河、湖、海周边等）、敏感时间（国家重大活动、节假日等），可能演化为重特大事故的生产安全事故；

（3）地方人民政府已经介入的生产安全事故；

（4）主流网络、媒体等已经报道的生产安全事故；

（5）公司外部发生，但有可能影响公司所属单位正常生产的事故；

（6）承运商在公路、水路运输中发生的人身伤亡、火灾、爆炸、泄漏事故，以及水路运输中发生的碰船、搁浅事故。

发生与输油生产及工程建设相关的事故，由运销处向集团公司调度应急指挥中心上报；发生与输油生产及工程建设无关的事故，由事故的主管部门上报集团公司调度应急指挥中心。

发生上报集团公司生产调度应急指挥中心的事故，公司必须在事发 1h 内以电话或书面形式报告，2h 必须书面报告，并根据事故发展和抢险救援情况随时报告相关情况，事故持续发展的每 0.5h 报告 1 次；事故处置结束后 24h 内，进行终报。

报告集团公司生产调度应急指挥中心的事故信息内容包括但不限于以下内容：

（1）事故单位名称，事故类别，事故发生时间、地点、基本情况（伤亡人员数量、事故影响范围），初步原因；

（2）事故应急处置现状及发展趋势；

（3）事故对周边环境及社会人员的影响，是否造成环境污染、波及社会人群；

（4）地方政府响应情况（到场人员、领导指示、疏散居民）；

（5）媒体应对情况（到场媒体、媒体反应）；

（6）报告人的单位、姓名、职务及联系方式；

（7）对事故的初步研判结果。

(三) 事故书面快报

发生各类生产安全事故，责任二级单位和重点工程建设项目部须在事发 4h 内填写《事故快报》，报告企业安全监管部门。属于上报集团公司级生产安全事故以及发生人员死亡、重伤的道路交通事故，企业安全监管部门按照相关规定须在事发 8h 内填写《事故快报》，报告集团公司安全监管局。

各二级单位要按照国家和地方政府的有关规定，及时向事故发生地人民政府相关部门报告事故情况。承（分）包商在公司发生的生产安全事故，要立即报告项目管理单位或项目部，项目管理单位或项目部负责按要求上报。自事故发生之日起 30 日内，事故造成伤亡人数发生变化的，应当及时补报。道路交通事故、火灾事故自发生之日起 7 日内，事故造成伤亡人数发生变化的，应当及时补报。

四、事故处置

事故发生后，事故单位和企业立即启动相应级别、相应专业的应急预案，全力组织事故处置抢险。在事故抢险过程中，任何单位和个人不得故意破坏事故现场、毁灭相关证据。因抢救人员、防止事故扩大以及疏散交通等原因，需要移动事故现场物件时，应当做出标记，妥善保存现场重要痕迹和物证。企业要建立健全事故新闻（信息）发布制度和舆情监控机制。各二级单位未经公司授权许可，不得私自对外发布任何事故信息。

五、事故调查

发生处级生产安全事故，二级单位组织事故调查组；发生地方政府或集团公司组织调查的生产安全事故，企业和发生事故的二级单位配合做好调查工作，并组织内部事故调查组。事故调查组实行组长负责制。事故调查组由技术组、管理组和责任追究组组成，可根据需要增设其他工作组。

事故调查组应查明事故发生的经过、原因、人员伤亡情况及直接经济损失。技术组重点调查分析技术标准、技术方案、操作规程等方面存在的缺陷；管理组重点调查分析事故发生的管理原因；责任追究组重点根据事故调查结果及有关规定提出责任追究意见。事故调查组须认定事故的性质和事故责任；提出对事故相关责任单位和责任人员的处理建议；总结事故教训，提出防范整改措施建议；提交事故调查报告。

事故发生单位的负责人和有关人员在事故调查期间不得擅离职守，应当随时接受事故调查组的询问，如实提供有关情况。事故调查中需要进行技术鉴定的，事故调查组应当委托具有国家规定资质的单位进行技术鉴定，必要时，事故调查组可以直接组织专家进行技术鉴定。

处级生产安全事故调查报告，应在事发 20 天内提交，报二级单位领导班子会议或 HSSE 委员会会议审批；企业级生产安全事故调查报告应在事发 30 天内提交，报企业领导班子会议或公司 HSSE 委员会会议审批；上报集团公司级生产安全事故的内部调查报告，原则上在 30 天内提交，经公司领导班子会议审批后报集团公司。

六、事故教训汲取

事故单位和有关部门应根据事故调查结果，举一反三地从设计、技术、设备设施、管理制度、操作规程、应急预案、人员培训等方面分析、制定并落实整改措施，对整改措施进行评估，就落实情况进行监督检查，防范类似事故重复发生。安全环保监察处和事故调查牵头部门要将发生事故的二级单位列为重点安全监管单位，对事故单位汲取事故教训及整改措施落实情况进行跟踪和评估验收。

上报集团公司级事故的整改落实情况由事故调查主管部门负责跟踪验证；公司制作事故视频，编写事故案例；各单位对通报事故应组织学习，从中汲取经验教训，并保存学习记录。

七、事故理论学习

（一）破窗效应

破窗效应（Broken windows theory）是犯罪学的一个理论，该理论认为环境中的不良现象如果被放任存在，会诱使人们仿效，甚至变本加厉。一幢有少许破窗的建筑为例，如果那些窗不被修理好，可能将会有破坏者破坏更多的窗户。最终他们甚至会闯入建筑内，如果发现无人居住，也许就在那里定居或者纵火。一面墙，如果出现一些涂鸦没有被清洗掉，很快墙上就布满了乱七八糟、不堪入目的东西；一条人行道有些许纸屑，不久后就会有更多垃圾，最终人们会视若理所当然地将垃圾顺手丢弃在地上，这个现象就是犯罪心理学中的破窗效应。

部分员工认为，生产现场不戴安全帽、穿高跟鞋等都是小事，不会从根本上动摇安全生产的根基。但就像"破窗效应"一样，如果有第一个违章行为出现，打破了安全规则，势必会有第二、第三。这个群体长期营造的安全氛围将会发生变化。许多违章人员不是缺乏安全知识，也不是技术水平低，而是"明知故犯"。如果不及时修好"第一扇被打碎玻璃的窗户"，久而久之，"偶然"的事故就变成了"必然"的事故。

"破窗效应"对安全生产有很大的破坏力。这就要求我们一方面通过多种形式加强从业人员的日常教育，为安全生产营造一个良好的氛围；另一方面严格执行安全生产各项制度，在工作中做到令行禁止、防微杜渐，对出现的问题立即采取防范措施，及时修好"第一扇被打碎玻璃的窗户"。这样就能避免"破窗效应"的发生，安全生产管理水平才会不断提高。

（二）海因里希法则

1. 简介

海因里希法则（Heinrich's Law）又称"海因里希安全法则""海因里希事故法则"或"海因法则"，是美国著名安全工程师海因里希提出的300∶29∶1法则。这个法则意为：当一个企业有300起隐患或违章，必然要发生29起轻伤或故障，另外还有一起重伤、死亡或重大事故，即在一件重大的事故背后必有29件轻度的事故，还有300件潜在的隐患。

海因里希法则提出事故因果连锁论，用以阐明导致伤亡事故的各种原因及与事故间的关系。该理论认为，伤亡事故的发生不是一个孤立的事件，尽管伤害可能在某瞬间突然发生，却是一系列事件相继发生的结果。

海因里希法则把工业伤害事故的发生、发展过程描述为具有一定因果关系的事件的连锁发生过程，即：

（1）人员伤亡的发生是事故的结果；

（2）事故的发生是由于人的不安全行为或物的不安全状态；

（3）人的不安全行为或物的不安全状态是由于人的缺点造成的；

（4）人的缺点是由不良环境诱发的，或者是由先天的遗传因素造成的。

2. 海因里希法则的启示

（1）安全生产，重在预防

对安全生产来说，预防具有重要意义。海因里希法则提出，无数次的意外无伤害事件或轻伤，必然导致重大伤亡事故的发生；反之，如果能从无数次的意外无伤害事件中及时采取防范措施，消除不安全因素，那么重大事故是可以避免的，员工的人身安全和企业财产是有保障的。

首先检查生产全过程，对每个工艺过程进行分析，预判和评估。由于大多数的企业没有配备专业的安全工程师和检测设备，所以必要时可以请有资质的公司来协助进行检测评价。

其次企业管理者要对检测或评价出来的风险源，危害因素在人、机、料、法、环上进一步分析，采取有效的预防措施，提前消灭安全隐患和危害因素，避免企业财产损失和员工的流血事件。

（2）强化安全培训

大多数的工业伤害事故是由于工人的不安全行为引起的，即使某些事故是因为设备的不安全状态引起，在追究事故的根本原因时还是会归咎到人的缺点或错误，归咎到人的遗传因素、性格和所成长的环境。管理者无法改变员工的遗传因素和性格特点，但人在企业的成长环境是可以根据需要调整的。

针对这个原因，企业应该采取的对策是抓好员工的安全意识培训，这是基础性的工作。新员工来到公司，先做安全培训，将公司安全规范通过案例学习，参观现场，了解作业指导书，学习警示标贴的含义和作用，学习如何操作才是正确、安全的行为，给员工做好安全防范培训。在引进新产品、新设备时也要做好针对性的安全培训。对于从事特种作业的员工，要通过委托外部专业机构培训并取得相应操作证书才能上岗，以防止错误的作业行为对操作员本身和他人的生命安全产生影响。

(3) 定期进行安全隐患检查、制定实施安全措施是预防事故发生的有效手段

企业是个动态的有机体，任何的生产活动都不是一成不变的，是在不断发展的。在生产过程中员工容易懈怠，设备也会老化更新，环境会随着季节和周围状态变化，新工艺、新材料都会随着技术的改变而更新，这些都需要通过定期安全检查，及时发现这些变量导致的安全隐患，采取适当措施及时排除，否则最终会酿成大的安全事故。

(4) 发生事故"四不放过"是杜绝同类事故再发生的根本

大多数事故不是一出现就是重大事故的，它必定经过了很多可能的惊吓事故或者轻微事故，当事人和管理者没有反思并采取有效防范措施才最后酿成大祸。如果企业最高管理者，安全生产管理者对那些惊吓事故或轻微事故采取四不放过：即事故原因未查清不放过，责任人未受到处理不放过，员工未受到教育不放过，没有制定有效的整改措施不放过。那么就能从这一次的惊吓或轻微事故中得到教训，避免更多惊吓事故或轻微事故发生，则更不会产生重大事故。

(5) 安全生产标准化是安全生产的保障

安全生产就需要用系统工程的思想建立安全生产管理制度体系，将安全培训、安全检查、事故调查等规范化、系统化、程序化，将安全管理责任分解到每个人、每个生产流程、每一个岗位，从领导到员工，人人负责，将安全工作纳入整个企业管理体系中，相互关联，相互制约，有效运行。企业通过安全生产标准化建立安全生产责任制，制定安全管理制度和操作规程，排查治理隐患和监控重大危险源，建立预防机制，规范生产行为，使各生产环节符合有关安全生产法律法规和标准规范的要求，人、机、物、环处于良好的生产状态，并持续改进，不断加强企业安全生产规范化建设，进而保证和促进企业在安全的前提下健康快速发展。

安全生产标准化充分体现了海因里希法则中的"安全第一、预防为主、综合治理"的方针和"以人为本"的科学发展观，并且更加强调企业安全生产工作的规范化、科学化、系统化和法制化，同时强化风险管理和过程控制，注重绩效管理和持续改进，符合安全管理的基本规律，代表了现代安全管理的发展方向，比海因里希更全面、更系统，是先进安全管理思想与传统安全管理方法、企业具体实际的有机结合，有利于提高企业安全生产水平。

思考题

1. 应急演练的目的是什么？

2. 硫化氢（有毒气体）中毒专项应急预案演练的注意事项有哪些？
3. 情景构建的基本工作流程是什么？
4. 生产安全事故主要分哪几类？特别重大、重大、较大、一般事故的分级标准是什么？
5. 破窗效应是什么？谈谈破窗效应对你的启示。
6. 海因里希法是什么？谈谈海因里希法则对你的启示。

第五章　环境保护管理

第一节　油品储运过程中污染物控制措施

一、产排污环节

管道输送企业总体上属于清洁生产企业，主要生产设备设施分为管输设施和储存设施。在正常情况下，输油生产对环境造成的污染较小。产排污主要体现在以下几个方面：

（1）输送低凝点原油需要加热，产生有组织废气排放，主要污染物为二氧化硫、氮氧化物和烟尘；

（2）用于中转、储存和事故应急处置的油罐，产生无组织废气排放，主要污染物为非甲烷总烃（NMHC）；

（3）浮顶罐初期雨水（一般指下雨初期罐顶积水30mm，或下雨前15min）和油罐切水、清罐废水，主要污染物为原油；

（4）输油站场生活产生的生活污水，主要污染物为COD_{Cr}、BOD_5、氨氮、悬浮物；

（5）输油泵、加热炉、锅炉等设施产生噪声；

（6）检维修作业产生含油泥沙、被原油污染的纱布和土壤等危险废物；

（7）管道腐蚀穿孔、破裂以及火灾等事故事件，原油泄漏到环境，对水体和土壤会造成较大的污染，主要污染物为原油和COD_{Cr}。

（一）管道输送企业主要污染源种类

目前，管道输送企业排污主要是废气、废水、固废、噪声四个方面。

（二）污染源分析

1. 废气污染源

废气主要是原油储运系统及生活用的锅炉、加热炉燃料燃烧产生的烟气，以及原油储罐无组织挥发的非甲烷总烃类气体。加热炉、锅炉燃料燃烧烟气为点源排放，原油储罐排放非甲烷总烃为无组织排放。

2. 废水污染源

废水主要有储运过程中排放的油罐切水、清罐废水、锅炉排水、浮顶罐区初期雨水等工业废水以及生活污水。由于管道输送企业点多线长，企业各输油泵站分布在全国各地，从而使得废水排污口分散,纳污水体各不相同,分布于全国不同的市、县地区。废水排放去向包括周边炼厂、城市地下管网以及周边河流、海域、沟渠等。废水中污染物主要包括石油类、COD_{Cr}、氨氮、悬浮物等4类主要污染物质。罐区初期雨水为收集油罐罐顶上最初15min的雨水,初期雨水含COD_{Cr}和少量石油类等污染物,污染物浓度较低。油罐维修会对油罐进行清洗,一般6~8年清洗1次,清洗一般采用日本的COW技术和人工清罐方式。洗罐废水含石油类、COD_{Cr}等污染物。油罐切水是指原油在油罐中静置后,由于原油的密度比水轻,油水分离,水沉至罐底,进而排出油罐的含油污水,主要污染物为石油类、COD_{Cr},污染物浓度较高,虽然在管道设计规范中,一般都考虑切水,但在实际运行中,几乎没有切水。

3. 固体废弃物污染源

固体废弃物主要是锅炉、加热炉产生的炉渣,清罐产生的含油污泥,污水处理产生的废物,建筑垃圾,生活垃圾等;腐蚀穿孔、第三方破坏及打孔盗油产生的含油污泥。油罐清洗一般采用COW清洗工艺。残渣属危险废物,清洗油罐时不能直接排放到环境中,需单独存放,委托有资质的单位统一处置。油泵的检修过程中会产生污油,这些污油被收集到污油池中,然后再回送到输油管道中,不会对环境造成污染。

4. 噪声污染源

噪声主要是各站场的输油泵、锅炉、加热炉等设备运行中产生的,是间歇性稳态噪声。

二、污染物控制

储运系统在正常情况下污染物排放量很少,对环境的影响也比较小。但是在发生火灾、泄漏事故排放的非正常工况下,潜藏着对环境污染的风险。因此,需要在运营期采取预防事故风险的措施,降低事故发生率,提高整个储运系统运行的安全性。

(一)水污染源管理与控制对策

1. 控制对策

(1)增强工艺废水处理力度:对各个站场的含油工艺废水采用除油工艺进行处理,尤其是各条老管线输油首站,处理设施应进一步完善。

(2)增加生活废水处理力度:对各个老输油站场产生的生活污水加强处理,根据目前部分站场现有地埋式A/O脱氮工艺的运行情况,效果较好,在以后老输油站场改造中考虑建设地埋式A/O脱氮工艺。

(3)规范排污口:按照污水排放口建设规定,规范建设各个站场的废水排污口。

(4)进行隐患治理,使部分老输油站做到清污分流。

2. 废水排放执行标准

废水排放执行GB 8978—1996《污水综合排放标准》的一级标准和二级标准,如表5.1-1所示。

表 5.1-1 废水排放执行标准

污染物	标准值	
	一级	二级
pH 值	6~9	6~9
COD/(mg/L)	100	150
NH_3-N/(mg/L)	15	25
SS/(mg/L)	70	150
石油类/(mg/L)	5	10
动植物油/(mg/L)	10	15

（二）大气污染源管理与控制对策

1. 控制对策

（1）优化能源利用结构：锅炉、加热炉燃料由原油换成天然气，有条件的站场换成蒸汽替代原油。

（2）加大脱硫除尘处理力度：对于目前没法使用天然气的站场的锅炉，加强脱硫除尘设备的建设。

（3）优化输油工艺：采用密闭输送、加降凝剂或减阻剂、混输等输油工艺，减少废气排放。

2. 废气排放执行标准

工程废气无组织排放执行 GB 16297—1996《大气污染物综合排放标准》，如表 5.1-2 所示。

表 5.1-2 大气污染物排放标准

污染物	标准限值/(mg/m³)
SO_2	0.40（周界外浓度最高点）
NO_x	0.12（周界外浓度最高点）
非甲烷总烃	4.0（周界外浓度最高点）

加热炉大气污染物排放执行标准：GB 9078—1996《工业炉窑大气污染物排放标准》、GB 3095—2012《环境空气质量标准》。锅炉大气污染物排放执行标准：GB 13271—2014《锅炉大气污染物排放标准》。表 5.1-3 为加热炉、锅炉大气污染物排放限值。

表 5.1-3 加热炉、锅炉大气污染物排放限值

排放源	加热炉				锅炉					
日期	1997年1月1日前		1997年1月1日后		2014年7月1日前			2014年7月1日后		
燃料种类	—		—		燃油	燃煤	燃气	燃油	燃煤	燃气
环境功能区	二类	三类	二类	三类	—					

续表

排放源	加热炉				锅炉					
日期	1997年1月1日前		1997年1月1日后		2014年7月1日前			2014年7月1日后		
烟尘、颗粒物/(mg/m³)	300	350	200	300	60	80	30	30	50	20
NO_x/(mg/m³)	—	—	—	—	400	400	400	250	300	200
SO_2/(mg/m³)	1430	1800	850	1200	300	400	100	200	300	50
黑度	1	1	1	1	1	1	1	1	1	1

注：①GB 3095—2012《环境空气质量标准》将环境空气功能区分为两类，GB 3095—1996《环境空气质量标准》将环境空气功能区分为三类，GB 9078—1996《工业炉窑大气污染物排放标准》参照旧标准划分。

②京津冀大气污染传输通道城市等重点地区污染物特别排放限值按照《关于京津冀大气污染传输通道城市执行大气污染物特别排放限值的公告》执行。其中锅炉污染物特别排放限值：a. SO_2燃油：100mg/m³；燃气：50mg/m³；b. 氮氧化物燃油：200mg/m³；燃气：150mg/m³；c. 颗粒物燃油：30mg/m³；燃气：20mg/m³。对于目前国家排放标准中未规定大气污染物特别排放限值的行业，待相应排放标准制修订或修改后，执行相应大气污染物特别排放限值。

（三）固体废物管理与控制对策

固废零排放：加强固废物的处理的力度，生活垃圾交由环卫部门处理，打孔盗油、清罐油泥及其他危险固废物全部委托有资质单位处理，达到固废全部合理利用和处置，不向外环境直接排放。

（四）噪声管理与控制对策

1. 控制对策

（1）采取减噪措施：对输油泵、锅炉、加热炉加装防震垫片、加装消音屏。

（2）低噪声设备：改进过程中换用噪声更低的设备。

（3）杜绝声波吹灰系统：对目前使用声波吹灰系统的单位进行改造，使用其他方式吹灰，杜绝声波吹灰系统的噪声污染。

（4）合理布局：从站点布局上，以后改造过程中，将产生噪声的设备布置到人少的一侧，减少其对周围居民的干扰，同时应该加强站点周围的绿化，尽最大可能将噪声污染降到最小。

2. 执行标准

各输油站库噪声排放执行 GB 12348—2008《工业企业厂界环境噪声排放标准》，表5.1-4为工业企业厂界环境噪声排放限值。

表5.1-4　厂界噪声执行标准

执行地点	标准限值/dB（A）		噪声控制标准
	昼间	夜间	
各输油站库	65	55	GB 12348—2008《工业企业厂界环境噪声排放标准》3类
	60	50	GB 12348—2008《工业企业厂界环境噪声排放标准》2类

3. 防噪声设施介绍（声屏障）

声屏障多用于站场周界，由屏体填充吸音材料构成。声音通过屏体上部绕射且屏体在设计上采用上下吸声、中间隔声的结构，可以有效地减弱噪声的绕射；中间使用透明的反射型隔声板，能有效地中断声波的传播途径。不同的吸音材质对不同频率的隔声效果各有侧重，合理确定声屏障的长度和高度后，可获得 25~35dB（A）的降噪量。

（五）环境监测管理与控制对策

（1）建议加强环境监测队伍建设，合理配置监测人员。

（2）对于穿越海底管道及大型河流管道，为防止原油泄漏，做到早期预警，应安装水质在线监测仪器，随时监控水体质量，一旦有原油泄漏，通过在线监测仪器报警。

（3）增加 VOC 定性与定量测量的仪器设备。

第二节　环境影响评价

一、环境影响评价分类

（一）按照环境要素分类

（1）大气环境影响评价。
（2）地表水环境影响评价。
（3）声环境影响评价。
（4）生态环境影响评价。
（5）固体废物环境影响评价。
（6）地下水环境影响评价。

（二）按照时间顺序分类

（1）环境质量现状评价。
（2）环境影响预测评价。
（3）环境影响后评价。

二、建设项目环境影响评价分类管理

国家根据建设项目对环境的影响程度，对建设项目的环境影响评价实行分类管理。建设单位应当按照《建设项目环境影响评价分类管理名录》（2015）的规定，分别组织编制环境影响报告书、环境影响报告表或者填报环境影响登记表。

三、建设项目环境影响评价分级审批

2015 年国家环保部发布《关于发布＜环境保护部审批环境影响评价文件的建设项目目录（2015 年本）＞的公告》（环境保护部公告 2015 年第 17 号）。

环境保护部负责审批以下与公司相关的建设项目：

（1）输油管网（不含油田集输管网）：跨境、跨省（区、市）干线管网项目。

（2）由国务院或国务院授权有关部门审批的其他编制环境影响报告书的项目。

除上述规定以外的建设项目环境影响评价文件的审批权限，由省级环境保护部门提出分级审批建议，报省级人民政府批准后实施，并抄报环境保护部。

四、各阶段需要开展的工作

（一）可行性研究

可行性研究阶段主要需要开展环境影响评价工作。

（1）项目部在开展项目可行性研究的同时，同步委托有相应资质且有良好行业业绩的环评单位开展环评工作。

（2）应当按照国家环境影响评价文件分级审批的有关规定，将环境影响评价文件报有审批权的环境保护行政主管部门审批。国家级和省级批复的建设项目，由企业向有审批权的环境保护主管部门行文报批。省级以下项目，由项目部行文报批。建设项目环境影响评价报告实行分级内审制度。国家级项目的环境影响评价文件由向集团公司申请组织内审；其余项目的环境影响评价文件由企业组织内审。

（3）在报批项目可行性研究报告之前，应取得环境影响评价文件批复。对于安全、环保、油气管道项目，可在可行性研究报告批复后，但必须在基础设计（初步设计）批复前，取得环境影响评价文件批复。

（4）建设项目环境影响评价文件自批准之日起超过 5 年，方决定该项目开工建设的，应当报原审批部门重新审核环境影响评价文件。

（二）设计和施工建设

（1）项目部应当委托具有相应设计资质的单位开展设计、总承包、专项承包等环境保护项目业务。承揽的业务范围必须满足环境保护资质等级和专业类别的规定以及行业业绩的特殊要求。

（2）项目部应当要求工程设计单位按照环境影响评价文件及其批复开展项目工程设计，落实环境保护措施和投资，并依据合同进行监督检查。项目设计应当执行环境影响评价文件及其批复中关于项目选址（线）和穿跨越方式，以及污染防治、生态保护、环境风险防范等有关要求。

（3）建设项目初步设计（基础设计）应按照项目建设需要编制环保专篇。环保专篇编制需要符合《固定资产投资项目可行性研究报告环境保护专篇编写要求（试行）》。初步设计（基础设计）审查时应对环境保护篇章进行审查，落实环评报告及其批复要求的环保措施和要求，审查意见作为基础设计审查的依据。对涉及自然保护区核心区、风景名胜区核心区、一级水源保护区等重大环境敏感目标的建设项目，由企业向集团公司申请组织环境保护篇章的专项审查。

（4）项目部应当按照环境影响评价文件及其批复要求，制定项目施工建设期环境保护计划、细化环境保护措施，要求工程施工单位执行，并依据合同进行监督检查。工程施工单位应当落实环境保护措施，选取有利于生态保护的施工工期、区域和方式，规范设置废物临时存放场所,有效处理处置废水、废气和固体废物,采取有效措施防止噪声扰民。

(5) 项目设计和施工建设过程中,项目部应根据环评批复或政府环保部门要求,对需要开展环境监理的建设项目,委托工程环境监理单位对环境保护措施落实情况进行监督检查,按照有关环境保护行政主管部门的要求提交工程环境监理报告,并接受监督检查。

(6) 工程设计阶段及建设过程中发生项目变更时,应确保相应的环保措施满足要求;对发生重大变更的建设项目要向原环评审批部门报告,项目部要按要求及时办理变更手续或重新报批环评。重大变更判定依据详见《油气管道建设项目重大变动清单(试行)》。

(7) 建设项目需要配套建设的环保设施,必须与主体工程同时施工,确保同时投入试运行。

(三) 试生产阶段

(1) 项目部应在建设项目投产前,检查项目环评批复意见落实情况,确保与主体工程配套的环境保护设施具备投用条件,落实环境风险防范与应急处置措施,且完成突发环境事件应急预案的编制及备案工作。

(2) 建设项目投产前检查应包含环保内容,投产总体方案中要有环保专题内容。配套的环保设施必须与主体工程同时投入试运行。已取消环保试生产,投产方案不需要报送政府环保部门备案。

(3) 建设项目试生产期间,项目部应委托开展项目竣工环境保护验收调查(监测)工作,并对发现的问题及时整改。

(4) 建设单位是建设项目竣工环境保护验收的责任主体,组织对配套建设的环境保护设施进行验收,编制验收报告,公开相关信息,接受社会监督,确保建设项目需要配套建设的环境保护设施与主体工程同时投产或者使用,并对验收内容、结论和所公开信息的真实性、准确性和完整性负责,不得在验收过程中弄虚作假。

(5) 纳入排污许可管理的建设项目,排污单位应当在项目产生实际污染物排放之前,按照国家排污许可有关管理规定要求,申请排污许可证,不得无证排污或不按证排污。

五、可以豁免不需要开展环境影响评价工作的建设项目

在满足地方环保主管部门要求的前提下,原则上不需办理环境影响评价审批手续项目如表 5.2-1 所示。

表 5.2-1　建设项目环境影响评价简化管理名录(试行)

1. 生产设施维护类	
(1)	生产企业更换同等规模设备;设备检维修、消防设施更新、安全隐患治理等不涉及污染物排放的改造项目
(2)	生产装置更换相同的填料、催化剂
(3)	各类已建码头、滩海陆岸井台和进井路加固、维修、养护
(4)	现有海塘、堤防、泵闸等防洪设施的加固、维修
(5)	企业现有用地范围内,不涉及污染物总量变化的污染治理设施改造项目,以及公用工程管线改造项目

	续表
(6)	应急抢险状态下的滑坡治理、危岩整治、救灾防灾工程
(7)	其他不涉及原装置的性质、规模、地点、生产工艺或者防治污染、防止生态破坏的措施发生变动，不引起环境影响变化的生产优化项目
2. 生活服务设施项目	
(1)	居民小区管道（天然气、供暖、生活用水、生活污水）改造、维修项目
(2)	居民小区垃圾房、垃圾压缩站改造项目
(3)	不涉及新增建筑面积的房屋改造、抗震加固等房屋装修工程，居民小区内雨污分流排水系统改造，拆房、修缮工程、外立面改造等项目
(4)	涉及绿化类项目（公共绿地等）；场地平整、土地整治等工程行为
(5)	路灯、护栏安装与拆除，其他小型市政设备更换和维修等项目
(6)	不涉及路面拓宽，不增减机动车道的路面改造工程
3. 电气（设备）	
(1)	100kV 及以下的输变电项目
(2)	已建变电站内电气与设备（电压等级不变）的更新改造
4. 信息系统	
(1)	不涉及土建施工的信息系统建设、升级项目
(2)	不涉及新征土地的空气、水质、噪声、辐射环境自动监测站、在线监测系统安装和建设项目
5. 非安装设备采购项目	

第三节　清洁生产

一、基本概念

对生产过程来说，清洁生产是指通过节约能源和资源，淘汰有害原料，减少污染物和其他有害物质的生产和排放。

二、实施清洁生产的途径

（一）资源的综合利用

资源的综合利用是推行清洁生产的首要方向，因为这是生产过程的"源头"。如果原料中的所有组分通过工业加工过程的转化都能变成产品，则实现了清洁生产的主要目标。

（二）改革工艺和设备

改革工艺首先要从分析现状出发，找出其薄弱环节，抓住主要矛盾，这样才能改到点子上，做到花费少，收效大。一般来说，可以考虑采取如下改革方案：

（1）简化流程，减少工序和所用设备；

（2）实现连续操作，减少停输次数，保持生产过程的稳定状态；

（3）提高单套设备的生产能力，装置大型化，强化生产过程；

（4）在原有工艺基础上，适当改变工艺条件（如温度、流量、压力、停留时间、搅拌强度、必要的预处理）或适当改变工序的先后，往往也能收到减废的效果。

（三）组织厂内物料循环

厂内物料再循环可分下列几种情况：

（1）将流失的物料回收后作为原料返回原工序中，减少跑、冒、滴、漏等；

（2）将生产中生成的废料经适当处理后，作为原料或原料替代物返回原生产流程中；

（3）将生产过程中生成的废料经适当处理后作为原料用于本厂其他生产过程中，如某一生产过程中产出的废水经适当处理后可用于本厂另一生产过程，如污水的回用。

（四）改进操作，加强管理

目前的工业污染约有30%以上是由生产过程中管理不善造成的，只要改进操作，加强管理，便可获得明显削减废物的效果。故常把改进操作和加强管理作为最优先考虑的措施。

三、管道输送企业清洁生产审核

（一）生产类型和特点

管道输送企业在生产过程中没有产品产出和原料输入的环节，它的生产过程就是输送物料的过程，包括输出物料和输入物料，这里的物料通常指的是原油，因此和服务业以及制造业相比，企业的生产类型存在明显差异，往往介于二者之间。

管道输送企业的生产过程具体包括下面几个特点。

（1）能耗高，物耗小，排污少。电耗占据着整个企业综合能耗的比值为70%~80%，这是因为输油泵的使用，这也是整个生产过程中主要的生产耗能设备。

（2）运输过程存在安全隐患和风险问题，风险有来自外部环境的还有来自运输过程中的管道问题。外部环境因素主要是指自然环境与外界的人为因素，这种因素是对运输管道的一种破坏，自然环境会腐蚀管道，而人为因素则会导致管线被破坏。在整个运输管道中，材质的问题会使得整个管线机械出现故障，操作上的失灵也是事故的多发因素。

（二）清洁生产审核的具体方法

1. 建立、健全评价指标体系

目前管道输送企业还没有关于清洁生产审核的相关标准和规定，需要建立、健全评价清洁生产的体系。按照清洁生产的基本要求，可以把它划分为装备要求和生产工艺要求、能源资源的利用指标、污染物指标、产品指标、废物利用指标以及环境管理。确定评价指标的过程中需要按照独立性、使用性和系统性的原则。

2. 把审核能耗作为核心

管道输送企业排污少、电耗高、物耗少，在审核中需要把能耗审核作为核心。具体可以利用审计能源的方法对企业的能源概况进行调查和管理，通过监测分析设备运行效率、能源消耗指标、重点工艺的能耗、考核指标和节能效果以及导致能源消耗发生变化的因素，统计出企业的实际能源计量。管道输送企业的主要能耗是电耗，因此在审核的过程中必须重视日常的电耗，作好记录和检测，具体可以建立电平衡，改善耗电多的环节。开发企业内在的节能潜力，提高节能的效率。

3. 管道首末站实现平衡

实现能耗和物料的平衡作为审核清洁生产的重要组成部分，可以发挥重要的作用。平衡物料可以准确地确定审核重点，掌握废物流的成分、数量和去向；平衡能耗可以准确地判断出主要耗能工段，提出解决方案。

4. 评估风险事故

随着时间增长，管道会发生不同程度的损坏和老化，开裂、锈蚀都会导致安全事故发生，为此企业必须做好对风险的评估，在此基础上探究清洁生产的方法。

四、绿色企业行动

绿色企业行动是树立绿色发展理念，促进公司绿色生产，推动公司节约资源的一项重要举措。国内一家管道输送企业公司的目标是到2020年，绿色发展成为全公司员工的普遍共识，绿色企业建立机制基本形成，公司绿色生产整体水平显著提升，绿色企业评价指标全部达标，完成绿色企业创建工作。

绿色企业行动计划实施方案由绿色发展、绿色能源、绿色生产、绿色服务、绿色科技、绿色文化六部分组成。

第一部分是绿色发展计划。一是优化产能布局，改扩建项目要符合《全国生态功能区划》和地方发展规划要求；二是严格执行建设项目评估审查制度，根据项目分类实施分级管理；三是严格落实国家政策优化设备配置，减少能源消耗量，提高能源利用率；四是构建绿色物流，进一步优化工艺运行，提高能源使用效率，降低公司能源使用量，构建安全、绿色、经济型原油管道企业。

第二部分是绿色能源计划。采购符合国家现行石油产品标准及相关要求的清洁油品或油气，使用的燃料油或气符合国家和地方要求。

第三部分是绿色生产计划。一是源头清洁化，推行生态设计机制；二是生产过程清洁化，采用高效电机和设备，提高锅炉、加热炉供热效率，积极推广清洁生产实用技术，实现节能、降耗、减污；三是资源能源利用效率最大化，积极参与国家节水行动，持续推进节水技术改造；四是污染治理高效化，采用低噪设备、设施，落实降噪措施，对厂界环境噪声超标排放点及时安排整改，确保达标排放。

第四部分是绿色服务计划。一是落实绿色采购机制，关注采购产品全生命周期低能耗、达标排放、无害化处置及环境成本最低，追求性价比最优；二是应用自有技术或产品，倡导应用节能、节水、环保、降碳技术或产品，并取得实效。

第五部分是绿色科技计划。持续加强环境保护技术研发工作，根据管道输送行业特点，探索新能源在管道行业推广应用的可行性，借助于科技创新、设备革新，充分利用科技带来的新成果，用新能源有效替代化石能源，降低温室气体排放。

第六部分是绿色文化计划。一是建立绿色发展长效机制，深化能源环境一体化管理，形成源头、过程、末端协同的清洁生产长效机制，做到管理制度化、制度流程化、流程信息化；二是建设绿色品牌，将绿色发展理念注入企业品牌内涵，以绿色行动打造绿色品质，彰显绿色形象；三是培育绿色文化，夯实绿色低碳发展理念，将绿色发展理念深度融入企业生产经营的全过程。

第四节 环境监测

一、环境监测的内容

环境监测的内容包括：
（1）化学指标的测定：各种化学物质在空气、水体、土壤和生物体内等存在水平的监测；
（2）物理指标的测定：噪声与振动、电磁波、放射性等；
（3）生态系统的监测：监测由于人类生产和生活活动引起生态系统的变化，如水土流失和土壤沙漠化、生物种群的改变及温室效应和臭氧层破坏等。

目前，我国环境监测工作可分为两种：一种是政府环保主管部门（或受其委托的其他部门）实施的监督性监测；另一种则是企业环保管理部门实施的自主性监测。它们在许多方面，尤其在技术上是相同的，但在实施过程和侧重点上是不同的。

二、废气污染源监测

（一）废气污染源分类

石油及石化企业在正常生产、检修及突发性排污的过程中都会向环境大气排放大量的烃类、恶臭物质及其他有毒有害气体，这些气体的直接排放口称为废气污染源。

废气污染源一般可分为固定污染源和移动污染源，固定污染源也有有组织排放和无组织排放之分。目前，石化企业废气污染源的监测主要针对有组织排放的固定污染源，即排气筒。在生产和运输过程中难以避免的跑、冒、滴、漏，属于石化企业的无组织排放，构成了另一类需要监测的废气污染源。

（二）监测频率

至少每年对所有排放口和边界无组织排放废气进行监测1次，取样需有代表性，出具的监测数据要符合国家有关规定和监测规范。

三、水污染源监测

（一）污染物分类

水污染物按性质及控制方式分为两类。

1. 第一类污染物

不分行业和污水排放方式，也不分受纳水体的功能类别，一律在车间或车间处理设施排放口采样，其最高允许排放浓度必须达到《污水综合排放标准》要求。

2. 第二类污染物

在排污单位排放口采样，其最高允许排放浓度必须达到《污水综合排放标准》要求。

（二）监测频率

至少每季度对所有排放口的废水进行监测1次，取样需有代表性，出具的监测数据要符合国家有关规定和监测规范。

四、噪声监测

（一）厂界噪声的监测

厂界噪声的监测和标准须符合GB 12348—2008《工业企业厂界环境噪声排放标准》的规定。

（1）测点（即传声器位置，下同）应选在法定厂界外1m、高度1.2m以上的噪声敏感处。如厂界有围墙，测点应高于围墙。

（2）若厂界与居民住宅相连，厂界噪声无法测量时，测点应选在居室中央，室内限值应比相应标准值低10dB。

（二）监测频率

至少每季度对站库边界噪声监测1次，监测点需有代表性，出具的监测数据要符合国家有关规定和监测规范。

五、应急监测

（一）突发环境事件应急监测的布点与采样

1. 布点

（1）布点原则

采样断面（点）的设置一般以突发环境事件发生地及其附近区域为主，同时注重人群和生活环境。重点关注对饮用水水源地、人群活动区域的空气、农田土壤等区域的影响，并合理设置监测断面（点），以掌握污染发生地状况、反映事故发生区域环境的污染程度和范围。

对被突发环境事件所污染的地表水、地下水、大气和土壤应设置对照断面（点）、控制断面（点），对地表水和地下水还应设置消减断面，尽可能以最少的断面（点）获取足够的有代表性的所需信息，同时须考虑采样的可行性和方便性。

（2）布点方法

根据污染现场的具体情况和污染区域的特性进行布点。对固定污染源和流动污染源的监测布点，应根据现场的具体情况，产生污染物的不同工况（部位）或不同容器分别布设采样点。

①对江河的监测应在事故发生地及其下游布点，同时在事故发生地上游一定距离布设对照断面（点）；如江河水流的流速很小或基本静止，可根据污染物的特性在不同水层采

样；在事故影响区域内饮用水取水口和农灌区取水口处必须设置采样断面（点）。

②对湖（库）的采样点布设应以事故发生地为中心，按水流方向在一定间隔的扇形或圆形布点，并根据污染物的特性在不同水层采样，同时根据水流流向，在其上游适当距离布设对照断面（点）；必要时，在湖（库）出水口和饮用水取水口处设置采样断面（点）。

③对地下水的监测应以事故地点为中心，根据本地区地下水流向采用网格法或辐射法布设监测井采样，同时视地下水主要补给来源，在垂直于地下水流的上方向，设置对照监测井采样；在以地下水为饮用水源的取水处必须设置采样点。

④对大气的监测应以事故地点为中心，在下风向按一定间隔的扇形或圆形布点，并根据污染物的特性在不同高度采样，同时在事故点的上风向适当位置布设对照点；在可能受污染影响的居民住宅区或人群活动区等敏感点必须设置采样点，采样过程中应注意风向变化，及时调整采样点位置。

⑤对土壤的监测应以事故地点为中心，按一定间隔的圆形布点采样，并根据污染物的特性在不同深度采样，同时采集对照样品，必要时在事故地附近采集作物样品。

⑥根据污染物在水中溶解度、密度等特性，对易沉积于水底的污染物，必要时布设底质采样断面（点）。

2. 采样

（1）采样前的准备：做好采样计划，并准备好采样器材。

（2）确定采样方法及采样量。

（3）根据突发环境事件的影响程度、周围环境的特点，确定采样范围或采样断面（点）。

（4）根据现场污染状况确定采样频次。

（5）应按规范做好现场采样记录。

（6）跟踪监测采样。

（二）监测项目与相应的现场监测和实验室监测分析方法

1. 监测项目

（1）监测项目的确定原则

突发环境事件决定了应急监测项目往往一时难以确定，此时应通过多种途径尽快确定主要污染物和监测项目。

（2）已知污染物的突发环境事件监测项目的确定

根据已知污染物确定主要监测项目，同时应考虑该污染物在环境中可能产生的反应，衍生成其他有毒有害物质。对固定源引发的突发环境事件，通过调查，同时采集有代表性的污染源样品，确认主要污染物和监测项目。对流动源引发的突发环境事件，通过调查，同时采集有代表性的污染源样品，鉴定和确认主要污染物和监测项目。

（3）未知污染物的突发环境事件监测项目的确定

通过污染事故现场的特征、中毒事故等，初步确定主要污染物和监测项目。

（4）管道输送企业的突发环境事件监测项目的确定

发生的突发环境事件，污染物主要是原油，监测项目通常应考虑石油类和COD。

2. 分析方法

为迅速查明突发环境事件污染物的种类（或名称）、污染程度和范围以及污染发展趋势，在已有调查资料的基础上，充分利用现场快速监测方法和实验室现有的分析方法进行鉴别、确认。

（1）为快速监测突发环境事件的污染物，首先应采用快速监测方法。

（2）速送实验室进行确认、鉴别，实验室应优先采用国家环境保护标准或行业标准。

（3）当上述分析方法不能满足要求时，可根据各地具体情况和仪器设备条件，选用其他适宜的方法。

3. 记录及结果

（1）实验室原始记录内容应随监测报告及时、按期归档。

（2）突发环境事件应急的监测结果可用定性、半定量或定量的监测结果来表示。

（三）监测数据的处理与上报

1. 数据处理

（1）突发环境事件应急监测的数据处理参照相应的监测技术规范执行。

（2）数据修约规则按照 GB/T 8170《数值修约规则与极限数值的表示和判定》的相关规定执行。

2. 监测报告

（1）突发环境事件应急监测报告以及时、快速报送为原则。

（2）报告形式及内容：为及时上报突发环境事件应急监测的监测结果，可采用电话、传真、电子邮件、监测快报、简报等形式报送监测结果等简要信息。

（四）监测的质量保证等的技术要求

（1）质量保证和质量控制的具体措施参照相应的技术规范执行。

（2）监测报告信息要完整。

（3）监测报告实行三级审。

第五节　环境风险评估与应急

一、环境风险识别与评估

（一）环境风险源识别范围

管道输送企业运营过程中涉及环境风险物质的油库、站场、输油管道（含海底管道）等。

（二）环境风险等级评估

1. 炼化装置（设施）环境风险评估

（1）适用范围

适用于管道储运及站场，管道储运各类油品、化学品、高浓度污水集中存储设施的环境风险识别与等级评估。

(2) 环境风险源识别

环境风险源识别应遵循以下原则：

①长期或临时生产、加工、使用、储存、转输等涉及环境风险物质的相对独立的一个（套）装置、设施或场所；

②管道储运各类油品、化学品、高浓度污水集中储存设施的1个罐组作为1个风险源；

③管道储运、中间站场及所属储罐作为1个风险源。

(3) 环境风险物质数量与临界量比值

①装置设施

计算该风险源所涉及的每种环境风险物质的最大存在总量（如存在总量呈动态变化，则按公历年度内某一天最大存在总量计算）与其临界量的比值 R：

a. 当风险源只涉及一种环境风险物质时，该物质的总数量与其临界量比值即为 R；

b. 风险源存在多种环境风险物质时，则按下式计算物质数量与其临界量比值 R：

$$R = q_1/Q_1 + q_2/Q_2 + \cdots\cdots + q_n/Q_n$$

式中 $q_1, q_2, \ldots, q_n$——每种环境风险物质的最大存在量，t；

$Q_1, Q_2, \ldots, Q_n$——每种环境风险物质的临界量，t。

根据 R 值计算结果划分为：①$R<1$；②$1 \leq R < 10$；③$10 \leq R < 100$；④$R \geq 100$ 4 种情况，分别以 R_0、R_1、R_2 和 R_3 表示。

②罐组

a. 当罐组内只涉及一种环境风险物质时，罐组内最大储罐环境风险物质存在量与其临界量比值为 R；

b. 当罐组内涉及多种环境风险物质时，分别计算每种物质最大储罐存在量与其临界量比值，取最大 R 计算；

根据 R 值计算结果划分为：①$R<1$；②$1 \leq R < 10$；③$10 \leq R < 100$；④$R \geq 100$ 4 种情况，分别以 R_0、R_1、R_2 和 R_3 表示。

(4) 环境风险控制水平

采用评分法对风险源生产工艺危险性、安全生产及设备质量管理、环境风险防控措施等指标进行评估汇总，确定风险源环境风险控制水平。评估指标及分值分别见表5.5–1与表5.5–2。

表5.5–1 环境风险控制水平评估指标

指标		分值
生产工艺（10分）	生产工艺危险性	10
安全生产及设备质量管理（40分）	安全生产许可	8
	安全评价及专项检查情况	8
	设备质量管理	8
	消防验收情况	8
	危险化学品重大危险源备案情况	8

续表

指标		分值
环境风险控制 （50分）	环境风险监测预警措施	10
	环境风险防控措施	20
	建设项目环保要求落实情况	10
	环境应急预案编制及演练情况	10

表5.5-2　环境风险控制水平

环境风险控制水平值（M）	环境风险控制水平
$M<15$	M_1类水平
$15 \leqslant M < 30$	M_2类水平
$30 \leqslant M < 50$	M_3类水平
$M \geqslant 50$	M_4类水平

①生产工艺危险性

按照表5.5-3评估风险源生产工艺危险性情况。

表5.5-3　环境风险源生产工艺危险性评估

评估依据	分值（分）
涉及a中规定的重点监管危险化工工艺	10
属于b中规定的高温、高压、易燃易爆等物质的工艺过程	5
不涉及以上危险工艺过程或国家规定的禁用工艺/设备	0

注：a指《国家安全监管总局关于公布首批重点监管的危险化工工艺目录的通知》（安监总管三〔2009〕116号）、《国家安全监管总局关于公布第二批重点监管危险化工工艺目录和调整首批重点监管危险化工工艺中部分典型工艺的通知》（安监总管三〔2013〕3号）中规定的危险工艺；

b中的高温指工艺温度≥300℃，高压指压力容器的设计压力（P）≥10.0MPa，易燃易爆等物质是指按照GB 20594—2006～GB 20602—2006《化学品分类、警示标签和警示性说明安全规范》确定的化学物质。

②安全生产及设备质量管理

按照表5.5-4对风险源安全生产控制情况进行评估。

表5.5-4　环境风险源安全生产及设备质量管理评估

评估指标	评估依据	分值
安全生产许可 （8分）	危险化学品生产企业未取得安全生产许可	8
	非危险化学品生产企业或危险化学品生产企业取得安全生产许可	0
安全评价及专项 检查情况（8分）	存在下列任意一项的： a. 未按要求开展危险化学品安全评价的； b. 未通过安全设施竣工验收的； c. 安全评价提出的环境安全隐患问题未得到有效整改的； d. 安全专项检查提出的限期整改（或A类）环境安全隐患未完成整改的	8

续表

评估指标	评估依据	分值
安全评价及专项检查情况（8分）	安全专项检查提出的环境安全隐患未整改完成的（不含限期整改问题），每一项记4分，记满8分为止	0~8
	不存在上述问题的	0
设备质量管理（8分）	存在下列情况之一的： a. 检测结果不能满足设备设施质量要求的； b. 特种设备设施检验不满足要求的； c. 未按设计标准建设的； d. 未按规定进行设备设施质量检测、检验的	8
	存在下列情况的，每项记4分，记满8分为止： a. 设备设施超期使用的； b. 设备设施降等级使用的； c. 质量检测要求不明确的； d. 设计变更未经主管部门批准的	0~8
	不存在上述问题的	0
消防验收情况（8）	消防验收未进行、未完成	8
	不存在上述情况的	0
危险化学品重大危险源备案情况（8分）	危险化学品重大危险源未备案的	8
	不构成危险化学品重大危险源，或重大危险源按要求备案的	0

③环境风险控制

按照表5.5-5评估风险源环境风险控制措施。

表5.5-5 风险源环境风险防控措施评估

评估指标	评估依据		分值
环境风险预警措施（10分）	未按规定设置环境风险物质泄漏监测措施的		10
	存在下列情况的每项计5分，记满为止： a. 安装不符合规范的； b. 不按规定校验的； c. 不能正常使用的； d. 监测因子缺项的（每项计5分）		0~10
	按规定安装泄漏监测、监测措施的		0
环境风险防控措施（20分）	事故紧急关断措施（5分）	风险源不具备有效的自动紧急关断措施	5
		风险源具备有效的自动紧急关断措施	0
	事故污染物围控收集处置措施（15分）	没有事故状态污染物收集措施	15
		存在下列情况的，每项记8分，记满15分为止： a. 未进行汇水区划分； b. 截流措施不完善； c. 事故污水收集系统不完善； d. 清净下水或雨水系统防控措施不完善； e. 生产废水系统防控措施不完善； f. 事故污染物处置措施（围油栏、收油机、转输设备、毒性气体处置等）不完善	0~15
		不存在上述问题的	0

续表

评估指标	评估依据	分值
建设项目环保要求落实情况（10分）	存在下列任意一项的： a. 环评手续不完整的； b. 建设项目环境风险防控措施不落实的	10
	不存在上述问题的	0
环境风险源事故现场处置方案（10分）	存在以下情况的，每项记5分，记满10分为止： a. 无风险源事故处置预案的或风险源事故处置预案无环保内容的； b. 未按要求开展应急预案演练并记录的； c. 未按要求进行备案的	0~10
	不存在上述问题的	0

(5) 环境风险受体敏感性判别

根据环境风险受体的重要性和敏感程度，由高到低将风险源周边的环境风险受体分为类型1、类型2和类型3，分别为E1、E2和E3，具体如表5.5-6所示。如果风险源周边存在多种类型的环境风险受体，则按照重要性和敏感度高的类型计。

表5.5-6　周边环境风险受体情况划分

类　别	环境风险受体情况
类型1（E1）	a. 风险源所在厂区雨水排口、污水排口下游10km范围内有如下一类或多类环境风险受体的：乡镇及以上城镇饮用水水源（地表水或地下水）保护区，自来水厂取水口，水源涵养区，自然保护区，重要湿地，珍稀濒危野生动植物天然集中分布区，重要水生生物的自然产卵场及索饵、越冬场和洄游通道，风景名胜区，特殊生态系统，世界文化和自然遗产地，红树林、珊瑚礁等滨海湿地生态系统，珍稀、濒危海洋生物的天然集中分布区，海洋特别保护区，海上自然保护区，盐场保护区，海水浴场，海洋自然历史遗迹； b. 以风险源所在厂区雨水排口（含泄洪渠）、废水总排口算起，排水进入受纳河流最大流速时，24h流经范围内涉跨国界或省界的； c. 风险源周边现状不满足环评及批复的卫生防护距离或大气环境防护距离等要求的； d. 风险源周边500m范围内社会人口总数大于1000人；或该区域内涉及军事禁区、军事管理区、国家相关保密区域
类型2（E2）	a. 风险源所在厂区雨水排口、污水排口下游10km范围内有如下一类或多类环境风险受体的：水产养殖场，天然渔场，耕地，基本农田保护区，富营养化水域，基本草原，森林公园，地质公园，天然林，海滨风景游览区，具有重要经济价值的海洋生物生存区域，类型1（E1）以外的Ⅲ类地表水； b. 风险源周边500m范围内的社会人口总数大于500人，小于1000人； c. 风险源所在厂区位于岩溶地貌、泄洪区、泥石流多发等地区
类型3（E3）	a. 风险源所在厂区下游10km范围内无上述类型1和类型2包括的环境风险受体的； b. 风险源周边500m范围内的厂外区域部分人口总数小于500人

(6) 环境风险等级评估

根据风险源周边环境风险受体的3种类型，按照环境风险物质数量与临界量比值（R）、环境风险控制水平（M）矩阵，确定环境风险等级。

位于自然保护区内、水源地保护区内建设的生产设施风险评估等级均为重大。

风险源周边环境风险受体属于类型1时，按表5.5-7确定环境风险等级。

表 5.5-7　类型 1（E1）——环境风险源分级表

环境风险物质数量与临界量比值 R	环境风险控制水平 M			
	M_1 类水平	M_2 类水平	M_3 类水平	M_4 类水平
R_0	一般环境风险	一般环境风险	较大环境风险	重大环境风险
R_1	一般环境风险	较大环境风险	重大环境风险	重大环境风险
R_2	较大环境风险	重大环境风险	重大环境风险	重大环境风险
R_3	较大环境风险	重大环境风险	重大环境风险	重大环境风险

风险源周边环境风险受体属于类型 2 时，按表 5.5-8 确定环境风险等级。

表 5.5-8　类型 2（E2）——环境风险分级表

环境风险物质数量与临界量比值 R	环境风险控制水平 M			
	M_1 类水平	M_2 类水平	M_3 类水平	M_4 类水平
R_0	一般环境风险	一般环境风险	较大环境风险	较大环境风险
R_1	一般环境风险	一般环境风险	较大环境风险	重大环境风险
R_2	一般环境风险	较大环境风险	重大环境风险	重大环境风险
R_3	较大环境风险	重大环境风险	重大环境风险	重大环境风险

风险源周边环境风险受体属于类型 3 时，按表 5.5-9 确定环境风险等级。

表 5.5-9　类型 3（E3）——环境风险分级表

环境风险物质数量与临界量比值 R	环境风险控制水平 M			
	M_1 类水平	M_2 类水平	M_3 类水平	M_4 类水平
R_0	一般环境风险	一般环境风险	一般环境风险	较大环境风险
R_1	一般环境风险	一般环境风险	较大环境风险	较大环境风险
R_2	一般环境风险	较大环境风险	较大环境风险	重大环境风险
R_3	较大环境风险	较大环境风险	重大环境风险	重大环境风险

2. 陆域管道环境风险评估

（1）适用范围

本部分适用于陆上油气长输管道，油气田集输管道，以及管道的环境风险识别与等级评估。

（2）环境风险源识别

环境风险源识别应遵循以下原则：

①相邻两个切断阀之间的管道作为一个风险源；

②相对独立区域内，可以紧急关断的一条或多条油气集输管道可作为一个风险源；

（3）环境风险物质数量/环境风险物质数量与临界量比值。

计算风险源涉及环境风险物质最大可能泄漏量（考虑紧急关断阀门之前的泄漏量与关闭之后的可能泄漏量），将最大可能泄漏量分为：①$q_i<100t$，②$100t \leqslant q_i <1000t$，③$1000t$

$\leqslant q_i < 10000t$,④$q_i \geqslant 10000t$ 4 种情况,并分别以 Q_1、Q_2、Q_3 和 Q_4 表示。

(4) 环境风险控制水平

采用评分法对风险源安全生产控制、环境风险防控措施等指标进行评估汇总,确定环境风险控制水平。评估指标及分值分别如表 5.5-10 和表 5.5-11 所示。

表 5.5-10 环境风险控制水平评估指标

	指标	分值
安全生产控制 (50 分)	危险化学品经营许可	10
	安全评价及专项检查情况	20
	设备设施质量控制情况	20
环境风险控制 (50 分)	环境风险监测措施	10
	环境风险防控措施	20
	建设项目环保要求落实情况	10
	现场环境风险应急预案	10

表 5.5-11 环境风险控制水平

环境风险控制水平值(M)	环境风险控制水平
$M < 15$	M_1 类水平
$15 \leqslant M < 30$	M_2 类水平
$30 \leqslant M < 50$	M_3 类水平
$M \geqslant 50$	M_4 类水平

①安全生产及设备质量管理

对风险源消防安全、危险化学品管理等涉及安全生产的情况按照表 5.5-12 进行评估。

表 5.5-12 环境风险源安全生产及设备质量管理评估

评估指标	评估依据	分值
危险化学品经营许可 (10 分)	危险化学品经营单位未取得经营许可证	10
	不涉及危险化学品或危险化学品经营单位取得经营许可证	0
安全评价及专项 检查情况(20 分)	存在下列任意一项的: a. 未按规定开展安全评价的; b. 未通过安全验收的; c. 安全评价提出的环境安全隐患问题未得到整改的; d. 安全专项检查提出的限期整改(或 A 类)问题未整改完成的	20
	安全专项检查提出的环境安全隐患(非含限期整改问题)未整改完成的,每一项记 5 分,记满 20 分为止	0~20
	不存在上述问题的	0

续表

评估指标	评估依据	分值
设备设施质量控制情况（20分）	存在下列任意一项的： a. 未按规定进行设备设施质量检测、检验的； b. 设备检验结果不满足质量要求的； c. 未按设计标准建设的； d. 未按规定设置警示标志的； e. 未按规定采取管线保护措施的； f. 长输管道评估管段最近一年发生泄漏（非人为）次数大于3次；单井、集输管道评估管段最近一年发生泄漏次数（非人为）大于5次的	20
	存在下列情况的，每项记10分，记满20分为止： a. 设备设施超期使用的； b. 设备设施降级使用的； c. 质量检测要求不明确的； d. 设计变更未经主管部门批准的； e. 不按规定巡线的； f. 长输管道评估管段最近一年发生泄漏（非人为）次数2～3次的；单井、集输管道评估管段最近一年发生泄漏次数（非人为）2～5次的	0～20
	不存在上述问题的	0

②环境风险控制

按照表5.5-13评估管道环境风险控制措施。

表5.5-13 环境风险防控措施评估

评估指标	评估依据	分值
环境风险监测措施（10分）	未按规定设置环境风险物质泄漏监测措施的	10
	存在下列情况的每项计5分，记满为止： a. 安装不符合规范的； b. 不按规定校验的； c. 不能正常使用的； d. 监测因子缺项的；（每项计5分）	0～10
	按规定安装泄漏监测、监测措施的	0
环境风险防控措施（20分）	事故紧急关断措施（10分）	不具备有效的事故紧急关断措施（关断阀失效或不能符合紧急关断时效要求）	10
		具备有效的手动紧急关断措施（符合紧急关断时效要求）	5
		具备有效的自动紧急关断措施	0
	事故污染物处置措施（10分）	无事故污染物处置措施	10
		事故污染物处置措施不完善；或应急物资配置不满足应急处置要求；	0～10
		具有完善的事故污染物处置措施（吸油毡、围油栏、收油机等围控、回收、转输设备设施）	0

续表

评估指标	评估依据	分值
建设项目环保要求落实情况（10分）	存在下列任意一项的： a. 建设项目环评手续不完整的； b. 建设项目环境风险防控措施不落实的； c. 油田临水生产设施	10
	不存在上述问题的	0
环境风险源事故现场处置方案（10分）	存在以下情况的，每项记5分，记满10分为止： a. 无风险源事故处置预案的或风险源事故处置预案无环保内容的； b. 未按要求开展应急预案演练并记录的； c. 未按要求进行备案的	0~10
	不存在上述问题的	0

（5）环境风险受体敏感性判别

根据环境风险受体的重要性和敏感程度，由高到低将风险源周边可能受影响的环境风险受体分为类型1、类型2和类型3，分别为E1、E2和E3，具体如表5.5-14所示。如果风险源周边存在多种类型的环境风险受体，则按照重要性和敏感度高的类型计。

表5.5-14　周边环境风险受体情况划分

类　别	环境风险受体情况
类型1（E1）	a. 管道直接经过或可能影响如下一类或多类环境风险受体的：乡镇及以上城镇饮用水水源（地表水或地下水）保护区，自来水厂取水口，水源涵养区，自然保护区，重要湿地，珍稀濒危野生动植物天然集中分布区，重要水生生物的自然产卵场及索饵场、越冬场和洄游通道，风景名胜区，特殊生态系统，世界文化和自然遗产地，红树林、珊瑚礁等滨海湿地生态系统，珍稀、濒危海洋生物的天然集中分布区，海洋特别保护区，海上自然保护区，盐场保护区，海水浴场，海洋自然历史遗迹； b. 管道泄漏可能影响到的河流，按河流最大流速时，24h流经范围内涉跨国界或省界的； c. 管道中心两侧各200m范围内，任意划分2km的范围内人口总数大于1000人； d. 管道和市政管道、沟渠（如雨水、污水等）交叉（包括立面设置），或管道中心两侧5m范围内有市政管道、沟渠（如雨水、污水等）
类型2（E2）	a. 管道直接经过或可能影响如下一类或多类环境风险受体的：水产养殖区，天然渔场，耕地、基本农田保护区，富营养化水域，基本草原，森林公园，地质公园，天然林，海滨风景游览区，具有重要经济价值的海洋生物生存区域，类型1以外的Ⅲ类地表水； b. 管道两侧各200m范围内，任意划分2km的范围内人口总数大于500人，小于1000人，县级以下城镇地下水饮用水源地保护区（包括一级保护区、二级保护区及准保护区）； c. 管道中心两侧5~10m范围内有市政管道、沟渠（如雨水、污水等）
类型3（E3）	a. 管道直接经过或可能影响的范围内无上述类型1和类型2包括的环境风险受体； b. 管道两侧各200m范围内，任意划分2km的范围内人口总数小于500人； c. 管道中心两侧10m范围外有市政管道、沟渠（如雨水、污水等）

（6）环境风险等级评估

根据风险源周边环境风险受体3种类型，按照环境风险物质数量Q/环境风险物质数量与临界量比值R、环境风险控制水平M矩阵，确定环境风险等级。

位于自然保护区内、水源地保护区内建设的生产设施风险评估等级均为重大。

风险源周边环境风险受体属于类型 1 时，按表 5.5-15 确定环境风险等级。

表 5.5-15　类型 1（E1）——环境风险源分级表

环境风险物质数量 Q/环境风险物质数量与临界量比值 R	环境风险控制水平 M			
	M_1 类水平	M_2 类水平	M_3 类水平	M_4 类水平
Q_1/R_0	一般环境风险	较大环境风险	重大环境风险	重大环境风险
Q_2/R_1	一般环境风险	较大环境风险	重大环境风险	重大环境风险
Q_3/R_2	较大环境风险	重大环境风险	重大环境风险	重大环境风险
Q_4/R_3	较大环境风险	重大环境风险	重大环境风险	重大环境风险

风险源周边环境风险受体属于类型 2 时，按表 5.5-16 确定环境风险等级。

表 5.5-16　类型 2（E2）——环境风险分级表

环境风险物质数量 Q/环境风险物质数量与临界量比值 R	环境风险控制水平 M			
	M_1 类水平	M_2 类水平	M_3 类水平	M_4 类水平
Q_1/R_0	一般环境风险	一般环境风险	较大环境风险	重大环境风险
Q_2/R_1	一般环境风险	较大环境风险	重大环境风险	重大环境风险
Q_3/R_2	一般环境风险	较大环境风险	重大环境风险	重大环境风险
Q_4/R_3	较大环境风险	重大环境风险	重大环境风险	重大环境风险

风险源周边环境风险受体属于类型 3 时，按表 5.5-17 确定环境风险等级。

表 5.5-17　类型 3（E3）——环境风险分级表

环境风险物质数量 Q/环境风险物质数量与临界量比值 R	环境风险控制水平 M			
	M_1 类水平	M_2 类水平	M_3 类水平	M_4 类水平
Q_1/R_0	一般环境风险	一般环境风险	一般环境风险	较大环境风险
Q_2/R_1	一般环境风险	一般环境风险	较大环境风险	重大环境风险
Q_3/R_2	一般环境风险	较大环境风险	重大环境风险	重大环境风险
Q_4/R_3	较大环境风险	较大环境风险	重大环境风险	重大环境风险

3. 海底管道环境风险评估

（1）适用范围

本部分适用于海底管道、滩海陆岸的管线环境风险评估。

（2）环境风险源识别

海底输送管道具有截断功能设备之间的管段作为一个风险源。

（3）环境风险物质可能进入风险受体最大量

将环境风险物质可能进入环境风险受体最大量分为 4 种情况：①$Q_1 \leq 10t$；②$10t < Q_2 \leq 100t$；③$100t < Q_3 \leq 500t$；④$Q_4 > 500t$。

(4) 环境风险控制水平

采用评分法对管道安全生产及设备质量管理、环境风险防控措施等指标进行评估汇总，确定管道环境风险控制水平。评估指标及分值分别如表 5.5-18 与表 5.5-19 所示。

表 5.5-18 环境风险控制水平评估指标

	图表	分值
安全生产及设备质量管理（50分）	安全评价及专项检查符合性	30
	生产设备设施质量控制符合性	20
环境风险控制（50分）	环境风险防控措施有效性	20
	环境风险监测措施有效性	10
	建设项目环保要求落实情况	10
	环境风险源事故现场处置方案	10

表 5.5-19 环境风险控制水平

环境风险控制水平值（M）	环境风险控制水平
$M < 15$	M_1 类水平
$15 \leqslant M < 30$	M_2 类水平
$30 \leqslant M < 50$	M_3 类水平
$M \geqslant 50$	M_4 类水平

①安全生产及设备质量管理

对管道安全生产和设备设施质量控制的情况按照表 5.5-20 进行评估。

表 5.5-20 环境风险源安全生产及设备质量管理评估

评估指标	评估依据	分值
安全评价及专项检查符合性（30分）	存在下列任意一项的： a. 未通过安全设施竣工验收的； b. 安全现状评价提出的环境安全隐患问题未得到有效整改的； c. 安全专项检查提出的限期整改（或 A 类）环境安全隐患未整改完成的	30
	安全专项检查提出的现场环境安全隐患未整改完成的（不含限期整改问题），每一项记 10 分，记满 30 分为止	0~30
	不存在上述问题的	0
生产设备设施质量控制符合性（20分）	存在下列任意一项的： a. 未按规定进行设备设施质量检测、检验的； b. 特种设备检验结果不满足质量要求的； c. 未按设计标准建设的	20
	存在下列情况的，每项记 10 分，记满 20 分为止（不含特种设备）： a. 设备设施超期使用且未经过评估的； b. 使用的设备设施等级不满足要求的； c. 检测结果不能满足设备设施质量要求的； d. 设计变更未经主管部门批准的	0~20
	不存在上述问题的	0

③环境风险控制

按照表5.5-21评估风险源环境风险控制措施。

表5.5-21 风险源环境风险防控措施评估

评估指标	评估依据		分值
环境风险防控措施有效性（20分）	事故紧急关断系统（10分）	风险源不具备有效的事故紧急关断系统	10
		风险源具备有效的事故紧急关断系统（符合紧急关断时效要求）	0
	事故污染物控制处置措施（10分）	无事故污染物控制措施	10
		事故污染物处置措施不完整，每项计5分，计满为止	0~10
		具有较完整的事故污染物控制措施，有效防止污染物的逸散	0
环境风险监测措施有效性（10分）	未按规定设置环境风险物质泄漏监测措施的		10
	存在下列情况的每项计5分，记满为止： a. 安装不符合规范的； b. 不按规定校验的； c. 不能正常使用的； d. 监测因子缺项的（每项计5分）		0~10
	按规定安装泄漏监测、监测措施的		0
建设项目环保要求落实情况（10分）	存在下列任意一项的： a. 环评手续不完整的； b. 建设项目环境风险防控措施不落实的		10
	不存在上述问题的		0
环境风险源事故现场处置方案（10分）	存在以下情况的，每项记5分，记满10分为止： a. 无风险源事故处置预案的或风险源事故处置预案无环保内容的； b. 未按要求开展应急预案演练并记录的； c. 未按要求进行备案的		0~10
	不存在上述问题的		0

（5）环境风险受体敏感性判别

根据环境风险受体的重要性和敏感程度，由高到低将风险源周边的环境风险受体分为类型1、类型2和类型3，分别为E1、E2和E3，具体如表5.5-22所示。如果风险源周边存在多种类型的水环境风险受体，则按照重要性和敏感度高的类型计。

表5.5-22 周边环境风险受体情况划分

类别	环境风险受体情况
类型1（E1）	a. 管线两侧5km范围内，具有珍稀濒危野生动植物天然集中分布区，重要水生生物的自然产卵场及索饵场、越冬场，特殊生态系统，滨海湿地生态系统，珍稀、濒危海洋生物的天然集中分布区，海洋特别保护区，海上自然保护区，盐场保护区，海水浴场，海洋历史遗迹； b. GB 3097—1997《海水水质标准》中的第一类、第二类区； c. 管线两侧5km范围内，涉及军事禁区、军事管理区、国家相关保密区域

续表

类别	环境风险受体情况
类型2（E2）	a. 钻管线两侧5km范围内，具有水产养殖区，天然渔场，海滨风景游览区，具有重要经济价值的海洋生物生存区域； b. GB 3097—1997《海水水质标准》中的第三类区
类型3（E3）	GB 3097—1997《海水水质标准》中的第四类区

（6）环境风险等级评估

根据风险源周边环境风险受体的3种类型，按照环境风险物质可能进入风险受体的最大量（Q）、环境风险控制水平（M）矩阵，确定环境风险等级。

位于自然保护区内建设的生产设施风险评估等级均为重大。

风险源周边环境风险受体属于类型1时，按表5.5-23确定环境风险等级。

表5.5-23 类型1（E1）——环境风险风险源分级表

环境风险物质可能进入风险受体最大量Q	环境风险控制水平M			
	M_1类水平	M_2类水平	M_3类水平	M_4类水平
Q_1	一般环境风险	较大环境风险	重大环境风险	重大环境风险
Q_2	一般环境风险	较大环境风险	重大环境风险	重大环境风险
Q_3	较大环境风险	重大环境风险	重大环境风险	重大环境风险
Q_4	较大环境风险	重大环境风险	重大环境风险	重大环境风险

风险源周边环境风险受体属于类型2时，按表5.5-24确定环境风险等级。

表5.5-24 类型2（E2）——环境风险分级表

环境风险物质可能进入风险受体最大量Q	环境风险控制水平M			
	M_1类水平	M_2类水平	M_3类水平	M_4类水平
Q_1	一般环境风险	一般环境风险	较大环境风险	重大环境风险
Q_2	一般环境风险	较大环境风险	重大环境风险	重大环境风险
Q_3	较大环境风险	较大环境风险	重大环境风险	重大环境风险
Q_4	较大环境风险	重大环境风险	重大环境风险	重大环境风险

风险源周边环境风险受体属于类型3时，按表5.5-25确定环境风险等级。

表5.5-25 类型3（E3）——环境风险分级表

环境风险物质可能进入风险受体最大量Q	环境风险控制水平M			
	M_1类水平	M_2类水平	M_3类水平	M_4类水平
Q_1	一般环境风险	一般环境风险	较大环境风险	重大环境风险
Q_2	一般环境风险	一般环境风险	重大环境风险	重大环境风险
Q_3	一般环境风险	较大环境风险	重大环境风险	重大环境风险
Q_4	较大环境风险	重大环境风险	重大环境风险	重大环境风险

环境风险评估案例见附录8。

二、突发环境事件应急预案

(一) 环境应急预案修订

企业结合环境应急预案实施情况，至少每3年对环境应急预案进行1次回顾性评估。有下列情形之一的及时修订：

(1) 面临的环境风险发生重大变化，需要重新进行环境风险评估的；

(2) 应急管理组织指挥体系与职责发生重大变化的；

(3) 环境应急监测预警及报告机制、应对流程和措施、应急保障措施发生重大变化的；

(4) 重要应急资源发生重大变化的；

(5) 在突发事件实际应对和应急演练中发现问题，需要对环境应急预案作出重大调整的；

(6) 其他需要修订的情况。

对环境应急预案进行重大修订的，修订工作参照环境应急预案制定步骤进行。对环境应急预案个别内容进行调整的，修订工作可适当简化。

(二) 环境应急预案备案

(1) 企业环境应急预案应当在环境应急预案签署发布之日起20个工作日内，向企业所在地县级环境保护主管部门备案。县级环境保护主管部门应当在备案之日起5个工作日内将较大和重大环境风险企业的环境应急预案备案文件，报送市级环境保护主管部门，重大的同时报送省级环境保护主管部门。

跨县级以上行政区域的企业环境应急预案，应当向沿线或跨域涉及的县级环境保护主管部门备案。

(2) 企业环境应急预案首次备案，现场办理时应当提交下列文件：

①突发环境事件应急预案备案表；

②环境应急预案及编制说明的纸质文件和电子文件，环境应急预案包括：环境应急预案的签署发布文件、环境应急预案文本，编制说明包括：编制过程概述、重点内容说明、征求意见及采纳情况说明、评审情况说明；

③环境风险评估报告的纸质文件和电子文件；

④环境应急资源调查报告的纸质文件和电子文件；

⑤环境应急预案评审意见的纸质文件和电子文件，提交备案文件也可以通过信函、电子数据交换等方式进行，通过电子数据交换方式提交的，可以只提交电子文件。

(3) 建设单位制定的环境应急预案或者修订的企业环境应急预案，应当在建设项目投入生产或者使用前，向建设项目所在地受理部门备案。建设单位试生产期间的环境应急预案，应当参照上述要求制定和备案。

(三) 环境应急三级防控体系

1. 三级防控体系划分

按照生产装置区和有毒有害物质储存区分别建立项目的三级防控体系是环境风险管理

和应急预案体系的重要内容。核心目的是在突发性事故后能有效收集泄漏物料，并在事故后将事故水引入污水处理厂处理，有效控制在界区内，避免流失到环境中造成不利影响。

应急设施检查中重要内容就是分析各企业发生重大火灾、爆炸事故时，消防水及其携带的物料等是否能通过第一级、第二级防控系统进入第三级防控系统，依次进入事故水收集池和事故水罐储存，之后限流送污水处理场处理。

（1）装置区

一级防控措施：装置区设置围堰作为一级防控措施，防止污染雨水和轻微事故泄漏造成的环境污染。

二级预防控制设施：企业厂区设置一定储存能力的事故缓冲池（包括应急缓冲池、缓冲池等），作为二级预防与控制体系。

三级预防控制设施：企业污水及事故水提升泵和污水处理场内现有的储存设施，即事故应急罐和事故应急池等作为三级预防与控制体系。

（2）储存区（罐区）

库区内的每一个油罐组均应设有防火堤，防火堤构成了事故状态下水体污染的一级预防与控制体系。在雨水排水系统末端设置事故污水收集池，收集油库内较大生产事故时的事故污水，排水管网末端事故污水收集池构成二级防控体系。排海闸门及终端事故池构成三级防控。

2. 环境应急三级防控体系

正常情况下，罐区防火堤和装置区围堰与事故水池连接的出口切断阀处于常关状态。事故水收集池的进水切断阀和出水切断阀均处于关闭状态。平时保证事故水收集池处于空池、清净状态；正常情况下，排至厂外的清洁雨水排放切断总阀处于常开状态。

当发生风险事故时，首先确保关闭排至厂外的清洁雨水排放切断总阀，并开启罐区防火堤或装置区围堰进事故水收集池的出水切断阀，同时，必须马上通知事故水收集池单元迅速进入事故应急状态。

当事故水收集池单元接到生产装置区或罐区相关部门的事故报警后，必须迅速进入事故应急状态并做好监测、控制的应急准备；按序开启事故水收集池的进水切断阀，将携带有泄漏物料的污染消防水导入事故水收集池，然后限流泵送至污水处理系统，以便不对污水处理系统产生冲击，保证事故污水不外排。

事故水罐作为污水处理场的末端事故缓冲设施，可降低重大事故泄漏物料和污染消防水对污水处理系统的冲击，防止重大事故泄漏物料和污染消防水造成的环境污染。因此，对企业三级防控措施检查和分析是环境风险评价的重点内容。

雨污分流：库区排水系统应采取分流制，库区需建有雨水管道系统和含油污水管道系统，在非事故状态下须能实现雨污分流，污水回收入处理厂，清洁雨水排入环境水体。

分区收集：在各独立罐区内需设置含油污水管道收集系统，日常生产过程中产生的含油污水和小规模的事故污水应能收集到各罐区内部含油污水收集池内，已建设施应能实现对污水的分区收集。

终端纳污：在雨水排水系统末端设置事故污水收集池，确保事故状态下的污水全部处于受控状态，防止对环境造成污染。

现有企业应建有雨水管道和含油污水管道排水系统；各罐区内部建有含油污水收集池、提升泵；雨水排水系统终端建有事故污水收集池、提升泵；区域内应建有含油污水处理场和化工污水处理站。

三、突发环境事件分级

按环境事件的紧急性和危害程度，分为特别重大环境事件、重大环境事件、较大环境事件和一般环境事件4级。

第六节　三废治理

一、废水治理

（一）污水处理分类

按处理程度可分：

一级处理，污染物去除20%左右，减轻后续压力；

二级处理，废水中的可溶性有机物和部分胶体，有机物去除可以达到60%～90%，BOD低于30mg/L；

三级处理，深度净化处理，二级出水，污染粒径在$1\mu m$～$1mm$以下，需要用超滤，活性炭吸附，溶解性的有机盐，需要利用脱盐技术，进行深入处理。

目前的污水排放标准，须用到三级处理才有可能达标。

按处理方法的性质分：

物理方法：格栅过滤、沉淀法、浮选法、离心分离、膜分离法等；

化学方法：混凝、化学沉淀、中和、萃取、氧化还原、电解等；

生物方法：好氧、厌氧法。

（二）处理方法

目前污水处理主要分为物化法、化学法和生化法，大部分使用的都是生化法。

（1）物化法：主要分为隔油、气浮、吸附、膜分离法等。

（2）化学法：主要分为絮凝及高级氧化法。

（3）生化法：主要分为厌氧及好氧处理方法。厌氧处理石油化工废水COD高、可生化性较差，为提高后续处理的可生化性，一般先进行厌氧预处理。厌氧处理的优点是污泥产量小、运行费用低、产能效率高和操作简单，缺点是启动时间长、操作不稳定；在石油化工废水处理中，好氧处理方法较多，但单独使用好氧生物处理的较少，主要与厌氧处理法相结合。

二、废气治理

原油及成品油的蒸发损耗出现在从油田至炼厂、销售部门及用户的整个储运过程，油品蒸发损耗的危害性很大。挥发性有机化合物（VOC）是石油石化工业的特征污染物，通常系指雷特（Reid）蒸气压超过 0.35kPa 的烃类化合物及其衍生物。它们主要来自油气集输、油品储运和销售、装置泄漏和尾气放空等生产经营过程。大量 VOC 的排放，不仅严重污染环境，而且也是资源和能源的浪费，其中甲烷还是一种重要的温室气体。因此，VOC 的处理应采取以回收利用为主，回收与净化相结合的原则来进行。通过技术经济分析，选择最优处理工艺。

从原理方面，防止油品蒸发损耗及对环境的污染技术措施可分以下四点：一是加强管理，完善制度，改进操作措施，如油罐车底部装油；二是抑制油品蒸发，如采用浮顶罐；三是焚烧排放气；四是集气回收排放。当今在油品收发作业（车、船、罐等）日益频繁及能源日益紧张的情况下，必须大力开展蒸发油气的回收技术应用。

三、危险固体废物治理

（一）固体废物分类

固体废物是指在生产、生活和其他活动中产生的丧失原有利用价值或者虽未丧失利用价值但被抛弃或者放弃的固态、半固态和置于容器中的气态的物品、物质以及法律、行政法规规定纳入固体废物管理的物品、物质。

工业固体废物是指在工业生产活动中产生的未列入《国家危险废物名录》或者根据国家规定的《危险废物鉴别标准》认定其不具有危险特性的固体废物，又称为工业废物或工业垃圾。一般工业固体废物分为Ⅰ类和Ⅱ类两类。

危险废物是指列入国家危险废物名录或者根据国家规定的鉴别标准和方法认定的具有危险特性的废物。

（二）固体废物污染控制技术

固体废物污染控制遵循的基本原则为"减量化、资源化和无害化"，既所谓的"三化原则"。

1. 预处理方法

常用的预处理技术有 3 种。

（1）压实：用物理的手段提高固体废物的聚集程度，减少其容积，以便于运输和后续处理，主要设备为压实机。

（2）破碎：用机械方法破坏固体废物内部的聚合力，减少颗粒尺寸，为后续处理提供合适的固相粒度。

（3）分选：根据固体废物不同的物质性质，在进行最终处理之前，分离出有价值的和有害的成分，实现"废物利用"。

2. 堆肥处理方法

堆肥法是利用自然界广泛分布的细菌、真菌和放线菌等微生物的新陈代谢的作用，在适宜的水分、通气条件下，进行微生物的自身繁殖，从而将可生物降解的有机物向稳定的腐殖质转化。

3. 卫生填埋方法

区别于传统的填埋法，卫生填埋法采用严格的污染控制措施，使整个填埋过程的污染和危害减少到最低限度。

4. 一般物化处理方法

工业生产产生的某些含油、含酸、含碱或含重金属的废液，均不宜直接焚烧或填埋，要通过简单的物理化学处理。经处理后水溶液可以再回收利用，有机溶剂可以做焚烧的辅助燃料，浓缩物或沉淀物则可送去填埋或焚烧。因此，物理化学方法也是综合利用或预处理过程。

5. 安全填埋方法

安全填埋是一种把危险废物放置或储存在环境中，使其与环境隔绝的处置方法，也是对其在经过各种方式的处理之后所采取的最终处置措施。目的是割断废物和环境的联系，使其不再对环境和人体健康造成危害。

6. 焚烧处理方法

焚烧法是一种高温热处理技术，即以一定的过剩空气量与被处理的有机废物在焚烧炉内进行氧化分解反应，废物中的有毒有害物质在高温中氧化、热解而被破坏。焚烧处置的特点是可以实现无害化、减量化、资源化。

7. 热解法

区别于焚烧，热解技术是在氧分压较低的条件下，利用热能将大分子量的有机物裂解为分子量相对较小的，易于处理的化合物或燃料气体、油和炭黑等有机物质。

四、噪声控制

（一）石油化工生产噪声的特点

1. 噪声辐射的连续性

石油、石油化工生产企业，在正常情况下生产是不分昼夜的、连续的生产过程，设备连续运行。由于生产装置为连续生产过程，所以，其噪声亦呈稳态、连续性，其噪声强度昼夜无明显差别。

2. 声源种类的多样性，且噪声频率范围宽

油气储运行业噪声源主要有各类电机、风机、泵、加热炉等。噪声源产生的噪声频率范围较宽，噪声源的声压级一般在 80~110dB 的范围内。

3. 声场的开放特性

产生噪声的设备多数露天布置、低位安装，虽然装置中的建、构筑和其他设备（如塔、罐等）对噪声的传播有一定的阻挡作用，但是声波近似在半自由声场传播，影响范围较大。

（二）噪声控制的主要措施

噪声控制可在工程的不同阶段进行，工程前期主要指场址选择、总图布置中利用有利

于噪声控制的因素，工程设计阶段主要考虑优化工艺流程，减少噪声源、低噪声设备的选用和设置各种噪声控制措施，已建工程采取各种噪声控制措施，如采用吸声、隔声、消声、减振等对噪声的传播进行控制。从声源、介质、接受体三要素采取控制措施。

1. 场址选择与总图布置阶段的噪声控制措施

（1）利用各种自然因素，如地形、建筑物、绿化带等使厂区与噪声敏感区隔开。

（2）在工艺流程允许的情况下，生产装置可按其噪声强度分区布置，噪声较高的装置应尽量置于远离厂外噪声敏感区的一侧，或用不含声源的建筑物如辅助厂房、仓库以及不产生噪声的塔、罐和容器等大型设备作为屏障与噪声敏感区隔开；

（3）噪声强度较大机械设备，例如大型机泵、空气动力机械、回转机械、成型包装机械等，尽量安装于厂房内，以减少噪声对厂内、外环境的影响。

2. 工程设计中采取的噪声控制措施

（1）优化工艺流程，减少噪声污染源，如选用低噪声设备，减少各种气体排放等。

（2）噪声辐射指向性较强的声源，例如气体放空等，要背向噪声敏感区和厂内噪声敏感工作岗位，如集中控制室、分析化验室、会议室、办公室等。

（3）对含有噪声源的车间、厂房进行声学处理，如室内吸声处理、门窗隔声、设置隔声屏障等措施，降低其室内混响噪声和对周围环境的影响。

（4）需要较安静的工作岗位，如集中控制室、分析化验室、会议室、办公室等，为防止室外噪声的干扰，要设置隔声门窗，室内并进行声学处理。

（5）大型回转动力机械及置于室外的声源，如气体放空、管道、阀门、机泵以及包装、输送机械等应采取噪声控制措施，如消声器、隔声罩、隔声屏障、阻尼减振等措施。

3. 个人听力保护

因生产现场噪声源的复杂性，尽管采取了各种噪声控制措施，仍会存在超过听力保护规范的设备或区域，主要采取以下防护措施：

（1）减少噪声接触时间；

（2）提高生产工艺过程的自控水平，避免或减少操作人员进入高噪声区或对声源设备进行巡回检查；

（3）对噪声控制设备、防噪设施加强管理、维修，对失效的设备及时更换；

（4）加强有关噪声防治法规的学习、宣传，健全企业噪声防治制度，提高全员噪声防治意识；

（5）对噪声接触人员定期进行听力和有关噪声影响系统的体检，以提高噪声危害的预防和治疗；

（6）对进入高噪声区域的工作人员，佩戴耳塞、耳罩、耳盔等个人保护措施。

五、污染土壤修复

（一）相关概念

1. 目标污染物

在场地环境中其数量或浓度已达到对生态系统和人体健康具有实际或潜在不利影响

的，需要进行修复的关注污染物。

2. 风险评估

在场地环境调查的基础上，分析污染场地土壤和地下水中污染物对人群的主要暴露途径，评估污染物对人体健康的致癌风险或危害水平。

3. 土壤修复

采用物理、化学或生物的方法固定、转移、吸收、降解或转化场地土壤中的污染物，使其含量降低到可接受水平，或将有毒有害的污染物转化为无害物质的过程。

（二）场地调查和风险评估

1. 场地调查

场地调查是采用系统的调查方法，确定场地是否被污染及污染程度和范围的过程。场地调查分为3个阶段。具体流程如图5.6-1所示。

2. 风险评估

风险评估是在场地环境调查的基础上，分析污染场地土壤和地下水中污染物对人群的主要暴露途径，工作内容包括危害识别、暴露评估、毒性评估、风险表征，以及土壤和地下水风险控制值的计算。污染场地健康风险评估程序如图5.6-2所示。

（1）危害识别

收集场地环境调查阶段获得的相关资料和数据，掌握场地土壤和地下水中关注污染物的浓度分布，明确规划土地利用方式，分析可能的敏感受体，如儿童、成人、地下水体等。

（2）暴露评估

在危害识别的基础上，分析场地内关注污染物迁移和危害敏感受体的可能性，确定场地土壤和地下水污染物的主要暴露途径和暴露评估模型，确定评估模型参数取值，计算敏感人群对土壤和地下水中污染物的暴露量。

（3）毒性评估

在危害识别的基础上，分析关注污染物对人体健康的危害效应，包括致癌效应和非致癌效应，确定与关注污染物相关的参数，包括参考剂量、参考浓度、致癌斜率因子和呼吸吸入单位致癌因子等。

（4）风险表征

在暴露评估和毒性评估的基础上，采用风险评估模型计算土壤和地下水中单一污染物经单一途径的致癌风险和危害商，计算单一污染物的总致癌风险和危害指数，进行不确定性分析。

（5）土壤和地下水风险控制值的计算

在风险表征的基础上，判断计算得到的风险值是否超过可接受风险水平。如污染场地风险评估结果未超过可接受风险水平，则结束风险评估工作；如污染场地风险评估结果超过可接受风险水平，则计算土壤、地下水中关注污染物的风险控制值；如调查结果表明，土壤中关注污染物可迁移进入地下水，则计算保护地下水的土壤风险控制值。根据计算结果，提出关注污染物的土壤和地下水风险控制值。

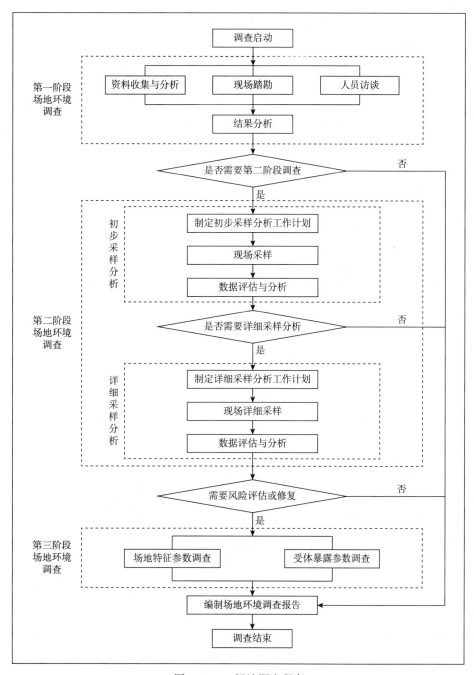

图 5.6-1 场地调查程序

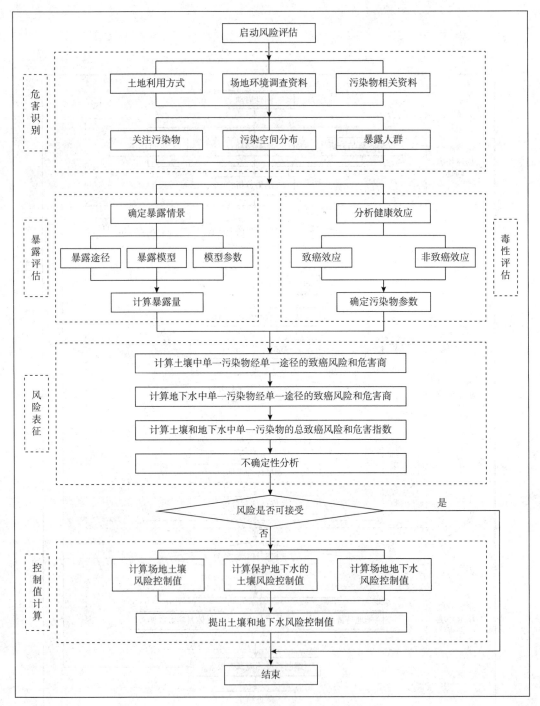

图 5.6-2 场调风险评估程序与内容

(三) 土壤修复技术

常用的污染场地修复技术主要包括挖掘、稳定/固化、化学淋洗、气提、热处理、生物修复等。

1. 挖掘

指通过机械、人工等手段，使土壤离开原位置的过程。一般包括挖掘过程和挖掘土壤的后处理、处置和再利用过程。在场地修复的各个阶段和多种修复技术实施过程中都可能采用挖掘技术，如场地环境评估、修复活动中和后评估阶段。

2. 稳定/固化

指通过固态形式在物理上隔离污染物或者将污染物转化成化学性质不活泼的形态，适用于重金属污染土壤的修复，一般不适用于有机污染物污染土壤的修复。

3. 化学淋洗

指借助能促进土壤环境中污染物溶解或迁移作用的溶剂，通过水力压头推动清洗液，将其注入被污染土层中，然后再将包含污染物的液体从土层中抽提出来，进行分离和污水处理的技术，适用于水力传导系数大于 10^{-3} cm/s 的多孔隙、易渗透的土壤，如沙土、沙砾土壤、冲积土和滨海土，不适用于红壤、黄壤等质地较细的土壤。

4. 气提技术

指利用物理方法通过降低土壤孔隙的蒸汽压，把土壤中的污染物转化为蒸汽形式而加以去除的技术，可分为原位土壤气提技术、异位土壤气提技术和多相浸提技术。适用于地下含水层以上的包气带。

5. 热处理

指通过直接或间接热交换，将污染介质及其所含的有机污染物加热到足够的温度（150～540℃），使有机污染物从污染介质挥发或分离的过程，按温度可分成低温热处理技术（土壤温度为150～315℃）和高温热处理技术（土壤温度为315～540℃）。热处理修复技术适用于处理土壤中挥发性有机物、半挥发性有机物，不适用于处理土壤中重金属、腐蚀性有机物等。

6. 生物修复

生物修复指利用微生物、植物和动物将土壤、地下水中的危险污染物降解、吸收或富集的生物工程技术系统。按处置地点分为原位和异位生物修复。生物修复技术适用于烃类及衍生物，如石油烃、燃油、乙醇、酮、乙醚等，不适合处理持久性有机污染物。

六、危险废物处置

（一）相关概念

危险废物是指列入国家危险废物名录或者根据国家规定的危险废物鉴别标准和鉴别方法认定的具有腐蚀性、毒性、易燃性、反应性和感染性等一种或一种以上危险特性。

危险废物转移是指以收集、储存、利用或者处置危险废物为目的，将危险废物从移出者的厂区（场所）移出，交付运输并移入接受者的厂区（场所）的过程。

危险废物运输是指使用专用交通工具，通过水路、铁路、公路或者航空等方式转移危险废物的过程。

移出者是指危险废物转移起始或者预定起始的单位。

运输者是从事危险废物运输的单位。

接受者是指危险废物转移或者预定转移的目的地单位。

(二) 转移流程和网上申报

1. 转移流程

为加强对危险废物转移的有效监督，根据《中华人民共和国固体废物污染环境防治法》有关规定，实施危险废物转移联单制度，其流程如图 5.6－3 所示。

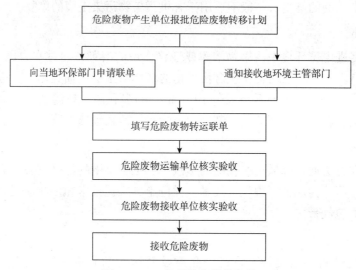

图 5.6－3　危废转移联单流程

2. 网上申报

(1) 用户注册

产生单位登录市环保局网站后，进入"固体废物产生单位申报"，点击右上方"登录"按钮，进入"用户登录或注册"页面，如图 5.6－4 所示。首次申报的单位需设置用户名、密码；原转移系统注册用户输入用户名、密码和验证码，点击"用户登录"按钮进

图 5.6－4　登录界面

入系统。填写（补充）注册信息表，包括企业基本信息、排污申报登记情况、环评及验收批复情况、储存设施情况、危险废物管理计划和应急预案等，填写完整后提交，等待所属区环保局审核。

（2）业务办理

①转移联单办理

一是危险废物转移联单办理流程，分为市内转移和跨省转移两种。危险废物市内转移：各产生单位在转移危险废物前，应提交转移计划申请，经审核通过后，每次转移前进行市内转移联单申请，申请无需审核，可直接打印转移联单（共三联）。

危险废物跨省转移：各产生单位在取得"转移固体废物出市贮存、处置的批准"后，在转移危险废物前，应提交转移计划申请，经审核通过后，每次转移前进行跨省转移联单申请，申请无需审核，可直接打印转移联单（共四联）。

危险废物转移联单办理流程如图 5.6-5 所示。

二是转移计划申请方式。用户登录后，点击导航区"转移管理"进入模块，点击"转移计划申请"菜单，右侧展示市内/跨省转移计划申请页面，点击"新增"按钮，填写转移计划申请，包括废物接收单位信息、转移废物情况和运输情况等，提交后需市固体废物和化学品中心审核。

三是转移联单申请方式：各产生单位在转移计划申请审核通过后，每次转移前进行市内/跨省转移联单申请。用户登录后，点击导航区"转移管理"—"市内/跨省转移联单"菜单，右侧展示市内/跨省转移联单页面，点击"新增"按钮，填写转移联单内容并提交。申请无需审核，提交后即可直接打印联单（共三联/四联）。

②月报填写

重点源产生单位应按月填写《重点源危废月报表》，填报内容包括：危险废物产生量、储存量、委托处置利用量、自行处置利用量等信息。用户登录后，点击导航区"报表管理"，按企业类别选择报表类型，右侧展示报表管理页面，点击"新增"按钮填写相关信息。

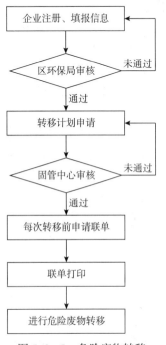

图 5.6-5 危险废物转移联单办理流程

3. 危险废物转移管理

（1）危险废物移出者须按照国家有关规定制定包含危险废物转移计划在内的危险废物管理计划，报所在地县级以上环境保护主管部门备案后，运行危险废物转移联单。

（2）跨省、自治区、直辖市转移危险废物，未经批准，不得转移。

①跨省、自治区、直辖市转移危险废物，应当向危险废物移出地省级环境保护主管部门提出申请，并提交下列材料，转移申请的实施期限不得超过 1 年。

a. 危险废物转移方案，包括：

（a）拟转移危险废物的名称、废物代码、重量或数量、来源、主要组分、物理化学性质，拟转移的目的；

(b) 危险废物接受者储存、利用或处置危险废物方式的说明，包括设施的地点、类型、能力及过程中产生的废水、废气、噪声、固体废物等的处理方法；

(c) 危险废物包装容器，运输过程中突发环境事件的防范措施和应急预案。

b. 移出者的营业执照复印件。

c. 移出者与接受者不是同一法人单位时，应当提供移出者与接受者签订的委托协议，接受者的营业执照复印件和危险废物经营许可证复印件（接受者根据有关规定可豁免危险废物经营资质要求时，免于提供危险废物经营许可证复印件）。

d. 移出者对其申请材料真实性负责的承诺书，承诺书应当由法定代表人签字并加盖公章。

e. 移出地省级环境保护主管部门要求的其他材料。

②受理申请的移出地省级环境保护主管部门应当在受理申请之日起10个工作日内征求接受地省级环境保护主管部门意见。跨省、自治区、直辖市转移危险废物的申请经批准后，移出者在批准的有效期内需要多次转移危险废物的，每次转移时无需再办理审批手续。

③同一法人单位内部的不同设施之间申请跨省、自治区、直辖市转移危险废物，当符合以下条件时，移出地和接受地省级环境保护主管部门应当同意危险废物的转移：

a. 对于申请转移的危险废物，接受者具有符合国家和地方相关环境保护标准或者技术规范要求的储存、利用或者处置能力；

b. 接受者近1年内没有因违反环境保护法律、行政法规或规章，受到行政处罚且情节严重，或者受到刑事处罚的记录。

(3) 危险废物移出者每转移1车（船或者其他运输工具）次危险废物，应当运行一份危险废物转移联单，如图5.6-6所示。危险废物移出者应当通过信息系统如实填写联单中移出者、运输者、接受者栏目的相关信息，包括危险废物的废物种类、废物代码、重量（数量）、形态、性质、移出者、运输者、接受者名称等情况，打印后将联单交付运输者随危险废物一起转移运行。

(4) 危险废物运输者经核对联单信息无误后，应当将危险废物连同打印的联单一起安全运抵联单载明的接受地点，交付危险废物接受者核实验收。

(5) 危险废物接受者对运抵的危险废物进行核实验收后，应当将打印的联单存档，并通过信息系统如实填写联单的接受者栏目相关信息，确认接收。

(6) 危险废物移出者在收到接受者的确认信息后，应当通过信息系统确认电子转移联单运行结束。

(7) 当需要运行纸质转移联单时，危险废物移出者、运输者和接受者应当在纸质联单上签字确认。

(8) 危险废物纸质转移联单（包括电子转移联单的打印联、转移信息台账记录）保存期限一般为危险废物利用或者处置完毕后3年。危险废物电子转移联单数据应永久保留。

危险废物转移联单（样式）

联单编号：（省级环保部门统一编号）

1. 批准转移决定文号（仅跨省转移时需要）：		2. 应急联系电话（移出者填写）	

第一部分　移出者填写

3.1 单位名称（公章）			
3.2 地址			
3.3 联系人		3.4 联系电话	
4.1 运输单位 1 名称：			
4.1.1 联系人	4.1.2 联系电话	4.1.3 道路运输证号	
4.2 运输单位 2 名称：			
4.2.1 联系人	4.2.2 联系电话	4.2.3 道路运输证号	
5.1 接受者名称：			
5.2 接受者地址：			
5.3 接受者危险废物经营许可证号：			
5.4 联系人		5.5 联系电话	

6. 废物名称	废物代码	形态	性质	包装类型	包装数量	废物重量（数量）

7. 备注：

8.1 移出者声明：我申明，本转移联单填写的信息是真实的，正确的。拟转移危险废物已按照相关法律和标准确定了运输者和接受者，并进行了包装和标识。

8.2 产生单位/移出者移出日期	年　月　日	8.3 经办人签名	

第二部分　运输者填写

9.1.1 运输者 1 接收日期	年　月　日	9.1.2 经办人签名	
9.2.1 运输者 2 接收日期	年　月　日	9.2.2 经办人签名	

第三部分　接受者填写

10.1 是否存在重大差异：数量□　形态□　性质□　无□　其他□：			
10.2 接受者处理意见	接收□　拒收□　其他□		
10.3 危险废物利用处置方式：		10.4 经办人签名	
10.5 日期	年　月　日	10.6 接受者公章	

图 5.6-6　危险废物转移联单

（三）处置技术

（1）腐蚀性废物应先通过中和法进行预处理，然后再采用其他方式进行最终处置。

（2）有毒性废物可选择解毒处理，也可选择焚烧或填埋等处置技术。

（3）易燃性废物宜优先选择焚烧处置技术，并应根据焚烧条件选择预处理方式。

（4）反应性废物宜先采用氧化、还原等方式消除其反应性，然后进行焚烧或填埋等处置。

(5) 感染性废物（医疗废物）应选择能够杀灭感染性病菌的处置技术，如焚烧、高温蒸汽灭菌、化学消毒、微波消毒等。

思考题

1. 针对管道输送企业污染物排放实际情况，可以采取哪些措施使管道输送企业污染物确保达标排放？
2. 如何能够更好地与环境影响评价有机结合，使环境影响评价能够切实起到指导生产运行的作用？
3. 管道输送企业排污主要有哪几个方面？
4. 管道输送企业清洁生产的主要途径有哪些？
5. 如何更好地管控重大环境风险？
6. 危废处置过程中应注意哪些关键点？

第六章 职业卫生

第一节 职业病基本知识

一、相关定义

（1）职业病是指企业、事业单位和个体经济组织等用人单位的劳动者在职业活动中，因接触粉尘、放射性物质和其他有毒、有害因素而引起的疾病。

（2）职业病危害因素是指对从事职业活动的劳动者可能导致职业病的各种危害。

（3）职业禁忌征是指劳动者从事特定职业或者接触特定职业病危害因素时，比一般职业人群更易于遭受职业病危害和罹患职业病或者可能导致原有自身疾病病情加重，或者在从事作业过程中诱发可能导致对他人生命健康构成危险的疾病的个人特殊生理或者病理状态。

二、职业接触限值

劳动者在职业活动过程中长期反复接触，对接触者的健康不引起有害作用的容许接触水平，是职业性有害因素的接触限制量值。

（1）时间加权平均容许浓度（PC-TWA）是指以时间为权数规定的8h工作日、40h工作周的平均容许接触水平。

（2）短时间接触容许浓度（PC-STEL）是指在遵守PC-TWA前提下容许短时间（15min）接触的浓度（1个工作日内，任何一次接触不得超过的15min时间加权平均的容许接触水平）。

（3）最高容许浓度（MAC）是指在1个工作日内，任何时间均不应超过的瞬间浓度。

（4）超限倍数（EL）是指任何一次短时间（15min）接触的浓度均不应超过PC-TWA的倍数值。

化学有害因素的职业接触限值包括时间加权平均容许浓度、短时间接触容许浓度和最高容许浓度3类。物理因素职业接触限值包括时间加权平均容许限值和最高容许限值。

第二节 职业病危害因素识别和检测

通过识别，管道输送企业目前主要涉及噪声、溶剂汽油、电焊烟尘、锰及其无机化合物、微波等23种职业病危害因素。识别到可能涉及的职业病危害因素和职业病种类如表6.2-1所示。

表6.2-1 管道输送企业职业病危害因素和职业病种类概况

序号	职业病危害因素名称	可能造成的职业病
一、粉尘类		
1	电焊烟尘	电焊工尘肺
二、放射性物质类		管道公司无
三、化学物质类		
1	汽油	汽油中毒
2	苯、甲苯、二甲苯	中毒、白血病
3	一氧化碳、硫化氢	中枢神经系统疾病
4	氯、氨	慢性阻塞性肝病
5	四氯化碳	中毒性肝病
6	窒息性气体：一氧化碳、硫化氢等	窒息
7	金属类金属化合物：锰及其化合物	锰及其化合物中毒（焊接）
四、物理因素		
1	高温	中暑
2	紫外线（电焊弧光）	白内障
3	工频电场	
4	微波	神经系统疾病、白内障
五、生物因素：血吸虫病毒		在血吸虫疫区、湿地管道巡检或抢修作业
六、导致接触性皮炎的危害因素		
1	乙醇、润滑油	接触性皮炎、痤疮
2	导致电光性皮炎的危害因素：紫外线	电光性皮炎（焊接作业）
七、导致职业性眼病的危害因素		
1	导致电光性眼炎的危害因素：紫外线	电光性眼炎（焊接）
2	导致职业性白内障的危害因素：放射性物质	职业性白内障（放射性探伤）
八、导致职业性耳鼻喉口腔疾病的危害因素		
1	导致噪声聋的危害因素：噪声	噪声聋
九、职业性肿瘤的职业病危害因素		管道公司无

其他危害因素还有：二氧化氮、臭氧、丙酮、三氯甲烷、四氯乙烯、一氧化氮等。

一、职业病危害因素识别和评价

管道输送企业因业务范围的特殊性，在识别和评价职业病危害因素时应考虑如下因素：

(1) 职业病危害因素的识别范围覆盖输油气生产、施工、运营全过程；

(2) 充分结合生产工艺、生产设备及防护设施的完好程度；

(3) 考虑到可能泄漏逸散到工作场所的有害物质、接触方式、暴露时间、职业接触浓度（强度）等；

(4) 职业健康危害因素识别范围应包括：常规活动、非常规活动，所有进入现场工作人员，所有设施、设备，主要包括：新、改、扩建项目（包括设计、施工、投入生产过程），新工艺、新设备、新材料的投用，输油生产过程中所涉及的物质状态及各操作岗位、管理岗位、施工现场人员的活动等；

(5) 每年应对职业病危害因素进行重新识别评价并发布，如有变化应予以更新变更。

二、职业病危害因素作业场所卫生检测

（一）检测主要内容

根据主要存在的危害因素检测工作场所空气中毒物浓度、粉尘浓度，工作场所物理因素的检测和生物材料的检测。

（二）检测类型

包括日常检测、评价检测、职业病危害事故检测和监督检测。

职业病危害因素检测评价工作由取得省级以上安监部门颁发的具备乙级以上资质的职业卫生技术服务机构承担。

（三）职业病危害场所（岗位）的划分

凡是产生职业病危害因素的部位都可以成为一个职业性危害场所，包括动设备、实验室、化验室、油罐呼吸孔等；抢维修焊接作业场所、清管作业、放射性探伤作业等生产性有害因素污染的作业场所都可划分成为职业性危害场所。

（四）职业卫生检测点的设立

应选定有代表性的工作地点，其中应包括有害物质浓度最高、劳动者接触时间最长的工作点；空气检测在不影响劳动者工作运行的情况下，空气收集器应尽量接近劳动者工作点。

（五）检测周期

(1) 日常检测（企业自行检测并作好记录）

毒物检测：高毒物品每月 1 次；一般毒物每季度 1 次。

噪声检测：每半年 1 次。

(2) 评价机构检测

存在职业病危害的用人单位应当按照相关法律法规规定，委托具有相应资质的职业卫

生技术服务机构，每年对工作场所至少进行1次职业病危害因素检测、评价。

（六）不合格检测点和不合格岗位的判定

岗位噪声8h工作日、40h工作周等效声级超过85dB（A）即为不合格。

与管道公司相关物质的允许浓度如表6.2-2和表6.2-3所示，工作场所化学和物理有害因素职业接触限值及详细要求参考GBZ 2—2007《工作场所有害因素职业接触限值》中规定。

表6.2-2 工作场所空气中化学物质容许浓度

序号	中文名	OELs/(mg/m³)		
		MAC	PC-TWA	PC-STEL
1	氨	—	20	30
2	苯	—	6	10
3	二甲苯	—	50	100
4	硫化氢	10	—	—
5	氯	1	—	—
6	一氧化碳	—	20	30

表6.2-3 工作场所空气中粉尘容许浓度

序号	中文名	PC-TWA/(mg/m³)	
		总尘	呼尘
1	电焊烟尘	4	
2	滑石粉尘	3	1
3	煤尘	4	2.5

（七）检测结果和报告

在查看检测结果和报告时重点关注和注意以下内容：

（1）将检测数据和评价报告及时更新到职业健康档案中，并按要求在HSE信息系统中填报数据和相关报表；

（2）原始记录至少保存3年，检测结果报告书保存15年以上，凡国家规定的统计报表等重要资料须永久保存；

（3）检测结果定期向所在地相关管理部门报告并向劳动者公布。应在作业地点设置职业病危害因素检测点公告牌，噪声作业检测点应根据检测结果注明最长停留时间。

（八）现场采样的防护

检测或者评价人员进入现场必须佩戴安全帽、工作服、防护手套、防护眼镜、防毒面罩等相关防护用品，按要求佩戴好劳保用品。

（九）问题整改

发现工作场所职业病危害因素不符合国家职业卫生标准和卫生要求时，应当立即采取相应治理措施，仍然达不到国家职业卫生标准和卫生要求的，必须停止存在职业病危害因素的作业;职业病危害因素经治理后,符合国家职业卫生标准和卫生要求的,方可重新作业。

第三节 职业病防护措施

一、前期预防

(一)总体布局要求

(1)厂房建筑方位应能使室内有良好的自然通风和自然采光,产生噪声、振动的厂房设计和设备布局应采取降噪和减振措施。

(2)生产布局合理,符合有害无害作业分开的原则。

(3)生产区宜选在大气污染物扩散条件好的地段,布置在当地全年最小频率风向的上风侧;非生产区布置在当地全年最小频率风向的下风侧;辅助生产区布置在两者之间。

(4)有配套的更衣间、洗浴间、孕妇休息间等卫生设施。

图6.3-1为某站库布局图。

图6.3-1 某站库示意图

(二)职业危害申报

存在或者产生职业危害的单位,每年应及时、如实向相关管理部门申报职业危害。主要包括以下几方面:

(1)生产经营单位的基本情况;

(2)产生职业危害因素的生产技术、工艺和材料的情况;

(3)作业场所职业危害因素的种类、浓度和强度的情况;

(4)作业场所接触职业危害因素的人数及分布情况;

(5)职业危害防护设施及个人防护用品的配备情况;

(6)对接触职业危害因素从业人员的管理情况;

(7)法律、法规和规章规定的其他资料。

如若发生变更,应按规定向相关部门申报变更。

（三）危害标识与告知

1. 对职业病危害设备和因素作警示说明

可能产生职业病危害的设备，应当提供中文说明书，并在设备的醒目位置设置警示标识和中文警示说明，图 6.3-2 为硫化氢职业危害告知牌。警示说明应当载明设备性能、可能产生的职业病危害、安全操作和维护注意事项、职业病防护以及应急救治措施等内容。

2. 职业病危害因素告知

（1）岗前告知：签订合同时，应将工作过程中可能产生的职业危害及其后果、职业危害防护措施和待遇等如实告知。

（2）现场告知：在站队、车间生产现场醒目位置设置公告栏，如图 6.3-3 所示，公布有关职业危害防治的规章制度、操作规程、职业危害事故应急救援措施以及作业场所职业危害因素检测和评价的结果。

（3）检查结果告知：体检结果应如实告知员工本人，员工应书面确认被告知，签字存档。员工离开单位时，如索取本人职业健康监护档案复印件，单位应如实、无偿提供，并在所提供的复印件上签章。

表 6.3-1 列举了几种安全标识的范本。

表 6.3-1 安全标识

名称及图形符号	标识种类	设置范围和地点
救援电话	提示标识	救援电话附近
戴防护镜	指示标识	对眼睛有危害的作业场所。例如化验室等
戴防尘口罩	指示标识	粉尘浓度超过国家标准的作业场所。例如电气焊作业、喷砂除锈作业等
当心有毒气体	警告标识	存在有毒气体的作业场所

续表

名称及图形符号	标识种类	设置范围和地点
噪声有害 	警告标识	产生噪声的作业场所，管道输送企业泵区是主要的噪声超标场所
禁止停留 	禁止标识	在特殊情况下，对劳动者具有直接危害的作业场所
禁止启动 	禁止标识	可能引起职业病危害的设备暂停使用或维修时，如设备检修、更换零件等
安全出口 	提示标识	安全疏散的紧急出入口，通向紧急出口的通道处
急救站 	提示标识	用人单位设立的紧急医学救助场所

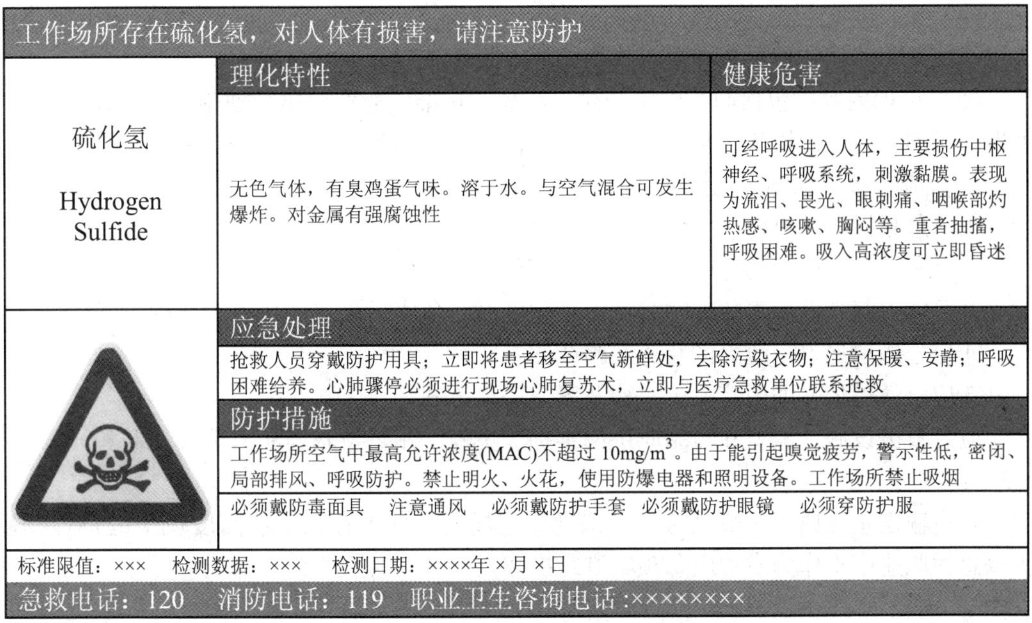

工作场所存在硫化氢，对人体有损害，请注意防护		
硫化氢 Hydrogen Sulfide	理化特性	健康危害
	无色气体，有臭鸡蛋气味。溶于水。与空气混合可发生爆炸。对金属有强腐蚀性	可经呼吸进入人体，主要损伤中枢神经、呼吸系统，刺激黏膜。表现为流泪、畏光、眼刺痛、咽喉部灼热感、咳嗽、胸闷等。重者抽搐，呼吸困难。吸入高浓度可立即昏迷
	应急处理	
	抢救人员穿戴防护用具；立即将患者移至空气新鲜处，去除污染衣物；注意保暖、安静；呼吸困难给氧。心肺骤停必须进行现场心肺复苏术，立即与医疗急救单位联系抢救	
	防护措施	
	工作场所空气中最高允许浓度(MAC)不超过 $10mg/m^3$。由于能引起嗅觉疲劳，警示性低，密闭、局部排风、呼吸防护。禁止明火、火花，使用防爆电器和照明设备。工作场所禁止吸烟 必须戴防毒面具　注意通风　必须戴防护手套　必须戴防护眼镜　必须穿防护服	
标准限值：×××　检测数据：×××　检测日期：××××年×月×日		
急救电话：120　消防电话：119　职业卫生咨询电话：××××××××		

图 6.3-2　职业危害因素告知牌

×××职业病危害公告栏								
主要职业病危害因素	岗位（场所）	健康危害	应急处理	防护措施	接触限值	检测结果	检测日期	检测机构名称
噪声		可引起头痛头晕、记忆力减退、睡眠障碍等神经衰弱症状；长时间无防护措施的接触，会引起暂时性听觉障碍，甚至双耳对称性、永久性听觉损失		佩戴个体防护用品：耳塞、耳罩等；远离噪声作业环境				
电焊烟尘		长期吸入可引起电焊工尘肺，表现为咳嗽、呼吸困难等呼吸系统症状；更有甚者有失眠多梦、尿锰超标等锰中毒症状		作业时站上风处；佩戴个体防护用品；防尘面罩、护目镜等；定期体验				
溶剂汽油		可经呼吸道、皮肤黏膜吸收进入人体，短期大剂量能引起急性中毒，长期小剂量会至慢性职业中毒。急性中毒以神经或精神症状为主；慢性中毒主要表现为神经衰弱综合症、植物神经功能紊乱等。另外还会损伤皮肤引起接触性皮炎	急性中毒：应迅速脱离现场至空气新鲜处，清除皮肤污染、脱去污染的衣物；立即联系专业医疗急救单位	佩戴个体防护用品：防毒面罩、护手套等；强制通风				

安全生产　以人为本　预防为主　持续改进

图 6.3-3　职业危害公告栏

二、劳动过程中的职业病防护与管理

日常管理中应重点关注以下几项内容。

（1）设置职业卫生管理机构，配备专职或者兼职的职业卫生人员负责职业病防治工作。

（2）注重落实和修订职业卫生防治制度和操作规程。

（3）化验室须设置通风橱和机械通风设施。

（4）劳动者进行上岗前（及转岗）的职业卫生培训和在岗期间的定期职业卫生培训，能正确使用职业病防护设备和个人使用的职业病防护用品。

（5）培训内容应包括职业健康法律、法规与标准，职业健康管理制度和操作规程，发生事故时的应急救援措施、基本技能等职业健康基本知识。

（6）应急救援预案应包括下列内容：

①应急救援组织机构、工作职责、通讯方式等；

②易发生急性中毒的生产装置、要害部位；

③可能引起急性中毒的毒物名称、理化性质、危害后果、现场急救原则；

④应急撤离通道、泄险区及急救路线图；

⑤应急救援依托的医疗卫生机构及紧急联络方式。

应急救援设施、器材和药品应定期维护、更新。站场急救药品清单（急救箱）参见表6.3-2。

管道输送企业属于一般风险，经识别作业场所目前不存在中、高度风险的毒性物质，所以急性职业中毒作为专项应急预案进行准备。

表6.3-2　站队急救药箱参考配备清单

序号	名称	规格	数量
1	三角巾	960cm×960cm×1360cm	2
2	医用绷带	7.5cm×4000cm	4
3	治疗巾	10cm×10cm-8层	4
4	安全别针		4
5	创可贴	1.8cm×7cm	20
6	剪刀	150cm	1
7	镊子	10.2cm	1
8	EHS乳胶手套		2
9	酒精棉片		20
10	消毒密封的纱布片	5cm×5cm-8层	10
11	消毒密封的纱布片	10cm×10cm-8层	10
12	医用胶带	1.25cm×910cm	1
13	止血带	2.5cm×46cm	1
14	冷敷袋		1
15	热敷袋		1
16	口服补液盐（中暑、腹泻补充体液）	小袋	10
17	生理盐水	500ml	1
18	诺氟沙星眼药水	5ml	2
19	烧伤膏		1
20	消毒液（碘伏）	250ml	1
21	仁丹（防暑药）		1
22	消毒的眼垫（或密封中号消毒纱布块儿）	片	5
23	袖珍手灯	个	1
24	急救说明书		1
25	急救手册		1

三、职业病危害控制重点措施

（一）高毒物品

涉及管道输送企业的高毒物品有：氨、苯、二氧化氮、硫化氢、氯、锰及其化合物、一氧化碳等。重点要对管道、阀门、设备等易发生跑、冒、滴、漏的生产设备要加强维修和管理。生产过程要加强密闭、通风。对应急使用的过滤式防毒面具或供氧（空气）呼吸防护器应配备专用记录卡，以便记明药罐（盒）或供气瓶的最后检查和更换日期，以及已用过的次数等。同时，进入高风险区域巡检、仪表调校、采样、油罐切水等作业时，作业人员应佩戴相应的防护用品，携带便携式报警仪，2人同行，1人作业，1人监护。

（二）高温场所

气温等于或高于35℃称为高温，高温作业中间休息不得少于15min。预防中暑可以采取合理安排工作时间、轮换作业、适当增加高温作业人员的休息时间和减轻劳动强度、发放防暑降温清凉饮料、降温品和补充营养、减少高温时段室外作业等措施，图6.3-4为高温现场采取的几种人员防护措施。特别注意劳动者从事高温作业和高温天气作业的，依法享受岗位津贴。

如员工发生中暑现象，应使其迅速脱离高温现场，到通风阴凉处休息或迅速予以物理降温，并给予含盐清凉饮料或药物降温。病情严重的即可送往医院治疗。

图6.3-4 高温现场应采取的人员防护措施

（三）密闭空间作业

进入密闭空间作业从职业卫生管理角度考虑最重要的是提供符合要求的监测、通风、通信、个人防护用品设备、照明、安全进出设施以及应急救援和其他必须设备，并保证所有设施的正常运行和劳动者能够正确使用。在进入密闭空间作业期间，至少要安排1名监护者在密闭空间外持续进行监护。

（四）噪声监护

岗位等效声级大于或等于80dB的员工及存在噪声85dB的设备、作业场所必须实施听力保护措施。噪声监护应首先考虑工程控制措施，从源头控制作业场所的噪声强度，同时重点加强接触噪声作业人员现场护耳器佩戴的监督与管理。

（五）硫化氢防护

1. 物理特性

硫化氢是无色有臭鸡蛋气味的有毒可燃气体，比空气重，能在较低处扩散到相当远的地方。若处于高浓度（高于 100mg/m³）的硫化氢环境中，人会由于嗅觉神经受到麻痹而快速失去嗅觉，所以其气味不应用作一种警示方法。其毒作用的主要靶器是中枢神经系统和呼吸系统，亦可伴有心脏等多器官损害。图 6.3-5 为硫化氢的性质及危害。硫化氢：1ppm（体积浓度）≈1.52mg/m³（质量浓度）。

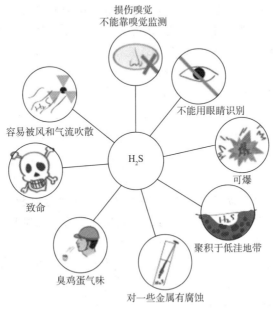

图 6.3-5　硫化氢的性质及危害

2. 分布

管道输送企业近年来接卸、储存及输送的高含硫化氢油品主要有伊重、科威特、沙重、杰诺、科威特等原油。在部分伊重油船舱中检测出高浓度硫化氢（气相最高达 30000ppm）。大部分船舱中硫化氢气相浓度为 3000~4000ppm，液相浓度为 20~50ppm。

硫化氢防护工作的重点环节或部位主要为收发球、排气、死油段带油管线切割及密闭空间（指在输油站库范围内，与外界相对隔离、进出口受限、雨水及泄漏物可在其中存积或流动的有限空间，如储罐、污油罐、污油池、排水沟、管沟、暗涵、泵房、计量间等）等。

3. 现场管理

在可能有硫化氢泄漏的工作场所应设置固定式硫化氢检测报警仪。固定式硫化氢检测报警仪表低位报警点应设置在 10mg/m³，高位报警点均应设置在 30mg/m³。上述场所操作岗位应配置便携式硫化氢检测报警仪，其低位报警点应设置在 10mg/m³，高位报警点均应设置在 30mg/m³。凡进入装置必须随身携带硫化氢报警仪；在生产波动、有异味产生、有不明原因的人员昏倒及在隐患部位活动时，均应及时检测现场浓度。

硫化氢检测报警仪在低位报警点发生报警时，作业人员应检查泄漏点并准备防护用具。在高位报警点报警时，作业人员应佩戴防护用具方可进入作业现场并向上级报告，同时疏散下风向人员，禁止用火等作业，及时查明泄漏原因并控制泄漏。抢救人员进入戒备状态。硫化氢浓度持续上升而无法控制时，要立即疏散人员并实施应急方案。

4. 事故案例学习

某油田公司化工厂硫化氢中毒事故

事故基本经过：2017年，某油田化工厂维修队维修工张某，在加氢重整车间催化重整装置二层平台（距地面5.4m）管廊上，拆除脱硫系统酸性气管线（DN100）出装置界区盲板时，酸性气管线中硫化氢逸出，张某中毒晕倒。地面监护人发现后，立即呼救。加氢重整车间安全主任监督杨某佩戴过滤式防毒面具前往施救。杨某将张某拖至二层平台楼梯口后，又返回作业点查看泄漏情况时，中毒晕倒在管廊上。2人被救出后送往医院抢救。杨某经抢救无效死亡，张某脱离危险。

事故原因（与职业卫生相关）：

(1) 高风险作业安全管理制度执行不力。按照企业《盲板抽堵作业安全管理规定》，"作业人员在介质为有毒有害、强腐蚀性的情况下作业时，必须佩戴便携式气体检测仪，佩戴空气呼吸器等个人防护用品"。而此次作业过程中，作业人员未佩戴气体检测仪和空气呼吸器，冒险作业，导致中毒事故。

(2) 硫化氢防护教育培训存在漏洞。按照企业《硫化氢防护安全管理规定》，在发生介质泄漏、浓度不明的区域内应使用隔离式呼吸保护用具。此事故中救援人员错误使用过滤式防毒面具，暴露出硫化氢防护培训还有漏洞。

(3) 作业安全风险分析流于形式。在酸性气管线上进行盲板抽堵作业，却没有识别出阀门内漏、硫化氢中毒事故风险。

（六）血吸虫病预防及控制管理

血吸虫病防治工作重点是在血吸虫疫区须妥善处理好螺土、并适当扩大环境改造灭螺覆盖范围；在工作场所有钉螺的洲滩等地带和血吸虫病易感地带设立醒目的警示标识；为员工提供安全、卫生的用水条件，禁止未经无害化处理的粪便直接进入水体；为工作中接触疫水的员工服用抗血吸虫基本预防药物；对员工培训血吸虫病的危害、后果及防护等内容并每年对血吸虫病防治地区的员工进行上岗前、在岗期间和离岗时的血吸虫病专项体检，做到早发现、早诊断、早治疗、早报告。

第四节 职业健康监护

每年应依据国家职业卫生标准 GBZ 188—2014《职业健康监护技术规范》、开展职业健康体检。重点体检岗位为调度岗、输油工、热力司炉、驾驶员、计量工、化验工、技术管理、管道工、电气焊工、电工、综合运行、综合计量、消防泵工、维修电工、仪表工、探伤工、消防员等。管道输送企业常见的职业危害因素及体检周期见附录4。

一、体检种类

(1) 上岗前检查：对将要从事有害作业人员（包括转岗员工），应在其从业前针对可能接触的有害因素进行健康检查。

(2) 在岗期间检查：对从事有害作业的员工在岗期间按一定间隔时间（周期1年）

进行检查。

(3) 离岗检查：对接触职业病危害的员工调离岗位、解除或终止劳动合同时应进行职业健康检查。检查人员如最后一次在岗期间的健康检查是在离岗前的 90 日内，可视为离岗检查。离岗时未进行职业健康检查的员工，不得解除或终止与其订立的劳动合同。

(4) 应急性检查：工作场所发生危害员工健康的紧急情况时，对遭受急性职业病危害的员工，进行健康检查和医学观察。

二、体检结论

体检结论可分为 5 种：

(1) 目前未见异常：本次职业健康检查各项检查指标均在正常范围内；

(2) 复查：检查时发现与目标疾病相关的单项或多项异常，需要复查确定者，应明确复查的内容和时间；

(3) 疑似职业病：检查发现疑似职业病或可能患有职业病，需要提交职业病诊断机构进一步明确诊断者；

(4) 职业禁忌证：检查发现有职业禁忌的患者，需写明具体疾病名称；

(5) 其他疾病或异常：除目标疾病之外的其他疾病或某些检查指标的异常。

三、职业禁忌证、职业病患者的处理

(1) 对于体检中发现的职业禁忌证人员，要及时调离，妥善安置。

(2) 疑似职业病患者要及时进行诊断、治疗、安置；对于确诊的职业病患者，依法享受国家规定的职业病待遇。

四、档案管理

（一）职业健康监护档案

职业健康监护档案内容主要包括：员工健康基本情况、既往病史、急慢性职业病史、婚姻生育史、个人史、家族史、职业史、职业健康检查结果、职业病诊断情况等。

（二）职业卫生管理档案

职业卫生管理档案内容主要包括：企业基本情况概述，职业健康管理组织机构和责任制档案，有关职业病防治工作的法律法规清单，本单位职业健康管理制度、操作规程等，职业病危害因素种类清单、岗位分布及作业人员接触情况，作业场所职业病危害因素检测记录、分析评价报告，员工个体防护用品配备清单和使用维护情况，教育培训情况，职业卫生安全许可证、职业病危害项目申报档案等。

五、急救

（一）触电急救

触电急救最关键的是动作要迅速敏捷，使触电者在最短时间内脱离电源。

第一步，使触电者脱离带电体。若是低压触电，应立即切断电源或用有绝缘性能的木棍挑开触电者身上的带电物体。救护者不能接触触电者的皮肤。若是高压触电，则立即通知相关部门停电，不能及时停电的，可抛掷裸金属线，使线路短路接地，迫使保护装置动作，断开电源。

第二步，应根据触电者的具体情况，迅速对症救护，图6.4-1为触电休克人员现场急救示意图。一般人触电后，会出现神经麻痹、呼吸中断、心脏停止跳动等征象，但这不是死亡。触电急救现场应用的主要救护方法是人工呼吸法和胸外心脏挤压法。

图6.4-1 触电休克人员应及时进行现场急救

（二）化学危险品伤害急救

1. 气体中毒

迅速将伤员搬离现场，搬至安全、空气流通的场所，松开领口、紧身衣服和腰带，使毒物最大限度地排出体外。同时实时观察伤者病情，等待医疗机构救援，图6.4-2为一氧化碳中毒现场急救示意图。

2. 毒物灼伤

应迅速除去伤者被污染的衣服、鞋袜，立即用大量清水冲洗（时间一般不能少于15~20min），也可用弱酸、弱碱性溶液清洗。

图6.4-2 一氧化碳中毒现场急救示意图

3. 口服非腐蚀性毒物

首先要催吐，若伤者神志清醒，能配合时，可先设法引吐。然后给患者饮温水300~500ml，反复进行引吐，直到吐出物已是清水为止。

（三）机械伤害急救

1. 休克、昏迷急救

工作现场的休克昏迷是由于外伤、剧痛、脑脊髓损伤等造成的，让休克者平卧、不用枕头，腿部抬高30°。若属于心源性休克同时伴有心力衰竭、气急，不能平卧时，可采用半卧，注意保暖和安静，尽量不要搬动，如必须搬动时，动作要轻。

2. 骨折急救

对于骨折伤者，正确固定是最重要的。骨折的现场固定方法如下：

（1）固定断骨的材料可就地取材，如棍、树枝、木板、拐杖、硬纸板等都可作为固定材料，长短要以能固定住骨折处上下两个关节或不使断骨错动为准；

（2）脊柱骨折或颈部骨折时，除非是特殊情况如室内失火，否则应让伤者留在原地，等待携有医疗器材的医护人员来搬动；

（3）抬运伤者，从地上抬起时，要多人同时缓缓用力平托，运送时，必须用木板或硬材料，不能用布担架或绳床，木板上可垫棉被，但不能用枕头，颈椎骨骨折伤者的头须放正，两旁用沙袋将头夹住，不能让头随便晃动。

3. 严重出血的急救

出血的伤者，正确并及时地止血最重要。

（1）一般止血法：一般伤口小的出血，先用生理盐水涂上红药水，然后盖上消毒纱布，用绷带较紧地包扎。

（2）严重出血时，应使用压迫带止血法。这是一种最基本、最常用、也是最有效的止血方法。适用于头、颈、四肢动脉大血管出血的临时止血。即用手指或手掌用力压住比伤口靠近心脏更近部位的动脉跳动处（止血点）。只要位置（图6.4-3）找的准，这种方法能马上起到止血作用。

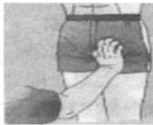

图6.4-3 止血点的位置

（3）止血带止血法适用于四肢大血管出血，尤其是动脉出血。用止血带（一般用橡皮管，也可以用纱巾、布带或绳子等代替）绕肢体绑扎打结固定，或在结内（或结下）穿一根短木棒，转动此棒，绞紧止血带，直到不流血为止，然后把棒固定在肢体上。在绑扎和绞止血带时，不要过紧或过松，过紧会造成皮肤和神经损伤，过松则不能起到止血作用。

用这种方法有造成受伤肢体缺血而引起组织坏死的危险，所以，要注意以下几点：

①止血带不能直接和皮肤接触，必须先用纱布、棉花或衣服垫好；

②扎好止血带后，要尽快向医院转送，在转送中，要每隔1h松解1~2min，以暂时恢复血液循环，然后在另一稍高的部位扎紧；

③扎止血带的部位不要离出血点太远，以避免使更多的肌肉组织缺血、缺氧，一般绑止血带的位置是上臂或大腿上三分之一处。

（四）硫化氢中毒急救

1. 脱离毒气现场

将中毒人员移离事故现场至上风向的安全地带，如图6.4-4所示，以免毒物继续侵入。吸入中毒者，立即送到空气新鲜处，保

图6.4-4 向上风向转移

持呼吸道通畅，吸氧。对已经过抢救，病情减轻的伤员，应密切观察病情变化。

2. 报警

使用防爆手机进行通信报警（图6.4-5），或者按动警报器，如果警报器在毒气区或附近没有合适警报系统，就大声警告在毒气区的人员。

3. 判断

对现场情况做出正确判断，为现场救援提供依据。

4. 佩戴呼吸装置

在最近安全地区寻找一个可用的呼吸器，按照所要求的佩戴程序带好呼吸器，如图6.4-6所示。

图6.4-5　及时拨打报警电话

图6.4-6　正确佩戴空呼

5. 使伤员脱离毒气区

救护人员可根据病情迅速进行现场分区、伤员分类，以提高抢救成功率。救护人员做好自我保护，如佩戴防毒面具、防护服等。

中毒者的搬离办法参考图6.4-7。

(a)两人抬四肢法

(b)拖两臂法

图6.4-7　中毒者的搬离办法

6. 现场救护伤员

一旦进入安全地带,就要对中毒者全身仔细检查,看有无受伤,如果需要,立即进行心肺复苏术,直至自主呼吸。在救护车到达之前,密切关注中毒者。

7. 同时取得医疗帮助

向最近的医院请求医疗帮助,继续救护和监视,直到救护人员赶到。

(五) 胸外心脏按压法

胸外心脏按压操作方法:

(1) 患者体位:患者仰卧于坚固而平整的表面上;

(2) 身体姿势:双膝跪于病人胸侧,面向病人,双臂伸直,双掌重叠,按压深度达4~5cm;

(3) 按压部位:手臂与病人胸骨垂直,手侧掌根压在胸骨上2/3与下1/3交界处,上半身可向前倾斜,利用上半身的体重和肩、臂肌肉的力量,垂直向下按压;

(4) 按压频率:按压必须平稳而有规律地进行,不能间断,以100次/min的频率按压,按压与放松时间各半。

心脏按压注意事项:

(1) 按压时用力适当(用力过猛,则易引起肋骨骨折);

(2) 按压节律要均匀规律,不能间断,两手掌应交叉放置,抢救者要借助于躯干的力量,否则会因体力不支而前功尽弃;

(3) 抢救已着手进行,心跳未恢复前,当中暂停不宜超过10~15s。

(六) 人工呼吸法

人工呼吸操作方法:

(1) 首先打开病人气道并捏紧其鼻翼下端;

(2) 急救者吸1口气,张开嘴巴完全把病人的嘴巴包住;

(3) 向病人口内缓慢持续吹气(吹气量约600~800ml),每次吹气时观察到病人胸部上抬即可;

(4) 开始应连续2次吹气,以后每隔5s吹1口气,相当于10~12次/min;

(5) 每次吹气后,放开鼻孔待病人呼气,病人胸腹部下陷,急救者吸入新鲜空气,准备下一次吹气。

(七) 心肺复苏术 (CPR)

一旦呼吸和心脏跳动都停止了,应当同时进行口对口人工呼吸和胸外挤压,如现场仅一人抢救,可以两种方法交替使用。抢救要坚持不断,切不可轻率终止,运送途中也不能终止抢救。操作方法总结如下:

(1) 评估现场,通过施救者看、听、闻、思考确保环境安全;

(2) 判断病人有无意识,有呼吸侧卧体位,等待救援;

(3) 呼救(他人帮助拨打120);

(4) 清除口腔异物、通畅呼吸道;

(5) 胸外心脏按压30次;

(6) 打开气道；

(7) 口对口人工呼吸2次；

(8) 首次抢救2min后，（约5次，30:2循环，检查脉搏和循环体征10s），而后每隔4~5min检查1次；

(9) 循环操作6~8直至成功或更有能力的人员接替或确已死亡。

第五节 个体劳动防护用品管理

管道输送企业在各岗位主要配备了防噪声耳塞和耳罩、防毒口罩、安全帽、防护眼罩、空气呼吸器、防护服、阻燃服、各类足部防护鞋、夏季防暑药品、冬季护肤用品等个体防护用品。近年来结合输送进口高含硫、硫化氢原油较多的实际情况，按要求配备了硫化氢报警仪和相关防护器具。

一、劳动防护用品的选用和配备

应在全面识别作业过程中的潜在危险、有害因素的情况下，选用与作业环境风险相适应，能满足作业安全要求的劳动防护用品。常用劳动防护用品及其防护性见附表2。

生产过程中涉及的主要作业类别及其造成的主要事故类型以及各作业类别适用的劳动防护用品的说明见附录5。

二、劳动防护用品使用及相关要求

（一）头部防护用品

包括普通安全帽和防寒安全帽。使用之前目测检查安全帽的帽体和束带是否出现裂纹、脆弱、受损。出现上述情况的安全帽应当立即更换。戴安全帽需系紧下颌搭扣，如图6.5-1所示，长发女工在佩戴安全帽时应将长发放入帽中。应按如下区域划分使用不同功能的安全帽：

图6.5-1 安全帽佩戴示意图

(1) 进入输油站（库）生产区、管道线路施工和抢修作业现场等工程作业现场应佩戴普通安全帽；

(2) 有碎屑飞溅的作业应佩戴普通安全帽；

(3) 电工维修作业时应佩戴电业用安全帽。

（二）眼面部防护用品

包括防冲击护目镜，电、气焊用眼防护用品，防电弧用眼防护用品，洗眼设备等。在站场，原油计量化验室应配备1台洗眼设备，如图6.5-2所示；输油站（库）以下场所应使用护目镜：

(1) 在运行泵机组区域进行巡检作业；

(2) 在压缩机工房进行巡检作业；

(3) 施工工地作业环境有铁屑、灰沙、碎石、颗粒等物体飞溅、下落场所；

(4) 压力容器存在油气介质泄漏、喷溅场所；

(5) 高低压电气作业。

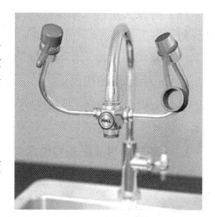

图6.5-2 洗眼器

（三）听觉器官防护用品

包括耳塞和耳罩。长期在85dB（A）以上或短时在115dB（A）以上环境中工作时应使用听觉器官防护用品。可能的场所或作业有：

(1) 在压缩机房、输油泵房、电机间、锅炉房、风机房等作业；

(2) 手持振动机械作业。

（四）身体防护用品

分为特殊防护服和一般作业服两类。用于保护人员免受劳动环境中的物理、化学因素的伤害。常见的有夏季、冬季和春秋工服。

1. 应使用身体防护用品的场所

(1) 进入输油站（库）生产区（阀室）。

(2) 在管道线路施工和抢修作业现场。

(3) 管道线路上巡查。

(4) 其他可能伤及身体的场所

2. 使用身体防护用品的要求

(1) 在生产区和施工作业现场要正确穿工作服，系好纽扣，禁止卷起袖子或裤腿。

(2) 进入火灾类事件、事故现场紧急救援时需穿戴防火服、防化服。

(3) 深水上作业、抢险救援或演练时需穿戴救生衣。

(4) 焊接和切割，穿戴皮制垫肩、套袖。

（五）脚部防护用品

主要包括防砸、防刺穿、绝缘、防静电、防化学、耐油、防滑、防冻鞋等。应按如下区域划分使用不同功能的鞋子：

(1) 输油站（库）运行人员应穿防静电工作鞋；

（2）电气抢维修人员在变电场所作业时应穿防砸绝缘工作鞋；

（3）在水网地带血吸虫病疫区进行管道巡护时应穿工作靴；

（4）抢维修人员在易燃易爆场所进行抢维修作业时应穿防砸、防刺穿、防滑、耐油及防静电多功能工作鞋；

（5）外来人员进入输油站场应穿防静电工作鞋，进入生产区施工现场应穿防砸、防穿刺、防静电工作鞋；

（6）巡线工陆地工作时应穿防穿刺工作鞋。

（六）手部防护用品

手部防护用品包括一般防护手套、耐酸碱手套、电工绝缘手套、电焊手套、防 X 射线手套、防寒手套、防油手套等具有保护手和手臂的功能，供作业者劳动时戴用的手套。

1. 手部防护用品配备和使用要求

（1）喷砂时，配备皮革手套。

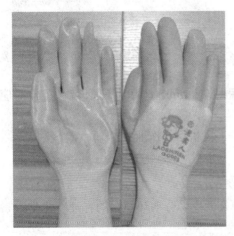

图 6.5-3 橡胶手套

（2）焊接和辅助作业配备长筒皮革手套（缝合线在手套里面，防止缝合线燃烧、炽热金属颗粒嵌入手套缝合线）。

（3）进行钢丝绳作业时应配备皮革手套。

（4）处理酸、腐蚀性物质（包括酸性电池）应配备氯丁/腈橡胶手套，如图 6.5-3 所示。

（5）带电作业应配备经过检验合格的绝缘手套。

（6）低温作业（液化气、氮、二氧化碳）时应配备相应的手套，高温作业（导热油）应配备相应的手套。

（7）在用有机溶剂作清洁剂时应配备防油橡胶手套。

（8）使用刀具作业时，应配备防切割的手套。

2. 手部防护用品使用场所

（1）在生产厂区内进行停用设备维护检修作业。

（2）在生产厂区和施工现场进行焊接和气割作业。

（3）在公司范围内进行起重作业和搬运重物的作业。

（4）其他可能伤及手部的场所。

（七）呼吸器官防护用品

呼吸器官防护用品按用途分为防尘、防毒、供气三类，按作用原理分为过滤式、隔绝式两类。

常见的为过滤式防毒面具、正压式空气呼吸器和供气式空气呼吸器。硫化氢浓度小于 $30mg/m^3$、管道和罐区巡检及逃生时应佩戴过滤呼吸防护用品，硫化氢浓度大于 $30mg/m^3$、氧气浓度低于 19.5% 或突发事件必须使用正压式呼吸防护用品或供气式空气呼吸器。

1. 过滤式防毒面具介绍

防毒面具（图6.5-4）佩戴：将面具盖住口鼻，然后将头带框套拉至头顶，用双手将下面的头带拉向颈后并扣住。滤毒罐易于吸潮失效，未使用时，不得打开罐盖和密封。使用过程中感到有毒气嗅闻或刺激，应立即停止使用，离开毒气区。使用过的滤毒罐应立即报废。

2. 正压式空气呼吸器介绍

正压式空气呼吸器的结构如图6.5-5所示。

图6.5-4　过滤式防毒面具图示　　图6.5-5　正压式空气呼吸器的结构图

（1）正压式空气呼吸器使用前应检查内容

①检查压力表是否回零，呼吸器各部件完好。

②检查气瓶压力：开气瓶阀，压力不低于28MPa。

③检查报警哨：关闭气瓶阀，按下供需阀按纽，慢慢放气，观察压力表，低于5MPa时（红色区）报警哨响，说明正常。

（2）正压式空气呼吸器使用方法

正压式空气呼吸器的佩戴步骤分为八步：一背、二挂、三整理、四开、五戴面罩、六试密封、七对接、八正常呼吸，应在30s内佩戴好。

①背气瓶：采用"穿衣法"将呼吸器背上身，气瓶阀必须向下方，如图6.5-6所示。

图6.5.6　背气瓶

②调整肩、腰带：要求背架紧贴后背，全身牢靠扣上腰带，调节松紧，如图6.5-7所示。

图6.5-7　调整肩、腰带

③戴安全帽、挂面罩带：将安全帽带挂在脖子上，帽体放置脑后，戴上面罩挂带，如图6.5-8所示。

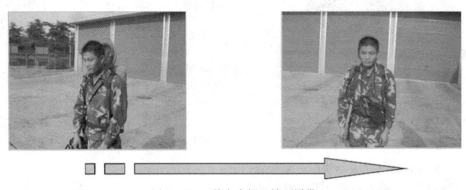

图6.5-8　戴安全帽、挂面罩带

④打开瓶阀，按逆时针方向打开气瓶阀门，观察压力表，压力表压力因在28MPa以上范围方可使用，如图6.5-9所示。

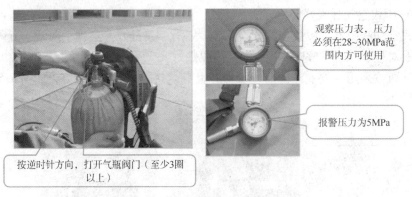

图6.5-9　打开气瓶阀并观察压力表

⑤戴面罩：面罩佩戴应紧贴下颚，自下而上调整到密封橡胶与面部完全吻合后再向耳后拉紧头带，如图6.5-10所示。

图 6.5-10　戴面罩

⑥戴安全帽，用力深呼吸使供气阀自动开启，屏住呼吸、听是否有气流声，如果有说明不密封或供气阀故障，检查正常后，将安全帽带好，如图 6.5-11 所示。

图 6.5-11　戴安全帽、开启供气阀

（3）正压式空气呼吸器使用后脱卸步骤

①松开安全帽带，将安全帽上推至脑后。

②双手拨开面罩中、下部的带扣，放松拉带，抓住网状头带，自上而下将面罩从头上卸下，摁压供气阀的重置按钮，使其停止供气。

③取下安全帽。

④松开腰带扣，再放松肩带扣。

⑤脱下呼吸器，关闭气瓶阀门，逆时针旋转供气阀红色按钮，将余气放空后复位。

3. 供气式空气呼吸器介绍

供气式空气呼吸器（也称移动式长管呼吸器），结构如图 6.5-12 所示，其能在野外、站（库）区受限空间和其他含有有毒有害气体环境中，向进行长时间、重强度和复杂工作的管道抢维修作业人员不间断地提供既清洁又安全的呼吸空气，该系统可供 1~4 人同时呼吸使用。在使用长管呼吸器时，操作人员不需要身背气瓶，大大减轻了操作人员的工作负担，增强了身体的灵活性，适合于长时间在缺氧有毒环境使用，更适合于在狭窄的工作区域，如坑道、管道、深井等需长时间作业的场所内使用。

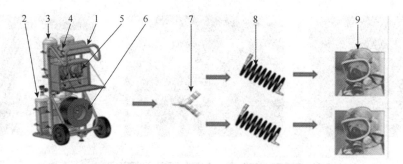

图6.5-12 供气式空气呼吸器基本组成

1—移动推车；2—高压碳纤维供气瓶；3—备用气瓶；4—减压器；5—集气块；
6—盘管器（带供气长管）；7—三通接头；8—连接软管；
9—呼吸系统（主要由面罩、腰带、供气阀和应急逃生气瓶组成）

（八）硫化氢检测仪

1. 分类

固定式硫化氢检测仪：构成如图6.5-13所示，主机安装在中控室，传感器安装在现场硫化氢容易泄漏和溢出的地方。

便携式硫化氢检测仪：由显示屏、传感器、声音报警器、光报警器和开关等部件组成，如图6.5-14所示。

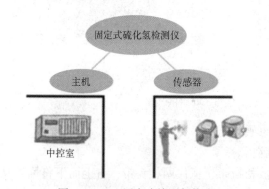

图6.5-13 固定式检测仪构成

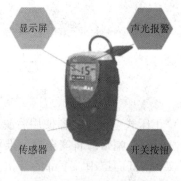

图6.5-14 便携式检测仪图示

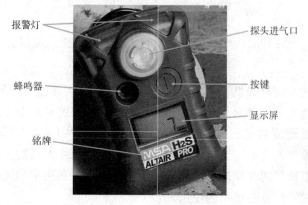

图6.5-15 MSA便携式检测仪图示

2. 硫化氢检测报警仪简单仪表

以MSA便携式硫化氢检测仪为例介绍，其结构如图6.5-15所示，主要由报警灯、蜂鸣器、铭牌、探头进气口、按键、显示屏等部件组成，显示屏的功能与指示如图6.5-16所示。MSA便携式硫化氢检测仪各种报警状态如表6.5-1所示。

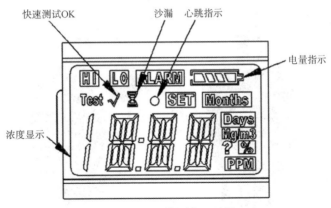

图 6.5-16　检测仪显示屏

表 6.5-1　仪表的各种报警状态

报警名称	报警描述	仪表显示	复位模式	备注
低报警 10ppm	声光震动	LO ALARM 闪烁	自动复位	如果显示持续超过低报警点，按 TEST 报警声停止 5s，然后再响起
高报警 15ppm	声光震动	HI ALARM 闪烁	手动复位	如果显示持续超过高报警点，按 TEST 报警声停止 5s，然后再响起
STEL 报警 15ppm	声光震动	LO ALARM 闪烁	自动复位	如果显示持续超过低报警点，按 TEST 报警声停止 5s，然后再响起
TWA 报警 10ppm	声光震动	LO ALARM 闪烁	不可复位 关机	如果显示持续超过低报警点，按 TEST 报警声停止 5s，然后再响起
欠电报警	声光 30s 一次	电池图标边框闪烁		不能使用仪表
故障报警	声光震动			送修

使用注意事项：仪表报警时必须立即撤离所在场所。

(九) 防坠落防护用品

1. 分类

常用的防坠落防护用品主要有安全带和安全绳。

(1) 安全带：高空作业保证安全的带子。主要原料是涤纶，丙纶，尼龙。安全带不单指织带，除了织带，安全带还由其他零件组装而成。

(2) 安全绳（也称保护绳或救生索）：在高空作业时用于保护人员和物品安全的绳索，一般为合成纤维绳、麻绳或钢丝绳。安全绳分为两种。

2. 使用场所

在垂直坠落距离大于 2m（含 2m）或工作人员在屋顶边缘 1.5m 范围内工作时，如果无法提供作业平台、脚手架、各种栏杆，或工作人员需要双手操作的情况下，工作人员应当佩戴全身式安全带（配备系索），如图 6.5-17 所示。

图 6.5-17　全身式安全带示意图

3. 检查及使用要求

（1）防坠落防护品使用前应按照以下要求检查：

①安全带必须有合格证；

②安全带目测无可见的痕迹，不应出现织带撕裂、开线、严重磨损、金属件碎裂、连接器开启、绳断、金属件塑性变形、模拟人滑脱、缓冲器（绳）断等现象；

③安全带使用期限不应超过 2 年；

④对抽试过的样带，不应继续使用；

⑤安全绳发现破损应停止使用。

（2）防坠落防护品应按照以下要求使用：

①在进行防坠落保护时，将佩戴安全带的工作人员系在安全绳、固定点上；

②在使用坠落保护的情况下，系索应当保证工作人员的下坠距离不超过 1.2m；

③吊篮内的工作人员，每人均应配备 1 根安全绳，每条安全绳均应单独固定在独立的支撑点上，在使用时，保护救生索免受擦伤；

④安全绳经常保持清洁，用完后妥善存放好，不应接触明火和化学物品。

三、劳保用品使用期限

劳保用品的使用期限详见附录 7。

思考题

1. 输油岗的职业病危害因素有哪些？

2. 工作场所空气中硫化氢容许浓度是多少？针对岗位实际情况，硫化氢可能存在的重点部位有哪些？如何采取针对性的预防措施？

3. 高温作业应采取哪些措施防止中暑？

4. 某员工从输油工岗位转到电工岗,还需要进行职业体检吗?为什么?

5. 某员工在进入受限空间作业时突然晕厥,若你是受限空间外的救护人员,该怎样处理?

6. 在野外进行电气检查作业时,某员工出现呕吐、头晕等中暑现象,若你是同行的监护人员,该怎样处理?

7. 某卸油区域发生人员硫化氢中毒事件,若你在该站场调控室,该如何进行救援?简述佩戴空气呼吸器的步骤。

8. 如何正确佩戴安全帽?

第七章 消防安全管理

第一节 概 述

一、火、火灾、闪燃及爆炸的概念

（一）火的概念

火就是燃烧的俗称，燃烧的本质是可燃物与氧气或氧化剂发生强烈的放热反应，并发热和发光。燃烧的特征是发热、发光又进行化学反应。燃烧发生是有条件的，可燃物、助燃物、点火源是燃烧的三要素，三者结合是燃烧发生的必要条件，燃烧只有可燃物、助燃物、点火源三个条件同时具备的情况下，可燃物才能发生燃烧。燃烧发生的充分条件是一定的可燃物浓度、一定的含氧量、一定的点火能量。以上三个条件要相互作用，燃烧才能发生和持续。三个条件中任何一个的量达不到客观需要量时，都不会发生燃烧。

（二）火灾的概念

火灾是指失去控制并对财产和人身造成损害的燃烧现象。

（三）闪燃的概念

在一定的温度条件下，液态可燃物表面会产生蒸气，固态可燃物也会蒸发、升华或分解产生可燃气体。这些可燃气体或蒸气与空气混合而形成可燃性气体，遇明火时会发生一闪即灭的闪光，这种现象叫闪燃。能够引起可燃气体闪燃的最低温度称为闪点。闪燃不能引起易燃液体的持续燃烧，闪燃虽是一闪即灭的燃烧现象，但闪燃是液态、固态可燃物发生火灾的危险信号，是衡量物质火灾危险性的重要依据。

闪点是划分易燃与可燃液体的基本依据，是能够引起易燃或可燃液体燃烧的最低温度。

（四）爆炸的概念

爆炸分为物理性爆炸和化学性爆炸两类，物理性爆炸是由于热作用，液体变为气体或蒸气，体积膨胀，压力急剧升高，大大超过容器本身的极限而发生的爆炸，这种爆炸能够间接形成火灾或促进火灾的扩大蔓延。化学性爆炸是物质从一种状态迅速转变成另一种状态，并在瞬间发生大量的热和气体，伴有巨大声响的现象。化学爆炸前后物质的性质和成分均发生了变化。化学爆炸能产生高温、高压，能够直接造成灾害或导致灾害的蔓延，有很大危险性。

二、油库设备火灾的特征

据不完全统计，储油区火灾发生的概率为 14.1%，油罐年火灾发生概率为 0.045%，对成品油库来说，发生概率还要比上述概率低些。

油罐发生火灾的原因较多，一般有明火作业、静电火花、自燃、雷击等。因油罐所储油品不同，火灾危险性也不同。原油、重油需加热，汽油易挥发，火灾危险性较大；煤油、柴油不易挥发，火灾危险性较小；润滑油不易引起火灾。

油罐火灾情况较为复杂，因油罐形式和施工质量，储存油品多少和品种等因素的不同，发生火灾后会出现不同的情况。如拱顶油罐和无力矩油罐的罐顶边缘是应力集中部位，火灾时可能部分塌陷或开裂，油罐底板与壁板连接的丁字焊缝可能开裂，甚至在爆炸时发生位移；浮顶和内浮顶油罐，罐体破裂情况较少，但也出现过因焊接质量差而出现裂缝的情况。油罐火灾特征大体分为两种：一是稳定燃烧，如火灾发生于油罐顶部孔洞及敞口油罐和油池；二是油罐火灾中爆炸或突溢、喷溅，造成油品流散或油火飞溅，形成大面积火灾。

第二节 固定消防

一、感温光栅火灾报警系统

由于油气是易燃物，需要对储油罐进行实时在线温度监测，油库的火灾报警系统宜采用无电检测技术，光纤光栅感温火灾探测传感系统是目前油品储运企业储油罐采用的无电检测火灾温度探测系统，可长期实时监测，能快速、准确地探测出各类温度异常部位和区域，为及时采取各类安全措施提供可靠依据。

（一）布设方式和基本原理

光纤光栅温度探测器在油罐上间隔布置，目前规范要求感温光栅间距不大于 3m，在布置时可单环布设，也可双环布设，采用专用夹具（U型卡）将光纤光栅温度探测器布设在浮盘/浮船挡油槽的密封圈附近，如图 7.2-1 所示，然后通过光纤、光缆把探测器串联起来，接入到控制室的信号处理器，通过信号处理器对采集到的信号进行解调，测量出现场温度的实际情况，并将相关的信息传递到消防控制室的图形显示装置、火灾报警控制器、消防自控系统（PLC），油罐光纤光栅感温火灾探测系统原理如图 7.2-2 所示。

（二）基本要求

感温光栅分为低速、中速、高速三类光纤光栅波长解调仪器，实现了无电检测、本质安全防爆；采用光栅进行信号检测，信号数字化，不受光强起伏变化干扰，按波长的不同设置防火分区，同步检测，实现差定温复合报警，具有自检功能，可实时监测自身运行情况并输出故障报警声光信号。

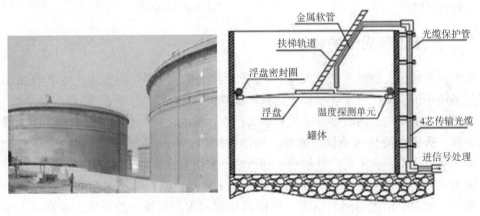

图 7.2-1　外浮顶罐光纤光栅传感器布设示意图

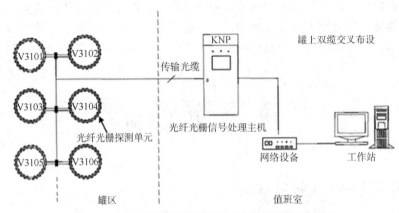

图 7.2-2　油罐光纤光栅感温火灾探测系统示意图

(三) 主要产品技术参数

工作温度 -40~120℃，测量范围 0~100℃，报警温度误差 ±2.5℃，光缆传输距离 ≥25km，最小弯曲半径 300mm，工作电源 24VDC，工作电流 <260mA，外形尺寸 160mm×160mm×343mm（宽×高×深），报警温度设定范围 65~95℃，输出信号 0.3A/30VDC 无源触点 3 对，RS422/RS485 接口。

(四) 通信信号

输出信号：4 路温度报警开关信号、4 路自检故障报警开关信号、RS485/232 通信信号。通过火灾报警控制器和上位计算机可实现分区温度显示、分区温度报警和各光路故障报警。光纤光栅感温火灾探测信号处理器（图 7.2-3）是整个监测系统的中央处理单元，完成系统的信息融合和输入输出控制。信号处理仪器内部有调制解调器、信号转换处理电路、温度实时显示、报警参数设置、报警显示功能。

图 7.2-3　光纤光栅感温火灾探测信号处理器

调制解调器为光纤光栅温度感温传感器探头提供稳定的宽带光源，同时对探测器中光栅返回的窄带光进行调制解调。根据探测器的设定情况，实时接收来自光栅感温传感器探头的信号，信号转换处理电路进行探测和光电信号的转换和处理，显示功能用于实时显示当前探测区域的温度信息，如分区温度最大值、最小值、平均值、温升等温度信息，并把所测温度在液晶屏上面实时的显示，并通过 RS422/485 输出给上位机。可由用户设置报警温度的上限和其他相关参数，报警显示电路进行声光报警和显示，并能输出八路火灾报警和一路感温传感器探头自检无源触点信号，具有火灾报警控制器的联动控制、消音、复位、自检功能。

（五）日常管理和维护要求

感温光栅火灾报警系统应每月采取浇开水淋光栅的办法测试系统的报警，主要包括温差报警和火灾报警（分为预警和火警），并作好测试记录；每日系统进行复位检查，填写日检记录。日常杜绝在罐密封拉扯感温光栅，尤其是进行油气浓度测试或检查二次密封时，应检查 U 型卡是否固定完好，传输缆应在其内自由伸缩，避免形成卡阻，造成光栅缆受力，对于变形大的浮船缆在布设时要留有一定的富裕量，目前缆配置的光栅均预留 5%～10%，在发生个别光栅损坏时，应采取剪除损坏缆，采用使用富余光栅来保证光栅间距不大于 3m。

定期清理光栅上油污，对二次密封由于挂拉油污污染感温光栅，适当调整与罐壁的距离，定期对光栅及传输缆进行清洗并测试。

测试时注意应做好测试光栅记录，最好进行编号管理，确保每个光栅都能够被测试，做到全覆盖。

二、消防控制系统（PLC）

消防控制系统分为：上位机（PLC）自动控制系统、手动操作台硬线控制系统、现场手动控制系统。

（一）系统逻辑控制

当某座储罐着火时，火灾报警系统发出报警信号，消防控制系统接到火灾报警信号，经人工确认，或经系统自动延时后（正常设计 60s，具体按照站库要求进行调整，但应履行变更手续），立即启动消防泵房内泡沫水泵，同时联动泡沫撬系统启动、比例混合器进口阀（出口有电动阀也要联动），并联动库区分区阀、着火罐罐前电动阀（泡沫管线），以最快速度保证泡沫液喷洒到事故罐，进行灭火，所有泵、阀设备以及压力变送器压力应传至控制系统，控制系统界面应显示不同压变位置或名称。

（二）功能介绍

自控系统：能够实时监视储罐火灾报警信号，能发出从预警到火警的多级报警方式，实时检测消防泵、阀门、泡沫比例混合装置的状态，实时监视控制设备的状态信号，显示系统的自动、手动工作状态，自动状态锁定手动操作，消防水罐自动补水，系统接收到火灾报警信号后，手动或联动消防系统，并按预定逻辑启动消防泵，顺序开、闭相关电动阀门，将泡沫液与冷却水以最快速度喷洒到事故罐，实现自动灭火。

具有自诊断和诊断工具，能够进行常规和预防诊断维护，实时检测现场输入/输出部件、电源及连接线等设备的故障。诊断过程及结果应在屏幕上显示并记录。故障报警信号区别于火灾报警信号，且火灾报警优先，系统具有自动、程序手动模式。

程序手动操作模式指操作人员手动触发"×号罐灭火"命令后，系统按预定逻辑自动启动消防泵，并顺序开、闭相关电动阀门，将泡沫液与冷却水以最快速度喷洒到×号罐，实现自动灭火，俗称自动控制。

手动操作台是指从操作台上直接触发消防水泵、泡沫泵、水管线控制阀及泡沫管线控制阀等设备的硬线触发操作按钮，不经过软件编程而远程控制各消防设备，也可以通过操作台上的一键联锁直接启动泡沫或喷淋系统，俗称远程手动控制。

现场手动控制是指通过到达现场，分别启动消防泵、阀门等设施，起到冷却或喷淋的目的，俗称就地控制。

其他功能、系统设置标准时钟与事故时钟：当火灾报警或火灾预报警时，事故时钟锁定，标准时钟正常计时，另有信息存储管理与操作权限管理。

三、火灾图形显示装置

火灾图形显示装置是指在上位机画面上设有火灾报警平面图，能够显示所有火灾报警点和具体位置，与火灾报警控制器、消防联动控制器、电气火灾控制器、可燃气体报警控制器等消防专用设备之间要有专用电缆连接。具有手报平面布置图和报警点、感温光栅报警位置图、烟感等楼宇报警平面布置图和报警点。

当火灾报警探测器显示温度达到70℃时系统进行预警，系统仅报警，不联锁灭火系统；当火灾报警探测器显示瞬时（≤60s）温差大于20℃或温度达到90℃时，系统认为发生火灾。当延时后或确认后，系统自动进行灭火；若取消，系统自动延时60s，会再次弹出报警画面。

四、泡沫站控制功能说明

（一）控制工作原理

1. 泡沫站控制柜控制

消防控制系统具备对泡沫站监控的功能，能够显示自控模式和手动模式。即当泡沫站控制柜工作在"自动模式"时，泡沫站的逻辑功能由泡沫站PLC系统按照逻辑控制启动泡沫液泵和进行主、备用设备切换。泡沫站控制柜上有电动阀的逻辑控制和监控功能，能够自行进行切换和启停设备。

当泡沫站控制柜工作在"手动模式"时，泡沫站上的设备由其控制柜完成设备的启停功能，消防控制PLC系统不能远程或自控操作。

2. 消防控制系统控制

消防控制系统具备对泡沫站监控的功能，能够显示自控模式和手动模式。即当泡沫站控制柜工作在"自动模式"时，消防控制系统PLC系统联动泡沫站泡沫液出罐电动阀和回流电动阀，可以通过远程手动控制泡沫站泵、阀启停。泡沫站控制柜上不应有电动阀的控制逻辑控制和监控功能，所有状态反馈信号通过点对点硬线，或485通信模式上传到消防控制系统,并通过交互软件组态,最终在消防控制室显示,并存入历史数据库。

3. 消防控制系统直接控制

泡沫站无控制柜,消防控制系统直接控制泡沫站内的阀、泵,消防控制系统通过 PLC 启动泡沫液泵和阀门或进行主、备用设备的切换。比例混合器处压力变送器压力值传到控制系统上。

(二) 泡沫站控制注意事项

1. 有泡沫站控制柜或控制器

在使用过程中,当采取控制室控制时,应确保控制柜在"自动模式",系统显示"自动""远控"等模式,能够实现控制室控制,当操作结束后,务必切换到"自动模式"并进行系统复位,按下复位开关即可,否则造成下次操作泡沫站不能实现远控。当切换到"手动模式",目前系统可能显示"现场""单机"等模式,就是在现场操作,控制室无法控制,但操作完毕后,仍需按下复位开关,否则造成下次操作泡沫站不能实现远控。

2. 无泡沫站控制柜或控制器

所有的泵、阀门现场具有远控功能,处于远控状态,控制室可以实现控制,当需要现场控制时,可以将阀门或设备切换到就地位置,进行操作,完毕后恢复远控状态即可。

(三) 泡沫站泡沫配比说明

目前站库常见泡沫站多采用压力式、平衡式。比例式多用于消防车,由于配比精度差,一般不在泡沫站中使用,下面主要介绍压力式和平衡式。

1. 压力式泡沫罐

压力式泡沫罐的结构如图 7.2-4 所示,其工作原理是通过启动消防水泵,由于水压将压力式泡沫罐(囊)内泡沫挤出,与消防水通过比例混合器进行混合,形成泡沫混合液进行灭火。每次使用时须先关注泡沫液液位,通过本次使用的时间和供给量,核算泡沫配比量,当泡沫配比量过小,可能为囊破裂,通过罐底排空阀检查是否有泡沫液流出也是判断囊破裂的依据(单向阀损坏除外)。因此每次使用后,务必进行排空,便于加装补充泡沫液,否则无法加装。

2. 压力平衡式泡沫站

压力平衡式目前主要有电动驱动、内燃机驱动、水轮机驱动,水轮机驱动与另外两种驱动配比原理略不同,其结构原理如图 7.2-5 所示。

工作原理:当接到指令信号后,泡沫站开始运行,分别开启泡沫液出液阀(罐前阀),启动泡沫液泵,通过平衡阀控制回液量实现泡沫与水的配比,配比通过比例混合器进行。水轮机驱动是通过消防水泵驱动水轮机启动泡沫液泵,其转速大小与消防水泵供水压力决定。

日常管理中应注意:若回液阀采用电动阀,在设计逻辑关系时,应先开阀后启动泡沫液泵,避免憋压;平衡阀在日常投用中杜绝将其前后手动阀和其引压管的阀门关闭,否则会造成无法正常配比,可能造成泡沫液的大量损失;在试泵过程中若采用泡沫液进行试验,务必完成后进行扫线和排空;泡沫站必须编制操作说明和流程图,并严格执行,避免水窜入泡沫液罐内。

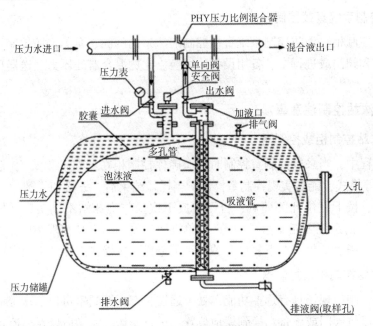

图 7.2-4　压力式泡沫罐结构图

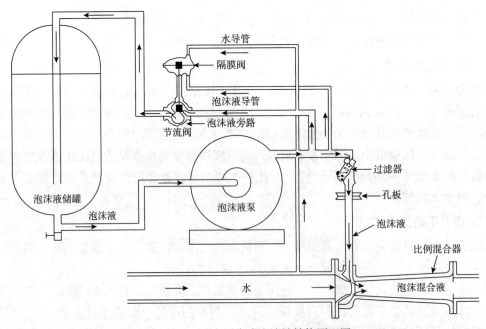

图 7.2-5　压力平衡式泡沫站结构原理图

五、冷却水系统

（一）组成

消防冷却水系统包括消火栓系统，是消防供水的关键，主要负责储油罐本体上喷淋和消火栓等移动用水量。

冷却水系统由冷却水泵、冷却水管网、罐区罐前阀和区域阀、消火栓、储油罐区内喷淋管网和喷淋环管、喷头、压力变送器等组成。

(二) 系统工作原理

当某座储罐着火时，消防控制系统接到火灾报警信号，立即开启区域控制阀（常开）、着火罐罐前电动阀（水管线），对事故罐进行冷却，库区压力便送器压力和泵房汇管压力便送器应传至控制系统上，并显示具体安装位置或名称，当压变压力低于 0.7MPa 时，压力位置提供闪烁功能或报警功能，提示值班员压力不满足要求，所有联锁泵、阀应满足状态反馈到控制室 PLC 上的要求。

(三) 自动补水系统

系统具备自动补水功能，消防控制系统接收消防水罐实时的雷达液位信号，在自控系统单独组态完成指示和报警功能外，还应具备自动联锁补水的功能。当消防水罐液位低于设定值时，系统发出补水命令，开启相应的补水阀或补水泵，当到达指定液位后，关闭补水阀或补水泵，并发出报警声提示补水结束。具有低报和高报或低低或高高报警应具备相应的功能，补水系统设计有流量计的应采用远传功能到消防控制系统，系统应具有补水量统计和累计功能。

消防水池（罐）是消防持续供水的重要基础设施，建设时应系统地分析其形式、容量、位置等各项因素，确保火灾发生后，能在灭火战斗时间内持续供水。

(四) 消防稳高压稳压

1. 基本原理

消防稳高压系统应是独立的控制系统，系统具备实时压力检测功能，应采用压力便送器控制稳压泵的启停，稳压区间应在 0.7~1.2MPa 范围内，上限值不宜小于 1.0MPa，当按照安全仪表系统设计 3 个压力变送器联锁启动消防泵后，应满足其中 2 块压变满足压力联锁关系才启动消防泵，稳压泵具有自动启停功能，消防水泵不具有自动停泵功能。稳压系统投用前应调整泄压系统，泄压值应大于稳压上限，同时满足库区最不利点消防用水量的要求。

2. 逻辑关系

稳压设计逻辑关系为：当管线压力低于 0.7MPa 时，稳压泵主泵运行，压力继续不满足时，稳压泵备用泵运行，系统压力仍不满足，消防主泵进行补压，当压力不满足 0.6MPa 时，消防备用泵启动。当消防泵启动时，稳压泵应自动停泵，当消防自控系统进行灭火时，消防稳高压系统不得影响系统灭火，系统灭火具有优先功能；当消防泵全部停运后，系统按照压力自动进行稳压。

稳压系统应设计单独的界面，分别设计稳压泵投用界面、消防泵投用界面。在仅稳压泵投用界面时，系统仅联动稳压泵，不联动消防泵，在消防泵投用界面时，系统仅联动消防泵，在两个界面均投用时才符合消防稳压系统。消防值班员根据需要投用或退出系统稳压界面。稳压泵、消防泵控制柜或操作柱应具有就地和远控功能，在就地状态时，系统无法实现控制消防泵的启停。具有自动巡检功能时也应满足上述功能，自动巡检系统要有退出功能，且退出和投用均不影响该系统的运行。

（五）水喷淋/水幕

储罐喷淋装置是油罐上装设的一种水冷却降温设施。在储罐温度高的时候，对油罐不断均匀地进行喷淋水冷却，水由罐顶经罐壁流下，使冷却水带走油罐所吸收的热量，有效对油罐温度进行控制，消防喷淋系统的作用在于隔离火区，保护邻近罐区以及邻近火区的房间和建筑，并可冷却防火隔绝物。

六、消防自控系统上位机

（一）基本功能

应用软件人机界面显示应由结构菜单、插图或软件按钮来选择．并具有满意的显示帮助提示。对于数值、动态符号、趋势图、二维或三维图形的显示应用键盘输入，光标定位以及适当软件的相互作用来完成。应用软件至少应具有以下功能，但不限于此：

(1) 索引；
(2) 罐区概貌显示；
(3) 显示消防管网流程；
(4) 罐火灾温度检测参数；
(5) 显示消防设备启停状态；
(6) 报警/事件显示与记录；
(7) 信息记录显示；
(8) 操作控制。

（二）显示罐区概貌

整个储油罐区的整体概貌应能快速、清晰地反映在画面上，并显示相关的阀门、仪表、管网位置及设备运行状态。出现报警时，相应位置应有明显提示标志，并能区分报警类别。

（三）显示消防管网流程

消防管网流程以特定的符号及线段、颜色绘制。

流程中应标有主要参数数值、设备状况、报警提示、设备在运行过程中，不同的状况以不同的颜色表示。如：红——运行，绿——关闭，白且闪烁——将要动作，橘红且闪烁——报警，紫——无效等。闪烁一般为将要发生的动作，提醒操作员注意。流程显示可运用视窗（windows）技术交叉观测，以减少操作员误操作风险。

（四）报警/事件显示与记录

监控设备接收到现场报警信号后，即发出火灾报警或火灾预报警信号，报警信号在闪光报警器、网络化远程监控点及其他报警设备上同时输出。报警事件具有优先显示权，除在流程上单点显示外，应对报警或事件状况列表显示，表中至少包括标志符（位号）、数值、说明、时间（年、月、日、时、分、秒）、物理位置、逻辑位置等。

记录、保存系统运行过程中报警事件和操作动作的全部历史信息，由专门系统管理员定期清除无用的历史记录。

报警具有容易引起警觉的声响输出,声报警信号可手动消除。

(五) 操作控制

提供快捷、明了的操作命令模拟按钮,具备自动、手动和半自动联动控制操作方式。操作人员可以方便地启动整个系统或启、停某一设备。

通过软件(或硬件)的设置,严格地限制操作人员进入系统区域的权限。

对于进入数据库、文件和程序都应加以安全限制,通过口令来控制进入系统。允许登录进入系统被指定的一个或更多的组,系统管理人员能够改变和控制这些组的权限级别。对于登录系统的操作都须记录在案。

这些级别应至少有:
(1) 查看级;
(2) 操作员功能级;
(3) 运行/维护监视级;
(4) 工程师级。

七、雷电预警系统

储油量为 $5 \times 10^4 m^3$ 以上的输油站应设置雷电预警系统。原油罐区宜安装雷电预警系统,预警系统应覆盖整个罐区及油品码头装卸区域。雷电预警系统监控装置应设置在站控室或消防控制室。

雷电预警系统报警提示分为黄、橙、红色3级。

黄色报警提示雷电到达站库预计45min。发生黄色报警时,在高空作业且撤离时间长的人员应立即做好撤离准备,并做好相关设备设施的防护。

橙色报警提示雷电到达站库预计30min。发生橙色报警时,高空作业人员应立即开始撤离,储油罐作业人员应做好撤离准备,并做好相关设备设施的防护,通知消防队和消防控制室等应急值班人员开始做好应急准备。

红色报警提示雷电到达站库预计10min。发生红色报警时,储油罐作业人员应立即开始撤离储油罐本体,消防队和消防控制室等应急值班人员进入应急状态。

报警消除后,应由值班领导下达解除应急状态的指令,恢复正常状态。

八、泡沫灭火系统

(一) 分类

泡沫灭火系统主要包括:固定式泡沫灭火系统、半固定式泡沫灭火系统、移动式泡沫灭火系统。

1. 固定式泡沫灭火系统

固定式泡沫灭火系统结构如图7.2-6所示,包括泡沫比例混合器、泡沫产生器、消防水泵、泡沫液储存罐等主要设备。具有灭火时不需要铺设管线和安装设备、启动迅速、出泡沫快、操作简单等优点。

2. 半固定式灭火系统

半固定式灭火系统除设有固定的泡沫产生器及部分附属管道外，还有一些可移动的器材设备。具有建设投资和维修费用较低等优点，但是需要机动消防车和水泵，并要有一定数量的操作人员。

3. 移动式灭火系统

移动式灭火系统包括泡沫钩管、升降式泡沫管架、空气泡沫枪、空气泡沫炮等设备。

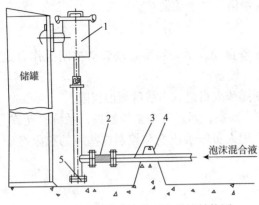

图 7.2-6 固定式泡沫灭火系统结构图
1—PCL 型（立式）泡沫产生器；2—金属软管；
3—泡沫混合液输送管；4—防火堤；
5—法兰盖（可以清除管路锈渣）

（二）固定泡沫系统部件

1. 浮顶罐的泡沫挡板（堰板）

对于浮顶油罐的初期火灾，泡沫挡板的作用是使得罐壁流下的泡沫液迅速覆盖罐壁和浮盘上挡板之间的环形区域，如图 7.2-7 所示。

2. 泡沫导流槽

泡沫导流槽也叫泡沫反射板，是应用在浮顶储罐上的一种装置。因为浮顶储罐的浮顶是随储存介质液位的高低浮动，为了不减少介质的储存数量，泡沫产生器出口的泡沫管道，应安装在浮顶储罐罐壁的顶端，因此必须设置专用装置，既能使泡沫沿着罐壁向下流动，又能防止泡沫被吹走而流失。

3. 泡沫比例混合器

泡沫比例混合器有压力式泡沫比例混合器、平衡式泡沫比例混合器、管线式泡沫比例混合器、环泵式泡沫比例混合器等类型。

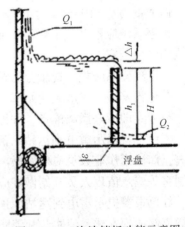

图 7.2-7 泡沫挡板功能示意图

（1）压力式泡沫比例混合器

压力式泡沫比例混合装置（囊式）胶囊装在罐体内，其内腔和罐腔是各自独立的，通过压力式比例混合器的作用，将装置内储存的泡沫灭火剂，与水按一定的比例混合形成泡沫混合液。普通压力式比例混合器与囊式压力式比例混合器的工作原理相近。区别只是泡沫储罐无胶囊，系统工作时，水从泡沫液上方注入罐内，罐内隔板有效地避免了水与泡沫液混合。

（2）平衡式泡沫比例混合器

平衡式泡沫比例混合器的原理是由泡沫液泵把泡沫液加压后进入平衡阀，通过平衡阀调节后注入比例混合器。确保主管道压力和流量发生变化时，泡沫混合液的混合比不发生变化。

（3）管线式泡沫比例混合器

管线式泡沫比例混合器的原理是在压力水以很高的速度流过泡沫灭火系统的比例混合

器时，比例混合器的混合室内形成负压，使得储罐内的泡沫液在大气压力作用下通过吸液管进入混合器，并在比例混合器的混合室内与水混合成一定比例（3%或6%）的混合液。混合液流经泡沫喷射设备时使泡沫混合液发泡，并经喷射口喷出，从而达到泡沫灭火的效果，如图7.2-8所示。

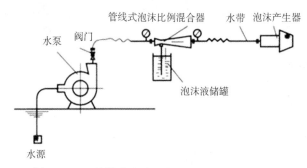

图7.2-8 管线式泡沫比例混合器的结构原理图

（4）环泵式泡沫比例混合器

环泵式泡沫比例混合器主要由调节手柄、指示牌、阀体、喷嘴等构成。环泵式泡沫比例混合器是利用文丘里管原理生产的产品。它安装在泵的旁路、进口接泵的出口、出口接泵的进口。其原理是泵工作时大股液流流到系统终端，小股液流回流到泵的进口，当小股液流回流经过比例混合器内腔时由于类似文丘里管的作用形成一定的负压，将储罐内的泡沫液吸进腔内与水混合，再到泵进口与水进一步混合后抽到泵的出口，如图7.2-9所示。如此循环往复一段时间后，泡沫混合液的混合比就可达到产生灭火泡沫要求的正常值。

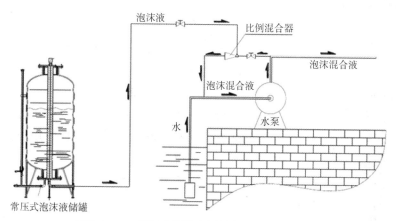

图7.2-9 环泵式泡沫比例混合器的结构原理图

4. 泡沫产生器

泡沫产生器根据结构形式可分为横式和立式。

横式泡沫产生器由壳体、焊接法兰、连接法兰、导板及喷管组等5部分组成，如图7.2-10所示。横式泡沫产生器应水平安装在储罐壁上部，不宜安装在储罐的顶部。

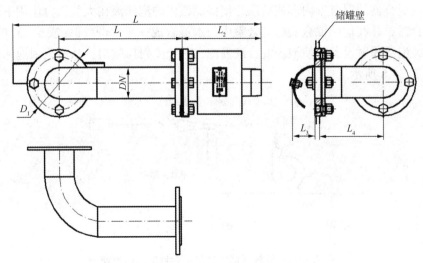

图7.2–10 横式泡沫产生器结构图

立式泡沫产生器由泡沫发生器、缓冲器、导流罩及管道组等4部分组成,如图7.2–11所示。立式泡沫产生器的发生器应垂直安装。

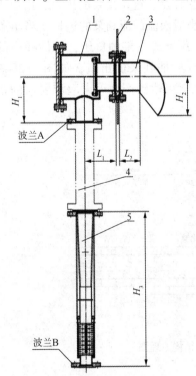

图7.2–11 立式泡沫产生器结构图
1—缓冲器;2—储罐壁;3—导流罩;
4—管道;5—发生器

九、消防泵机组

(一)常见的分类

消防泵机组一般有电动泵机组、柴油机泵机组等形式。

1. 电动泵机组

电动泵机组由电力进行供电,一般有380V和6000V等供电电压。

2. 柴油机泵机组

为了解决失电状态消防泵运转需要,采用柴油机组为消防泵提供动能;部分单位采用柴油发电机组为消防泵提供电力。

(二)泵密封形式

泵的密封形式分为机械密封和填料密封。

(三)消防泵机组注意事项

(1)消防泵进口要有带真空度的压力表或分别设置真空表和压力表。

(2)现场要有操作柱或控制柜,并具有现场和远控切换功能。

(3)要有进口阀门、出口阀门和单向阀门(目前多采用多功能水力控制阀代替)、检修阀门。阀门要注意设计的密封形式,对于采用单面密封时要注意其使用功能而选择安装方向。

（4）消防泵出口应有压力表，目前设计联锁控制的一般均设计压力变送器传递到控制室进行观察，判断消防泵的运行情况。

（5）消防泵排气阀主要用于对首次使用的消防泵进行排气，由于目前设计消防水罐均高于泵机组，日常管理不需要排气，但进行检修发生排水的情况时，在投用后仍需要排气。

（6）消防泵应每班盘车，盘车为转动方向450°，盘车时应严格按照要求摘除电源或切换到现场位置（就地或手动），避免消防泵发生联锁，损伤操作人员或设备。在日常进行转动部位维护时也要摘除电源或切换到现场位置（就地或手动）。

（四）柴油机维护和操作要点

1. 检查

（1）应检查柴油机控制柜应处于远控状态，满足远程自控启动要求。

（2）应检查柴油机启动电瓶（电池组，应为1用1备）的电压为24V。

（3）应检查柴油机柴油箱油位不少于1/2，建议日常管理不少于3/4，并设置警戒线，检查供油管路完好，无渗漏。

（4）应检查机油油位，应在L与H标记之间，定期更新机油并清理机油箱，建议每年进行1次。

（5）应检查水冷系统的水箱应满，并保证水箱显示液位计清楚，连接管头无渗漏，系统上安装的检修阀、单向阀、减压阀、压力表等处于正常工作位置。

（6）应检查柴油机三滤，保持完好，发现油滤滴水，应检查供应的油料是否含水，影响柴油机运行。

（7）不应对柴油机进行盘车，一般也不建议采用专用工具进行排车，若采用专用工具，应进行风险识别和危害分析，确保在盘车过程中不会造成对人员和设备的损伤。

2. 运转

（1）运转前应按照检查的要求进行检查，符合后进行。

（2）运转启动后应怠速运行，检查启动后柴油机的震动、声音、排烟、水箱的水温、泵出口压力，风冷要注意散热情况，注意连接管路有无渗漏。

（3）逐步提速，检查设备运行和管路情况，重点观察水温，直至到达最高转速，运行中严禁超速。

3. 注意事项

（1）柴油机试运行不少于15min。

（2）运行中和运行后不得靠近或碰触高温部位，高温部位应涂刷高温银粉与其他部位进行区别，其他部位涂色一般不得使用跟银粉接近的颜色。

（3）采用水冷系统时，要调整减压阀，确保压力不超过水系统和连接件的工作压力上限，要经常检查连接件和管路，发生破损或可能渗漏、老化等现象，要及时更换或维修。严禁未经减压系统直接给水冷系统供水，水箱要满水，无水严禁运行设备。发生水温报警应控制转速，在灭火情况下应根据火场需要进行确定调整方案。

（4）柴油机不具备自动怠速功能时，柴油机在联锁时严禁使泵处于主泵运行状态；稳高压系统可以不联锁，但灭火程序要联锁。

（5）启动电瓶电压应满足要求，日常应处于充电状态，定期更换启动电瓶组，建议每月更换1次。

（6）柴油机油箱严禁敞口，加油时应控制流速，严禁在柴油机泵房内违规动火作业。柴油机泵房不得存放其他散装油料。

（7）柴油机日常维护、操作应按照操作规程执行。

十、火灾报警系统

火灾报警系统，即由自动报警、自动灭火、安全疏散诱导、系统过程显示、消防档案管理等组成一个完整的消防控制系统，一般由触发器件、火灾报警装置、火灾警报装置和电源4部分组成，复杂系统还包括消防控制设备。

触发器件是自动或手动产生火灾报警信号的器件，它主要包括火灾探测器和手动火灾报警按钮。

火灾报警装置是用来接收、显示和传递火灾报警信号，并能发出控制信号和具有其他辅助功能的控制指示设备，火灾报警控制器是最基本的一种火灾报警装置，按照具体用途的不同，可以分为区域火灾报警控制器、集中火灾报警控制器和通用火灾报警控制器3种。

火灾警报装置是用以发出区别于环境声、光的火灾警报信号的装置，火灾警报器是最基本的火灾警报装置。

火灾报警系统属于消防用电设备，其主电源应当采用消防电源，备用电源采用蓄电池，系统电源除为火灾报警控制器供电外，还为与系统相关的消防控制设备等供电。

十一、库区其他消防设施

（一）点型光电感烟火灾探测器

1. 原理和特点

点型光电感烟火灾探测器采用无极性信号二总线技术，可与各类火灾报警控制器配合使用，具有以下特点：

（1）内置带A/D转换的八位单片机，具备分析、判断能力，通过在探测器内部固化的运算程序，可自动完成对外界环境参数变化的补偿及火警、故障的判断，存储环境参数变化的特征曲线；

（2）采用电子编码方式，现场编码简单、方便；

（3）采用指示灯闪烁的方式提示其正常工作状态，可在现场观察其运行状况；

（4）底部采用密封方式，可有效防水、防尘、防止恶劣的应用环境对探测器造成的损坏。

2. 主要技术指标

（1）报警确认灯：红色，巡检时闪烁，报警时常亮。

（2）使用环境：温度为 −10 ~ 55℃，相对湿度≤95%，不结露。

（3）外壳防护等级：IP23（库区使用要满足防爆等要求）。

（4）外形尺寸：直径为100mm，高为56mm（带底座）。

（5）保护面积：当空间高度为6～12m时，1个探测器的保护面积，对一般保护场所而言为80m^2。空间高度为6m以下时，保护面积为60m^2。具体参数应以GB 50116—2013《火灾自动报警系统设计规范》为准。

（二）火焰探测器

1. 特点

火焰探测器是通过探测物质燃烧所产生的紫外线来探测火灾的，适用于火灾发生时易产生明火的场所，对发生火灾时有强烈的火焰辐射或无阴燃阶段的场所均可采用本探测器。本探测器与其他探测器配合使用，能及时发现火灾，减少损失。火焰探测器主要具有以下特点：

（1）内置单片机进行信号处理及与火灾报警控制器通信；

（2）采用智能算法，既可以实现快速报警，又可以降低误报率；

（3）二级灵敏度设置，适用于不同干扰程度的场所；

（4）传感器采用进口紫外光敏管，具有灵敏、可靠、抗粉尘污染、抗潮湿及抗腐蚀性气体等优点。

2. 主要技术指标

（1）线制：无极性信号二总线。

（2）探测角度≤120°。

（3）保护面积：$S=(h\times\tan\alpha)2\pi$，$h$为探测器距地面高度，$\alpha=400$。

（4）报警确认灯：红色，巡检时闪烁，报警时常亮。

（5）使用环境：温度为-10～+55℃，相对湿度≤95%，不结露。

3. 不宜使用本探测器的场所

（1）可能发生无焰火灾的场所，在火焰出现前有浓烟扩散的场所。

（2）探测器的"视线"易被遮挡的场所，探测器易受阳光或其他光源直接或间接照射的场所。

（3）现场有较强紫外线光源，如卤钨灯等的场所。

（4）在正常情况下有明火、电焊作业以及X射线、弧光、火花等影响的场所。

（三）手动火灾报警按钮

1. 原理及特点

手动火灾报警按钮安装在公共场所或库区道路、出入口处，当人工确认火灾发生后按下报警按钮上的按片，可向控制器发出火灾报警信号，控制器接收到报警信号后，显示出报警按钮的编码信息并发出报警声响，控制室根据报警地址码或平面图确认报警点，通过监控系统、其他报警区域或人工现场判断火灾事故点，便于处置，当手报与其他火灾报警系统形成"与"的关系设计，系统会自动启动灭火系统。手动火灾报警按钮具有以下特点：

（1）采用拔插式结构设计，安装简单方便；

（2）按下报警按钮按片，报警按钮提供的独立输出触点，可直接控制其他外部设备；

（3）报警按钮上的按片在按下后可用专用工具复位；

(4) 用微处理器实现对消防设备的控制,用数字信号与控制器进行通信,工作稳定可靠,对电磁干扰有良好的抑制能力;

(5) 地址码为电子编码,可现场改写。

2. 主要技术指标

(1) 输出容量:额定 DC30V/100mA 无源输出触点信号,接触电阻≤0.1Ω。

(2) 使用环境:温度为 -10~+55℃,相对湿度≤95%,不结露。

(3) 外壳防护等级:IP40,在库区安装应满足防爆等要求。

(4) 外形尺寸:95.4mm×98.4mm×45.5mm(带底壳)。

(四) 火灾声光警报器

1. 基本原理

火灾声光警报器是一种安装在现场的声光报警设备,当现场发生火灾并确认后,安装在现场的火灾声光警报器可由消防控制中心的火灾报警控制器启动,发出强烈的声光报警信号,以达到提醒现场人员注意的目的。

火灾声光警报器为编码型警报器,可直接接入火灾报警控制器的信号二总线(需由电源系统提供两根 DC24V 电源线)。

2. 主要技术指标

(1) 声压级:80~115dB[前方3m水平处(A计权)]。

(2) 闪光频率:1.4×(1±20%) Hz。

(3) 变调周期:4×(1±20%)s。

(4) 声调:火警声。

(5) 使用环境:温度为 -10~+50℃;相对湿度≤95%,不结露。

(6) 外壳防护等级:IP43。

(7) 执行标准:GB 26851—2011《火灾声和/或光警报器》。

(8) 外形尺寸:90mm×144mm×60.5mm(带底壳)。

(五) 火灾报警控制器

1. 基本功能和特点

(1) 采用壁挂式结构,控制器有多种容量配置方式可供选择。

(2) 控制器都设有不掉电备份,保证系统调试完成时注册到的设备全部受到监控;本控制器开机自检时,不仅自动检测本机设备(指示灯、功能键等),同时还逐条检测外部设备的注册信息及联动公式信息,如信息发生变化,系统将做相应的处理。

(3) 控制器配置直接控制输出,与现场切换模块采用两线连接,可实现输出线路断路、短路和接反故障检测功能。

(4) 控制器提供了独立的控制密码和联动编程空间,并有相应的声光指示;控制器可外接火灾报警显示盘及彩色 CRT 显示系统并标配手动盘及直接控制点等设备,满足各种系统配置要求。

(5) 控制器具有强大的面板控制及操作功能,各种功能设置全面、简单、方便,如图 7.2-12 所示。

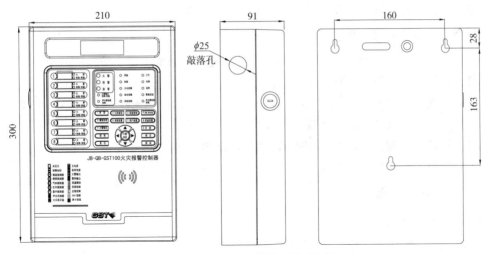

图 7.2-12　火灾报警控制器示例图

2. 主要技术指标

（1）液晶屏规格：至少 240×160 点，可同屏显示 150 个汉字信息。

（2）控制器容量：至少为 242 个地址编码点，可外接 64 台火灾显示盘；联网时最多可接 32 台其他类型控制器，30 个直接手动操作总线制控制点，配置 6 路直接控制点。

（3）使用环境：温度 0～+40℃，相对湿度≤95%，不结露。

（4）电源：主电为 DC220V，电压变化范围 +10%～-15%，内装 DC12V，10A·h 密封铅酸电池作备电，功耗≤25W。

（5）外形尺寸：380mm×143mm×534mm。

（6）火灾报警控制器为壁挂式结构设计，可直接明装在墙壁上。

（六）直接控制盘

1. 工作原理

专为消防控制系统中的重要设备：为对消防泵、阀门等实施可靠控制而设计的。可与火灾报警控制器配合使用，直接控制盘设有手动输出控制和自动联动功能，在手动状态下，可利用控制盘上的按键完成对现场设备的手动控制；若需实施自动控制，必须将控制盘与火灾报警控制器连接，并由控制器按现场编制的逻辑联动公式指挥控制盘对外控设备进行自动联动控制。

控制盘每路为 3 线，与单控设备之间为 3 线连接，与启、停双控设备之间为 6 线连接，实现 DC24V 有源输出和无源触点输入。输入、输出端具有短路、断路检测功能，每路采用单独的指示灯指示启动、反馈和故障状态，符合 GB 16806—2016《消防联动控制系统》的要求。

2. 主要技术指标

（1）控制盘容量：每块控制盘应多路输出。

（2）输出：单路最大输出 DC24V，1A，工作电压为 DC24V，使用电压范围为 DC20～DC28V，功耗＜2W。

(3) 使用环境：温度为 0 ~ +40℃，相对湿度≤95%，不凝露。

3. 直接控制盘面板灯键含义

（1）手动锁：用于选择手动启动方式，可设置为手动禁止或手动允许。

（2）工作灯：绿色，正常上电后，该灯亮。

（3）启动灯：红色，发出命令信号时该灯点亮，如果 10s 内未收到反馈信号，该灯闪烁。

（4）反馈灯：红色，接收到反馈信号时，该灯点亮。

（5）故障灯：黄色，该路外控线路发生短路和断路时，该灯亮。

（6）按键：此键按下，向被控设备发出启动或停动的命令。

（七）不间断电源

1. 配置基本要求

火灾自动报警及消防控制系统 DC24V 电源设置与建筑的规模、供电距离、消防设备的多少有关，要确保系统的稳定可靠，确保系统配置的电源的电流容量满足系统需求，电源配置方面应从以下几个方面考虑：

（1）从实际应用情况来看，消防设备的负载特性除纯阻性以外，还有容性负载，所以电源除满足稳态电流需求外，还应满足冲击电流（对消防设备而言一般称为启动/动作电流）的需求；

（2）消防设备只是纯阻性负载，配置时只考虑稳态电流，容性负载均有启动/动作电流的说明，需要考虑启动/动作电流，线路满载时要保证末端设备电压足够；

（3）导线均具有电阻，当导线很长、线上电流很大时，导线上压降就非常显著，所以导线选择不当将会使消防设备因电压不足而无法启动。

2. 选用导线

电源输出电压均按 DC26V 设计，末端设备的电压 V_m 可按以下公式计算：

$$V_m = 26 - 线上电流 \times (线长 \times 导线电阻)$$

其中线上电流单位：A，线长单位：km，导线电阻单位：Ω/km，表 7.2-1 为导线的阻抗特性。

表 7.2-1 导线的阻抗特性表

标称截面/mm²	铜导线线电阻/(Ω/km)
1.5	12.1
2.5	7.41
4	4.61
6	3.08
10	1.83

注：此表仅供参考，如果有导线厂家提供的阻抗特性表，应以厂家的参数为准。

3. 注意事项

配置电源时，应保证线路末端电压大于用电设备的最小工作电压，对于供电距离远的系统应考虑采用区域供电的办法，可选用智能网络电源箱。

(八) 消防电话系统

1. 说明

消防电话系统是一种消防专用的通信系统,通过这个系统可迅速实现对火灾的人工确认,并可及时掌握火灾现场情况及进行其他必要的通信联系,便于指挥灭火及现场恢复工作。总线制消防电话系统由消防电话总机、火灾报警控制器(联动型)、消防电话接口、固定消防电话分机、消防电话插孔、手提消防电话分机等设备构成。

2. 组成

消防电话系统由消防电话总机、消防电话分机、消防电话插孔、消防电话接口等组成,消防电话系统的现场设备应与系统主机在同一台控制器上,可能不支持联网控制器的应用,系统在应用过程中按要求进行配置,图7.2-13为某消防电话系统配置示意图。

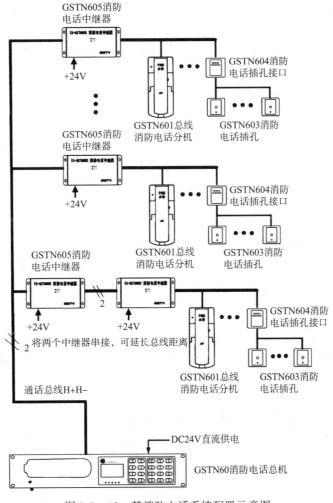

图7.2-13 某消防电话系统配置示意图

(1) 系统容量。每个消防电话分机需要配接1个消防电话接口,每100个消防电话插孔需要配接1个消防电话接口,每512个消防电话接口需要配接1个消防电话总机。

(2) 联动控制配置。与联动控制器配接时,每个控制器可最多配接:每个回路板可最多配接 2 台消防电话总机或 1 台消防电话总机和 1 台广播分配盘,或 1 台广播分配盘,每个消防电话接口占用一个总线点,需要计入控制器总线点数量。根据与"联动控制器配置"的说明进行控制器总线点数量计算、回路板数量计算、DC24V 联动电源容量计算,完成联动控制器配置。

(九) 事故应急电源

事故应急电源又称紧急供电电源(Emergency Power Supply,简称 EPS),是一种允许短时电源中断的应急电源装置,主要用于消防行业用电设备。它主要针对应急照明、消防设施等,在解决照明用电或只有一路市电,代替发电机组构成第二电源的场合使用。EPS 由互投装置、自动充电机、逆变器及蓄电池组等组成。在交流市电正常时逆变器不工作,负载由交流市电供电,当交流市电断电后,逆变器立即启动,耗时约 $0.1 \sim 0.25s$,同时互投装置将会立即投切至逆变电源为负载供电。当市电电压恢复时,互投装置又会投切至交流市电供电。EPS 适用范围广、负载适应性强、安装方便、效率高。采用集中供电的应急电源可克服其他供电方式的诸多缺点,减少不必要的电能浪费。在应急事故、照明等用电场所,它与转换效率较低且长期连续运行的 UPS 不间断电源相比,具有更高的性价比。

(十) 消防应急广播系统

1. 基本说明

消防应急广播系统是火灾逃生疏散和灭火指挥的重要设备,在整个消防控制管理系统中起着极其重要的作用。在火灾发生时,应急广播信号通过音源设备发出,经过功率放大后,由编码输出控制模块切换到广播指定区域的音箱实现应急广播。

2. 构成

系统主要由主机端设备[音源设备、广播功率放大器、火灾报警控制器(联动型)等],及现场设备(输出模块、音箱)构成。消防应急广播系统的现场设备应与系统主机在同一台控制器上,不支持联网控制器的应用。

3. 配置

系统在应用过程中至少按如下说明进行配置:

(1) 现场设备容量:音箱额定功率为 3W,接入正常广播时,每个输出模块最多可配接 50 个音箱;

(2) 不接入正常广播时,每个输出模块最多可配接 60 个音箱;

(3) 每个广播功率放大器输出功率分别为 500W、300W 及 150W;

(4) 每个广播分配盘可配接 2 台广播功率放大器;

(5) 可选择 DVD 播放盘作为应急广播控制器的音源,DVD 播放盘可配接 2 台应急广播控制器;

(6) 联动控制配置配接:每个输出模块占用一个总线点,需要计入控制器总线点数量,输出模块数量×0.02A=输出模块需要的 DC24V 联动电源供电电流;

(7) CD 录放盘或 DVD 播放盘数量×0.4A + MP3 广播分配盘广播系统主机需要的电流 = DC24V 联动电源供电电流;

（8）系统配置计算：根据现场的分区情况确定音箱及输出模块的数量；

（9）消防应急广播系统本身具有 SD 卡接口，可播放 SD 卡中 MP3 格式音频，可视需要选配 DVD 播放盘；

（10）消防应急广播系统的功放采用备用 AC220V 供电，根据功放标称功率选择备用电源。

4. 广播分配盘

广播分配盘是消防应急广播系统配套产品，它与广播功率放大器、音箱、输出模块等设备共同组成消防应急广播系统。同时它也通过 RS485 串行总线与消防控制器相连接，一起完成消防联动控制。它可以同时接入最多 2 路功放，以满足工程上的最大限度的需要。具有 SD 卡接口，可播放 SD 卡中 MP3 格式音频。作为应急广播也兼顾了正常广播播音的需要，二者自由切换，应急广播优先。

5. 广播功率放大器

广播功率放大器是消防应急广播系统配套产品，它与相应的广播音源设备和广播终端设备等配合，实现消防现场的应急广播功能。

6. 播放盘

播放盘是消防应急广播系统音源设备，超强纠错、全面兼容 DVD、SVCD、VCD、MP3 以及刻录以上内容的 CDR 及 CDRW 等碟片格式，做到音频清晰逼真，整机可靠，操作简洁直观。

（十一）应急照明系统

应急照明系统是在正常照明系统因电源发生故障，不再提供正常照明的情况下，供人员疏散、保障安全或继续工作的照明系统。应急照明不同于普通照明，它包括：备用照明、疏散照明、安全照明 3 种。

（1）备用照明：在正常照明电源发生故障时，为确保正常活动继续进行而设的应急照明部分，转换时间不应大于 5s。

（2）疏散照明：在正常电源发生故障时，为使人员能容易而准确无误地找到建筑物出口而设的应急照明部分，转换时间不应大于 5s。

（3）安全照明：在正常电源发生故障时，为确保处于潜在危险中人员的安全而设的应急照明部分，转换时间不应大于 0.5s。

第三节 移动消防

一、简介

（一）储油罐

储油罐按形式可分为立式储罐、卧式储罐等，按结构可分为固定顶储罐、浮顶罐、球形储罐等。浮顶罐分为内浮顶罐和外浮顶罐，内浮顶罐按浮盘结构和储存条件又分为单盘式、双盘式、敞口隔舱式和浅盘式内浮顶储罐。

易发生火灾的程度：固定顶＞内浮顶＞外浮顶。

火灾扑救难度：内浮顶＞固定顶＞外浮顶。

内浮顶储罐不同起火部位的扑救难度：固定泡沫产生器损坏＞罐体横移罐底裂缝＞人孔密封呲开（罐火、池火）＞罐盖撕裂＞呼吸阀＞通风口＞进出管线阀门。

内浮顶储罐不同结构形式扑救难度：浅盘式＞敞口隔舱式＞单盘式＞双盘式。

内浮顶储罐不同储存介质扑救难度：石脑油＞拔头油＞凝析油＞抽余油＞芳烃重整液＞汽煤柴。

1. 固定顶（拱顶）储罐

固定顶储罐是罐顶为球冠状、罐体为圆柱形的固定容积的钢制容器。常用的规格为 $1000 \sim 10000 m^3$，国内拱顶储罐的最大容积已经达到 $30000 m^3$。其结构如图 7.3-1 所示。

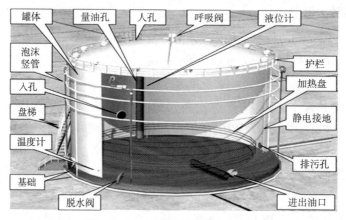

图 7.3-1 固定顶储罐结构示意图

2. 浮顶罐

浮顶罐是由漂浮在介质表面上的浮顶和立式圆柱形罐壁所构成，即顶盖漂浮在液面的储罐。浮顶随罐内介质储量的增加或减少而升降，浮顶外缘与罐壁之间有环形密封装置，罐内介质始终被浮顶直接覆盖，减少介质挥发。常见浮顶罐如图 7.3-2 所示。

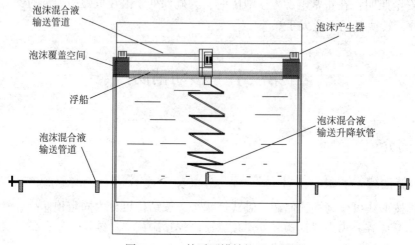

图 7.3-2 外浮顶罐结构示意图

(二) 库区主要消防设施

1. 消防水池（罐）及水泵

当工厂水源直接供给不能满足消防用水量、水压和火灾延续时间内消防用水总量要求时，应建消防水池（罐）。当消防水池（罐）与生活或生产水池（罐）合建时，应有消防用水不作他用的措施。消防水池（罐）应设液位检测、高低液位报警及自动补水设施。

消防水泵应采用自灌式引水系统；当消防水池处于低液位不能保证消防水泵再次自灌启动时，应设辅助引水系统。消防水泵、稳压泵应分别设置备用泵，备用泵的能力不得小于最大1台泵的能力。消防水泵应在接到报警后2min以内投入运行；稳高压消防给水系统的消防水泵应能依靠管网压降信号自动启动。消防水泵应设双动力源；当采用柴油机作为动力源时，柴油机的油料储备量应能满足机组连续运转6h的要求。

2. 消防冷却水系统

可燃液体地上立式储罐应设固定或移动式消防冷却水系统，罐壁高于17m储罐、容积等于或大于10000m^3储罐、容积等于或大于2000m^3低压储罐应设置固定式系统；储罐固定式冷却水系统应有确保达到冷却水强度的调节设施，控制阀应设在防火堤外，并距被保护罐壁不宜小于15m。控制阀后及储罐上设置的消防冷却水管道应采用热镀锌钢管。

3. 消防给水系统及消火栓

大型石油化工企业的工艺装置区、罐区等，应设独立的稳高压消防给水系统，其压力宜为0.7～1.2MPa。其他场所采用低压消防给水系统时，其压力应确保灭火时最不利点消火栓的水压不低于0.15MPa（自地面算起）。消防给水系统不应与循环冷却水系统合并，且不应用于其他用途。

罐区及工艺装置区的消火栓应在其四周道路边设置，消火栓的间距不宜超过60m。当装置内设有消防道路时，应在道路边设置消火栓。距被保护对象15m以内的消火栓不应计算在该保护对象可使用的数量之内。

消防给水管道应环状布置；消防给水管道应保持充水状态；消火栓的保护半径不应超过120m。

4. 消防水炮、水喷淋和水喷雾

甲、乙类可燃气体、可燃液体设备的高大构架和设备群应设置水炮保护，其设置位置距保护对象不宜小于15m。

固定式水炮的布置应根据水炮的设计流量和有效射程确定其保护范围。消防水炮距被保护对象不宜小于15m。消防水炮的出水量宜为30～50L/s，水炮应具有直流和水雾两种喷射方式。

工艺装置内固定水炮不能有效保护的特殊危险设备及场所宜设水喷淋或水喷雾系统。

工艺装置内加热炉、甲类气体压缩机、介质温度超过自燃点的泵及换热设备、长度小于30m的油泵房附近等宜设消防软管卷盘，其保护半径宜为20m。

工艺装置内的甲、乙类设备的构架平台高出其所处地面15m时，宜沿梯子敷设半固定式消防给水竖管。

操作温度等于或高于自燃点的可燃液体泵，当布置在管廊、可燃液体设备、空冷器等下方时，应设置水喷雾（水喷淋）系统或用消防水炮保护泵，喷淋强度不低于 $9L/m^2 \cdot min$。

5. 低倍数泡沫灭火系统

可能发生可燃液体火灾的场所宜采用低倍数泡沫灭火系统。

（1）下列场所应采用固定式泡沫灭火系统：

甲、乙类和闪点等于或小于 90℃ 的丙类可燃液体的固定顶罐及浮盘为易熔材料的内浮顶罐；单罐容积等于或大于 10000m³ 的非水溶性可燃液体储罐；单罐容积等于或大于 500m³ 的水溶性可燃液体储罐；

甲、乙类和闪点等于或小于 90℃ 的丙类可燃液体的浮顶罐及浮盘为非易熔材料的内浮顶罐；单罐容积等于或大于 50000m³ 的非水溶性可燃液体储罐；

移动消防设施不能进行有效保护的可燃液体储罐。

（2）下列场所可采用移动式泡沫灭火系统：

罐壁高度小于 7m 或容积等于或小于 200m³ 的非水溶性可燃液体储罐；可燃液体地面流淌火灾、油池火灾；

除上述以外的可燃液体罐宜采用半固定式泡沫灭火系统。

6. 蒸汽灭火系统

工艺装置有蒸汽供给系统时，宜设固定式或半固定式蒸汽灭火系统，但在使用蒸汽可能造成事故的部位不得采用蒸汽灭火。

灭火蒸汽管应从主管上方引出，蒸汽压力不宜大于 1MPa。

7. 灭火器

生产区内宜设置干粉型或泡沫型灭火器，控制室、机柜间、计算机室、电信站、化验室等宜设置气体型灭火器，生产区内设置的单个灭火器的规格应按规范执行。

工艺装置内手提式干粉型灭火器的选型及配置应符合下列规定：

（1）扑救可燃气体、可燃液体火灾宜选用钠盐干粉灭火剂，扑救可燃固体表面火灾应采用磷酸铵盐干粉灭火剂，扑救烷基铝类火灾宜采用 D 类干粉灭火剂；

（2）甲类装置灭火器的最大保护距离不宜超过 9m，乙、丙类装置不宜超过 12m；

（3）每一配置点的灭火器数量不应少于两个，多层构架应分层配置，危险的重要场所宜增设推车式灭火器；

（4）可燃气体和可燃液体的铁路装卸栈台应沿栈台每 12m 处上下各分别设置两个手提式干粉型灭火器，可燃气体、液化烃和可燃液体的地上罐组宜按防火堤内面积每 400m³ 配置 1 个手提式灭火器，但每个储罐配置的数量不宜超过 3 个。

8. 火灾报警系统

石油化工企业的生产区、公用及辅助生产设施、全厂性重要设施和区域性重要设施的火灾危险场所应设置火灾自动报警系统和火灾报警电话。

甲、乙类装置区周围和罐组四周道路边应设置手动火灾报警按钮，其间距不宜大于 100m。

单罐容积大于或等于 30000m³ 的浮顶罐的密封圈处应设置火灾自动报警系统；单罐容

积大于或等于 10000m³ 并小于 30000m³ 的浮顶罐的密封圈处宜设置火灾自动报警系统。

火灾自动报警系统的 220V AC 主电源应优先选择不间断电源（UPS）供电。直流备用电源应采用火灾报警控制器的专用蓄电池，应保证在主电源事故时持续供电时间不少于 8h。

二、日常消防监督检查

（一）合法性检查

查验建设项目消防审批情况，是否存在违章搭建，有无违规改、扩建情况，使用性质、规模与审批是否相一致。

（二）消防安全管理情况检查

（1）企业消防安全制度制定、落实情况。
（2）消防安全责任人、管理人履职情况。
（3）消防安全检查和巡查情况。
（4）员工"四个能力"掌握情况。
（5）灭火和应急疏散预案编制及培训、演练等情况。
（6）火灾隐患整改和防范措施落实情况。

（三）现场检查

（1）疏散通道和消防车通道是否畅通，是否被堵塞或占用。
（2）防火堤、围堰是否完好；入口处是否设置消除人体静电装置；物料装卸区罐车装卸线和罐区防火堤、装卸泵的距离是否符合规范要求；火源和危险源管理是否规范；是否在生产、储存化学危险品区域和消防设施处悬挂消防安全标识。
（3）消防水池水位、水质是否符合要求；消防水池是否能够自动补水；生产、生活是否违规占用消防用水；消防泵是否设置在自动状态；主、备泵是否能正常启动，压力是否满足规范要求；是否采用双动力源；主、备电源是否能够正常切换；在控制室是否能远程启、停消防泵。
（4）系统的控制阀、放空阀、清扫口、喷头、管道等组件是否完整，并重点检查企业自查测试情况；启动冷却喷淋系统，抽查验证消防冷却水流量和供水强度是否符合要求。
（5）消防水炮射流方式（直流/喷雾）及射程是否符合要求，水炮部件是否完好，操作是否灵活。
（6）水蒸气软管是否有老化、破损、漏气现象；快速接头是否完整好用。
（7）泡沫泵及消防水泵是否能正常启动；泡沫液种类、数量是否符合要求，是否在有效期内；泡沫发生器、泡沫比例混合器是否能正常运行。
（8）室内外消火栓是否被埋压、圈占、遮挡；是否有专门的室外消火栓开启工具，阀门开启是否灵活。
（9）感烟、感温、可燃气体探测器、手动报警按钮等能否正常运行；火警信号的传输是否正常；消防控制室是否 24h 双人值班，且持证上岗；自动消防设置是否能正常远程启动。

（10）是否制定并严格执行符合企业实际的危险化学品车辆管理制度；危化品车辆、驾驶员及押运员是否取得法定资质；危险化学品车辆停车场是否设置针对性的灭火设施。

（11）是否定期对本单位消防安全情况进行评估，对评估发现的问题是否制定整改计划，积极采取措施进行整改。

（12）是否对内部员工开展经常性消防安全教育；是否对新员工或新调整岗位的员工开展相应岗位消防安全培训。

（13）是否建立专职或者志愿消防队，并根据企业规模、火灾危险性、固定消防设施的设置情况，以及邻近单位消防协作条件等因素定期开展训练；专职或者志愿消防队配备的消防器材装备是否满足本企业初期火灾扑救需要。

（14）是否针对自身生产、储存的不同危险化学品可能发生的火灾、爆炸、泄漏等突发事件，分别制定应急处置和疏散预案，是否按规定组织演练；泡沫、堵漏工具等应急物资是否完备充足。

（15）自动消防设施是否按规定进行维护保养；生产、储存危险化学品的设施、场所与员工集体宿舍是否设置在同一建筑物内，或者生产、储存其他物品的设施、场所与员工集体宿舍是否设置在同一建筑物内，不符合消防技术标准要求；执法人员应遵守企业安全管理规定，在实施消防监督检查过程中不应携带非防爆的照相机、摄像机、执法记录仪等进入生产区、装置区、罐区等防爆区域，并按规定着装（长袖、胶底鞋）；注意各类安全标识。

三、消防灭火常见可燃物（危化品）

（一）原油

原油是一种复杂的多组分混合物，主要成分是烃类（烷烃、环烷烃、链烯烃和芳香烃等），相对密度为 0.75~1.0，热值为 43.5~46MJ/kg，原油的闪点范围比较宽，一般为 20~100℃，可溶于多种有机溶剂，不溶于水，但可与水形成乳状液。原油是整个石油化工行业的基础，其产品可应用于人类生产生活的各个领域。原油火灾应喷水冷却容器，使用泡沫灭火剂灭火。

（二）汽油

汽油外观为透明液体，易燃易爆，主要成分为 C5~C12 脂肪烃和环烷烃类，以及一定量芳香烃。密度为 $0.70~0.78g/m^3$，闪点为 -50℃，能与空气形成爆炸性混合物，遇到明火、高温引起爆炸。爆炸极限为 1.3%~6%。汽油是由石油炼制得到的直馏汽油组分、催化裂化汽油组分、催化重整汽油组分等不同汽油组分经精制后与高辛烷值组分经调和制得，主要用作汽车点燃式内燃机的燃料。汽油火灾应喷水冷却容器，使用泡沫灭火剂灭火。

（三）柴油

柴油是轻质石油产品，外观为稍有黏性的浅黄至棕色液体，主要成分为 $C_{10}~C_{22}$ 的复杂烃类，杂质比汽油多，闪点为 55~95℃，能与空气形成爆炸性混合物，遇热、明火、氧化剂有燃烧爆炸危险，爆炸极限为 1.5%~4.5%，主要用于柴油内燃机燃料。柴油火灾应喷水冷却容器，使用泡沫灭火剂灭火。

（四）苯

苯在常温下为一种无色、有甜味的透明液体，并具有强烈的芳香气味，毒性较高，是一种致癌物质。密度为 0.8765g/m³，闪点为 -10.11℃，易燃，其蒸气与空气可形成爆炸性混合物，遇明火、高热极易燃烧爆炸，与氧化剂能发生强烈反应，易产生和聚集静电，有爆炸燃烧危险。其蒸气比空气重，能在较低处扩散到相当远的地方，遇明火会引着回燃，爆炸极限为 1.2%~8%。主要用作溶剂及合成苯的衍生物、香料、染料、塑料、医药、炸药、橡胶等。苯火灾应喷水冷却容器，使用泡沫灭火剂灭火。

（五）液化石油气

液化石油气主要从石油裂解过程中产生，主要成分是 C_3~C_4 的烷烃和烯烃，气态的液化石油气密度是空气的 1.5~2 倍，泄漏后处于空气的下部，并流向低洼处，积存在通风不好和不易扩散的地方。液化石油气体积膨胀系数大，液态变为气态体积能迅速扩大 250~300 倍。易燃易爆，爆炸极限约为 1.5%~9.5%。液化石油气从管口或破损处喷出时易产生静电，静电电压在 340~450V 时，所产生的放电火花就能引起爆炸或燃烧。液化石油气泄漏的处置应注意禁绝火源，组织足够的喷雾水枪或水泡稀释、驱散沉积漂浮的气体，防止发生爆炸，并尽快组织关阀断料和实施堵漏。

（六）液化天然气

液化天然气的主要成分是甲烷，被公认是世界上最干净的能源，无色、无味、无毒、无腐蚀性。闪点为 -188℃，易燃，能与空气形成爆炸性混合物，遇到明火、高温，引起爆炸，爆炸极限为 5.3%~15%。液化天然气火灾应喷水冷却容器，使用泡沫灭火剂灭火。

（七）氨气

氨是一种无色气体，有强烈的刺激气味，比空气轻，极易溶于水。易燃，能与空气形成爆炸性混合物，遇到明火、高温引起爆炸。与氟、氯等接触会发生剧烈的化学反应。爆炸极限为 15.7%~27.4%。氨火灾使用雾状水、抗溶性泡沫灭火。

四、移动消防车辆装备

按照《消防法》以及相关规范要求，库区宜设计消防站，消防站应配置各类消防车辆和装备，目前主要配置有照明通信指挥车、泡沫消防车、高喷车、泡沫药剂（运输）车、干粉车等，主要装备有空气呼吸器、移动炮、破拆工具、防化服等。

消防车站位原则：消防车在奔赴火场的行驶过程中，必须确保安全行驶；消防车应选择距火场最近的消防车通道行进；多台车出动时，各车间保持足够的安全距离（50~80m为宜）行进；停靠位置在上风向；消防车辆进入火场后，应当按照火场指挥员指定的位置停稳车辆，车辆的停放姿态能够满足对火场进攻与撤退的需要，必须确保灵活自如地随时撤出危险位置。

灭火人员站位原则：佩戴正压式空气呼吸器、防火服、于上风向展开灭火工作。

（一）照明通信指挥车

照明通信指挥车的车载配套设备如表 7.3-1 所示。

表 7.3-1 车载配套设备

序号	物资名称 系统	设备名称	规格及型号	数量
1	音视频融合通信系统	一体化音视频融合通信平台主机	支持4路无线电台接入，1路4GLTE接入公网，实现无线音视频通信系统与SIP音视频通信系统互联互通，1U/19in标准机架，440mm×45.5mm×333.5mm；支持呼叫功能：呼叫保持、呼叫等待、应答前呼叫转移、应答后呼叫转移、无条件呼叫转移、无应答呼叫转移、遇忙呼叫转移、协商转移、IVR、呼叫记录等；支持基本调度功能：对讲、单呼、组呼、会议、广播、录音、监听、强插、强拆、禁言、禁听、代接、转接、紧急呼叫、呼叫队列、热线、无人值守等；支持增强功能：音频调度、视频调度、数据调度、短信息、传真、分组会议、分级协同调度、静态图片采集、分级管理、组管理、数据日志存储、可选加密通信、终端状态指示、图形化调度台等	1
2		联通资费卡	包年，制式：4GLTE	1
3		双通道无线宽带自组网车载通信机	支持双通道宽带无线通信，300~800MHz可选，最大33dBm发射功率，2个10/100Base-T/Tx标准RJ45网口，1U/19in标准机架，附带节点管理软件，最大可支持网络节点2048个和多达64跳的中继，单跳小于2ms；传输数据速率可高达20Mbps	1
4		车载天线	玻璃钢高增益天线，馈线等耗材	1
5	无线自组网通信系统	双通道无线宽带自组网单兵通信机	支持双通道宽带无线通信，300~800MHz可选，最大33dBm发射功率，1个10/100Base-T/Tx标准RJ45网口，背负式三防设计，附带节点管理软件，最大可支持网络节点2048个和多达64跳的中继，单跳小于2ms；传输数据速率可高达20Mbps	3
6		融合通信终端	5inTFT屏幕，Android 5.1，IP68设计，内置6000mA·h高容量聚合物电池，专用充电底座，内置GPS+BDS北斗二代，内置PTT专用按键，内置融合通信客户端软件	3
7		无线窄带自组网通信终端	2in彩屏，IP67设计，内置2400mA·h高容量锂电池，专用充电底座，自动2级中继，16个可选信道，3W发射功率，Ex ib IIB T4 GB防爆等级	5
8	车顶图像采集系统	一体化车载云台摄像机	全铝合金结构设计，IP66防护等级，红外照射距离大于100m，具备SDI+IP双高清输出，符合SMPTE 292M标准，双码流功能，1080P25，1080P30，720P60，720P50高清视频输出	1

续表

序号	物资名称			数量
	系统	设备名称	规格及型号	
9	音视频系统	4联液晶显示器	像素：800×480，显示比例：4：3/16：9可转换，亮度：300cd/m²，对比度：400：1，响应时间：10ms，可视角度：左右170°上下170°，外观尺寸：L482.6×H89×D173mm（约2U）	1
10		高清编码器	支持HD-SDI高清数字分量串行接口输入，支持1080p、UXGA、720p等高清分辨率编码，支持RTP、RTSP、NFS、ISCSI、DHCP、NTP、SMTP、SADP等协议	1
11		4路视频解码器	支持DVI（可以转HDMI或者VGA）、BNC两种输出接口，支持H.264、MPEG4、MPEG2等主流的编码格式	1
12		高清硬盘录像机	内置2个2TB硬盘，支持4路1080P同时存储	1
13	计算机系统	服务器	车载服务器（win2012正版系统）	1
14		KVM显示器	19inLED显示器，分辨率高达1280×1024@75Hz，LED显示屏可展开至108°，采用鼠标触摸板、高分辨率、高灵敏度，2个功能按键和滚轮功能	1
15		笔记本	i5-7200U/8G内存/128G硬盘/FHD/Win10	1
16	广播及扩音系统	车外功放	输出功率：2×570W/2Ω，2×400W/4Ω，2×260W/8Ω，800W/桥接8Ω 输入灵敏度 XLS402/402TX：1.025V满负荷分配给4Ω负载 频率响应（从20~20kHz） XLS402/402TX：±0.75dB相位响应（在1W·h） 在20kHz时，+19° XLS 402/402TX：在10Hz时，-10° 在20kHz时，+19° 信噪比（20~20KHz） XLS 402/402TX：>100dB（A加权，在满负荷工作时） 总谐波失真（THD） XLS 402/402TX：<0.15%（在满负荷输出时，从20~1kHz） 互调失真（IMD）（4：1时，在60Hz和7kHz）额定功率下，输出值为-40dB时 XLS 402/402TX：<0.3%	1

续表

序号	物资名称			数量
	系统	设备名称	规格及型号	
17	广播及扩音系统	调音台	区段调音台，使用灵活简单，配有遥控装置，适合商业用音箱和固定安装； 6个超低噪音麦克风/线路输入端，配有增益控制钮，-20dB衰减，电平/肖波现实，+48V幻象电源和母线设置开关； 2个动态极好的立体声输入端，配有单声/立体声开关； 1路声道配有可设定不同阈值的功能，提供母线自动静音的功能，适合用喇叭作通告等； 3个可自行设置的输出端（左、右和扶助都配有主控制钮和由5颗二级发光管组成的电平表； 配有音乐性极强的4频段主均衡器和麦克风低切滤波器，可用来调节音色； 配有左、右、辅助、静音母线连接，还有主/从开关，可用来连接更多的设备，能遥控左/右电平，灵活简单，遥控功能后有麦克风母线选择开关； 内置声道静音功能，配有Priority选择； 所有输入端/输出端配有欧式插座； 高品质的元件和极其牢固的结构，使产品经久耐用	1
18		车内音箱	尺寸：5in，阻抗：4Ω，频率范围：90~20000Hz，最大功率：50W	1
19		有线话筒	单指向式设计，2.2m皮质抗拉伸导线，背景噪音消除技术，配置防滑底座，配有麦克风开关，3.5mm镀银标准插头	2
20		DVD播放机	高清3D蓝光播放，HDMI、复合视频、同轴输出接口，1080P/24Hz，支持BD-Video、BD 3D、DVD-Video、DVD+R/+RW、DVD-R/-RW、DVD+R/-R DL（双层）、VCD/SVCD、音频CD、CD-R/CD-RW、MP3媒体、WMA媒体、JPEG文件格式	1
21		高音喇叭	防尘防水等级符合IEC529 IP66标准； 2分频高品质的喇叭单元； 轻量的高强度ABS合成树脂外壳可以抗击各种冲击； UV保护可以应付多年的室外环境安装； 90~20kHz超广阔频率响应提供高质量的语音的音乐还原度； 100/70V和8Ω选择连接方式； 内置100V/70V匹配变压器适合定压广播系统并且提供多个功率档选择； U形安装支架提供快速简单的安装	4

续表

序号	物资名称			数量
	系统	设备名称	规格及型号	
22	供配电系统	市电绞盘及接口	手动，50m	1
23		车载超静音水冷发电机	额定功率：5kVA	1
24		发电机安装及通风散热系统	中国定制	1
25		不间断电源UPS	3kVA	1
26		电源控制箱	定制	1
27		全车接地	定制	1
28	照明系统	车内照明	定制	1
29		背负式升降照明灯	气动1.2m	1
30	警示系统	警报器	CJB150警报器100W	1
31	其他	空调	房车车载整体顶置空调Coleman8373，制冷功率：1650W；制热功率：1800W/3150W；使用电源：220V，50Hz单相	1
32		两点支撑电动	DLS-ZS/4A后桥两点支撑	1
33		GPS定位模块	HULEX USB模块	1
34		防雷系统	中国定制	1
35		保护接地系统	中国定制	1
36		抽拉操作台	展开450mm	1
37		19in标准机柜	定制	2
38		手持应急灯	定制	2
39		各种辅材及线缆等	定制	1
40	车辆底盘	JX6651T-N5客车	承载式车身；驾驶座安全气囊；车载电脑诊断系统：CAN-BUS；液压双回路盘式制动：四轮盘刹，Abs；手动6前进挡；额定功率/转速［kW/（r/min）］：92/3500；气缸数及排量（mL）：2402；轴距（mm）：3750；外形尺寸：6503mm×2095mm×2595mm	1
41	车辆改造	车内结构加强	车内侧壁结构加强及防腐处理	1
42		内部装潢	车内装饰色调选用浅色调，车内装饰材料及座椅应采用阻燃并符合环保要求的材料，其阻燃性应符合GB 8410—2006的规定，做到"三无"：无污染、无变形、无异味；"四防"：防尘、防水、防磨、防静电。车内壁、侧壁及顶棚装饰：内蒙金属板，外蒙进口法国防火毯料（颜色另定）；地板：采用耐磨石英胶合地板，侧壁与地板之间过度：采用不锈钢踢脚线；机架、屏幕墙：采用金属材质装饰条	1

续表

序号	物资名称			数量
	系统	设备名称	规格及型号	
43	车辆改造	车尾爬梯	不锈钢/铝合金结构	1
44		车顶平台	不锈钢/铝合金结构	1
45		车身喷涂	箱体喷涂汽车专用漆，专用烤漆房烤漆，整车外观以红色为主，红白相间，与企业LOGO整体风格保持一致	1
46		外接口箱	中国定制	1
47		倒车监视系统	中国定制	1
48		侧窗遮光帘	（侧窗，每窗一个）中国定制	1
49	随车附件	工具	随车工具及土木工具	1
50		灭火器	南京合力手提式灭火器	2

1. 驾驶区

保持原车的基本设施不变，设置有支撑脚状态等信号指示灯及开关，安装警报器等设备。

2. 设备操作区要求

操作指挥区的前部为设备操作区：固定安装 1 个车载坚固型 19in 机柜，机柜具有良好的通风减震设施。通信设备、车载电脑等专业功能设备固定放置在 19in 标准机柜中，保证设备安装、维护、检修方便及良好的散热。

车顶平台前部安装车载摄像机；中部为驻车空调；后部安装背负式升降照明灯；平台四角安装车外扬声器。车身左侧设有外接口窗，方便电源、信号线缆接入。

上装、安装、固定及减震符合专业设备要求。

3. 供配电系统要求

供配电系统为指挥车内各设备提供适用的电源和接口，满足指挥车在规定的工作条件下正常用电的要求。

驻车时可使用市电电源，指挥车市电电源为交流 220V、50Hz。无市电接入时，可选用额定功率为 5kW 的车载柴油超静音水冷发电机和 1 台 3kW UPS 电源满足系统使用要求，同时满足静音发电机输出功率具有 10% 冗余。

供配电系统提供市电供电、车载发电机供电和 UPS 供电相互之间的切换；设有交流 220V 市电输入接口；具备发电机远程控制、环境设备、UPS 设备供电控制及配电状态显示功能；具备模拟式电压电流频率指示；具有过压、欠压、漏电和缺相等安全保护功能。

空调、强光照明等回路通过配电控制单元直接供电；平台主要设备（包括通信设备、主机存储设备、网络设备、显示设备等）经 UPS 转换后供给；输出给空调、照明、UPS、通信系统、网络系统、图像显控与语音调度系统、辅电等均有独立的空开；具有 UPS 旁路开关，当 UPS 故障时，能快速方便地将 UPS 旁路由市电或发电机直接供电。

4. 音视频融合通信系统要求

要求高度集成的模块化设计音视频融合通信平台，采用 DSP 数字处理技术，可扩展多种通信接口模块，支持连接无线电台、有线电话、GSM/CDMA 移动电话、音频广播系统以及其他特定的通信系统，实现异构网络（有线、无线）环境下的融合通信与统一调度指挥。平台间可通过 IP 网络连接，要求可以组成多级通信网，实现网络协同多级通信指挥。

5. 音视频融合通信平台功能要求

要求支持将各种语音通信系统接入到 IP 网络中，还能扩展视频监控、会议系统接入，实现互联互通及有、无线统一调度。采用一体化可变扩展插槽设计，支持各种专用通信接口（电话、中继、无线集群、广播会议、监控网关等）接入各种语音系统，支持标准 SIP 协议与其他终端或系统互通。采用最先进 DSP 算法，包括接收音频延迟、发送音频延迟、语音检测、VMR 检测、噪声衰减、DTMF 检测、发射按键音生成等技术，支持全面的语音调度功能，包括单呼、组呼、对讲、会议、广播、录音、监听、强插、强拆、禁言、禁听、代接、转接、紧急呼叫、呼叫队列、热线、无人值守等，支持分布式调度，实现调度机、调度台、网关、终端扩容，可以通过网络实现异地的联动，并且方便实现系统的扩容；支持融合通信终端接入，并全面支持移动终端对讲、视频/语音通话、文字/图片/语音/视频消息、支持终端的 GIS 调度功能。

6. 音视频融合通信平台接口要求

（1）无线电台/音频广播接口不少于 4 个。

（2）4GLTE 公网无线接口不少于 1 个。

（3）IP 网络接口不少于 1 个。

（4）需要支持 4 路以上 RTSP 网络视频接口，连接网络视频设备。

7. 音视频融合通信平台性能要求

（1）最大支持 4 个并发会议。

（2）最大支持 1 个调度台数量许可。

（3）最大支持 50 个注册用户数许可。

（4）最大支持 10 个并发呼叫许可。

（5）最大支持 20 个移动终端许可。

（6）支持多平台间的组网，并支持跨平台的调度操作。

8. 无线集群模块要求

（1）实现无线语音通信系统与 SIP 语音通信系统互联互通。

（2）实现无线电台与网络通信设备互联，如 SIP 电话，软电话等。

（3）音频输入：非平衡 600Ω，$-26 \sim +12$dBm 电平，$100 \sim 1500$Hz。

（4）话音输出：非平衡 600Ω，$-26 \sim +12$dBm 电平，$100 \sim 1500$Hz。

9. 调度台软件功能要求

（1）基本呼叫功能要求：呼叫保持、呼叫等待、应答前呼叫转移、应答后呼叫转移、无条件呼叫转移、无应答呼叫转移、遇忙呼叫转移、协商转移、IVR、呼叫记录。

(2) 基本调度功能要求：对讲、单呼、组呼、会议、广播、录音、监听、强插、强拆、禁言、禁听、代接、转接、紧急呼叫、呼叫队列、热线、无人值守。

(3) 增强调度功能要求：音频调度、视频调度、数据调度、短信息、GIS 调度、传真、分组会议、分级协同调度、静态图片采集、分级管理、组管理、数据日志存储、终端状态指示、图形化调度台。

10. 联网调度功能需求

系统要求支持多级联网功能，满足日后升级与指挥中心的多级联网需要。现场与指挥中心系统可以通过网络形成统一融通通信平台，任意一级调度台可以在系统权限允许的情况下实现对其他系统的统一调度。

11. 无线宽带自组网通信系统要求

组网无须任何设置，动态自行以最佳方式形成网路拓扑图。所有端站具备独立路由功能，无需无线中心站或基站，任意端站之间都可以通信并中继转发数据。

12. 融合通信终端要求

融合通信终端可以进行文字会话、实时语音对话、终端定位查看、发送目的地导航、传输实时高清视频等功能，具有抗干扰能力强、语音清晰延时低、易于加密以及诸多实用特性的综合性调度指挥系统，是对传统集群通信产品的延伸和补充。

（二）泡沫消防车

以四川消防泡沫车为例。

1. 基础参数

(1) 发动机型号：奔驰 OM473 L。

(2) 额定功率（kW/rpm）：425kW/580ps（1600r/min 时）。

(3) 最大扭矩 2800N·m（1000r/min 时）。

(4) 排量：15.569L。

(5) 水罐容量：10000L；泡沫罐容量：8000L。

(6) 变速箱：奔驰 G280-16，全同步变速箱；16 个前进挡，速比 11.7～0.69，4 个倒挡。

(7) 发动机排放标准：国 V 排放，采用 Blue-Tec SCR 及 EGR 尾气后处理技术。

(8) 最高车速：100km/h（电子限速）。

(9) 取力器：水泵采用原装进口配套全功率取力器；泡沫泵采用原装进口侧取力器。

(10) 交流发电机：28V/110A 发电机，3080W，自动保险丝（可复位熔断器），蓄电池 2×12V/220AH，预留上装取电接口，预留电台接口（12V），预留警灯警报接口，蓄电池电源主开关（驾驶室内和电瓶旁 2 个），组合式前大灯，灯光范围调节，尾灯保护罩，卤素雾灯 6 格式尾灯，带反光器，附加指示灯转接器。发电机功率与用电设备匹配。（车尾火加装不锈钢可拆卸防护罩）

2. 防溢流 – 通风

在罐内设置通大气的溢水管路，溢流管一端穿过罐体底板与外部大气相通，另一端与罐体顶板齐平，顶板上方安装一与溢流管同心的圆柱形盖帽，保证向液罐加注水时，能将液罐里的空气充分排出，且当满载消防车行驶过程中，液罐里的水不会大量从溢流管中溢出。溢水管路尺寸：2 个 $DN125$，溢水管路高出罐顶。

3. 排水口

设 1 个 $DN65$ 水罐排水管，配 $DN65$ 不锈钢球阀，配有 $DN65$ 内扣式接口，带涂绿色闷盖。

4. 补水口

泵房左右两侧各设 4 个 $DN80$ 接口，距地面高度 900mm 左右，且带 $DN80$ 球阀（阀体和阀芯材质均为不锈钢），带 $DN80$ 内扣接口和闷盖；每 4 个接口设一根 $DN150$ 汇水管，采用上翻式进水，满足补水要求。

5. 进水口

水罐到水泵进水管为 2 个 $DN200$ 进水管路，满足泵流量要求，采用原装进口荷兰 Wouter Witzel 牌不锈钢气动蝶阀，可电、气、手动控制（当电动执行阀发生故障时，可通过一键排气总阀进行气动控制，极端情况下还可直接使用该阀门自带手柄进行手动控制）。

6. 水泵

（1）品牌型号：美国希尔（Hale）8FC170（自带增速箱，增速箱为美国希尔原装增速箱）。

（2）流量：1.0MPa 压力下，流量≥10000L/min。

（3）安装形式：后置式。

（4）泵浦系统为全自动压力控制系统，具有电子自动稳压功能，即使在不同设备单元的开启或关闭的情况下，也能保持预设的工作压力值，如果吸水口供水减少（小于 2bar），电子系统将增加发动机转速，保持系统压力。

（5）泵系统设排凝阀，材质为铜合金，手控、易操作。

（6）设泵、比例混合器、管路全流程清洗、放空系统。

7. 混合液系统控制

泡沫泵工作由泡沫阀开启后控制泡沫泵电磁离合器自动实现；罐内泡沫液位低时，由液位开关控制泡沫泵自动脱开；由 PLC 工业用微处理器控制，通过流量传感器，按设定值自动调节泡沫比例。泡沫泵压力约高于水泵压力 0.5bar，每个混合单元含球阀调节混合比，设计流量为 4000~20000L/min，系统性能取决于流量计测定的水流量及泡沫流量，流量计品牌为 Krohne。

8. 正压泡沫比例混合系统

该系统选用 3 点正压式注入喷射系统，调节精度更高，水与泡沫液混合后发泡更充分。实现外供压力水≤1.0MPa 工况下，出水管路水压≤1.6MPa 工况下的正压泡沫自动比例注入，如表 7.3-2 所示；实现单、多枪、消防炮等多工况下的泡沫压力恒定（$P_{泡沫液} - P_{水} = 0.15~0.25$MPa）。

表7.3-2　不同出口水流量对应的泡沫液的混合比例

泡沫混合比	最大水流量/(L/min)
1.0%	85000
3.0%	26666
6.0%	14200
10.0%	8500

9. 车载炮（该车载炮具有减半功能）

（1）流量：5000~10000L/min@1.0MPa 流量可在半全流量之间无级别调节（同压力下可采用可调节范围内的不同流量，且全、半流量对射程的变化不超过15%）。

全流量：1.0MPa 时 10000L/min；

半流量：1.6MPa 时 5000L/min。

（2）射程：

全流量时：无风状态下，水 127m，泡沫 120m（仰角 30°）；

半流量时：无风状态下，水 105m，泡沫 95m（仰角 30°）。

（3）最大工作压力：1.6MPa

俯角：-22.5°，仰角：+75°，水平转角：330°。

控制方式：有线驾驶室内模拟操控、无线遥控。

10. 驾驶室车载炮操控台

该车不仅设有在车辆外部操作的消防控制系统，在驾驶室还设有消防控制系统。驾驶室内消防中控台预留数据对接接口 1 只，形式为 232 数据通信，可电脑诊断消防炮的编码器及马达的工况。具备适时显示水和泡沫容量、水泵出口压力、车载炮流量和压力等功能。

具备自动复位（消防炮具备一键自动复位到出厂设定位置）。障碍物避让设定：消防炮管转动过程中可能碰及到的女儿墙、容罐人孔、梯架等或喷射过程中可能会喷射到警灯、警报器或天窗均可出厂前设定消防炮管无法运动到该区域，有效防止碰撞或误射水流进设备或驾驶室导致的设备损坏。其功能为：车辆在行驶过程中可以在驾驶室启动水泵，打开底盘自保系统，实现对车辆自身在经过火场时的自我保护。

驾驶室操作系统可实现车辆在不超过 40km/h 时边行驶边灭火功能。

11. 消防控制系统

采用泵、炮原厂消防控制系统。

本系统包括 CAN 总线程控系统、操作系统编程软件、控制面板总成、相关控制阀门及传感器、全套气路和电路系统等，能实现联动按钮一键式快速出水，快速出泡沫。炮自动打开、复位、瞄准。

整套系统能自动调节发动机转速，水泵自动出水，各个控制阀门开闭，遥控自动打开，水罐通断，泡沫液罐通断，自动调节泡沫比例混合器工作状态，以及稳流稳压系统自动实现。

(三) 高喷车

以沈阳捷通高喷车为例。

（1）发动机功率：369kW（500ps）/1400～1900r/min；发动机排放标准：国五。

（2）最高车速：94.8km/h（电子限速）。

（3）取力器：最小离地间隙≥260mm，整车接近角≥17.1°，离去角≥10°。

（4）最小转弯半径：≤12m。

（5）交流发电机：≥2500W（28V/80A，功率须与用电设备匹配）。

（6）颜色：驾驶室、上装为红色（RAL3000）；保险杠、工作臂为白色（RAL9010）；底盘和轮辋为黑色（RAL9005）。（采用原产美国杜邦漆。）

（7）外形尺寸：12800mm×2500mm×3845mm（长×宽×高）。

（8）上装基本技术数据举高形式：双伸缩臂侧折叠组合。

（9）最大工作高度：60m；最大工作半径：31m。

（10）旋转范围：任意360°连续旋转；支腿伸展宽度：5.60m。

（11）最大工作角度：-3°～88°；支腿调平幅度：≤5°；支腿形式：H形；支腿完全伸出时间：≤30s；臂架升起额定高度并旋转90°时间：≤170s；最大抗风能力：≥13.8m/s。

（12）水罐容量：5000L。

（13）泡沫罐容量：2500L。

（14）泡沫比例混合器：混合比为：0.5%～10%自动调节，并设有手动调节按钮。

（15）泵最大流量：10200L/min。

（16）出口压力：1.7MPa；最大吸水深度：≥7m；吸水时间：≤50s。

（17）工作臂升降系统：

①支腿系统

由水平液压伸缩及垂直液压伸缩的4个支腿组成最稳定的H形支腿系统。

在较窄场所作业时，只需一边支腿全部伸出，不作业一边支腿只垂直下伸至地面支撑，工作臂即可自由操作，但系统将会对转台做出有效的安全限制。

自动调平功能：只需按一个按键，4个支腿可同时伸出并使车身自动调平。

②旋转台

旋转台的动作可以顺时针或反时针方向360°连续转动，发射炮可以指向任何方向。转台装有制动装置可使之停在任何位置，转台不因炮喷嘴射水和风力过大而旋转。

③工作臂

所有工作臂均有内外喷漆、防锈及防腐蚀处理，保持长时期使用，需要保养的区域便于操作。

④液压系统

液压系统由液压取力器、液压油泵、电控驱动液压泵系统、上下车互锁系统、液压主控比例阀、变幅控制双向平衡阀、上臂控制双向平衡阀、下车主控制阀、下车支腿双向液压锁、液压系统高压胶管及接头、液压油缸密封件组成，液压压力由底盘取力系统驱动。

不操作时，泵的转数降为最低，而压力也最低，当有动作需要操作时，控制阀自动将压力增加到需要的层次且油的流量也将相应增加。

具有强制冷却系统，防止因压力而产生过热情况，当几个动作同时操作时，油的流量会自动增加到系统所需数量，所有动作的速度完全独立。

液压系统均带最大压力防止超载系统。当液压系统压力达到设定时，系统会自动泄压，使压力始终在安全范围以内，确保使用安全。

液压、手动备用系统：独立电控驱动液压泵系统、人工手动系统。

⑤安全系统

各系统设互保系统，支腿与上装设互锁系统，即支腿展开前，臂架和梯架不能启动，臂架和梯架收回前支腿不能收回。

各臂伸展或收回到极限位置时应能自动停止，设臂架、支脚展开和收回锁止装置。臂架变幅、伸缩油缸设有双向平衡阀，四个支腿设有液压锁，实现臂架、支腿展开和收回在任意位置的自动锁止。

工作臂在工作中出现故障、超出工作范围、遇到障碍物等情况，应有自动报警和紧急停止装置。工作臂在不能完全展开的情况下，应能正常出水和出泡沫。工作臂没有收回时，不能收回支架和四个脚。H形支架（脚）设闪烁警示灯及软腿报警系统。液压驱动系统配备了由电气开关控制的转换阀，在操作下车机构运动时，上车液压系统油路停止，在操作上车各机构运动时，下车液压系统油路中断，实现了上下车液压系统及运动的互锁机能，达到了顺序操作，确保了高喷车的使用安全。

设有防撞系统。如：工作臂与驾驶室接近时，设有缓降装置、自动停止、防碰撞装置。臂端装有防碰撞式超声波（雷达）接近警报和紧急停止装置。臂端设有防碰撞保护，当接近障碍物时，会自动停止臂架向不安全方向的全部动作，电脑显示屏幕会出现相应的图标及文字提示。

提供工作臂的最高工作温度，臂端设超温自保系统。

设有臂顶炮喷淋自保装置，电控开启。可以在水炮使用过程中对其进行有效保护，且可单独操控，降低水炮温度，保护消防炮，对其他部件没有影响。

⑥供水系统

压力保护：带有自动减压，具有缓冲保护（防止水锤事故发生）。当水路水压超过一定值时，水路自动泄压，使水路压力不会超过设定压力，保护水路和消防炮等设施。

车尾设4个$DN80$供水口（内设单向阀），汇管$DN150$，供臂端炮，接口为铝合金材质，带阀门及闷盖，均使用螺纹连接，并设有排水阀。便于常规消防车与高喷消防车合成作战。

⑦遥控水/泡沫炮

臂顶选用水、泡沫两用电遥控消防炮。流量（可调）：1150～4800L/min；工作压力：0.55MPa。

水/泡沫炮置于臂顶端，在1MPa时流量：4800L/min，400m无线遥控，可做遥控垂直和水平调整。水平：90°、仰角：15°、俯角120°。

⑧最大射程

额定压力下，有效射程：水≥95m，泡沫≥75m。流量无级调节。

臂顶端安装荷兰ORLACO同步摄像探头，控制盘上设监视显示系统并配备火场视频存储系统。

⑨电气系统

工作臂动作所需电力来自底盘蓄电池，电压为DC24V。

工作臂操作时，支腿上、最高一节工作臂设黄色警告闪灯自动亮起，具有警示和安全作用。

驾驶室内应有液晶（或电子数显）功能显示系统，显示各种功能参数。

⑩操作平台操作盘

操作台控制面板包括所有的控制杆和安全系统指示，拼在一起安装在转台旁边的旋转臂处，整个控制系统可放在一边锁起，如果有任何意外，可以由平台控制盘控制把工作臂收回到安全的范围内。

（18）上装：

①水罐容量：5000L。

②材质：316L不锈钢，包括防荡板，设计厚度保证强度和刚度。

③人孔：设1个DN450人孔，带有快速锁定/开启、自动泄压装置，罐盖涂绿色。

④溢流口：DN150。

⑤排水口：设1个DN65水罐排水口，配球阀（材质为不锈钢或青铜合金）；并配DN65内扣接口，带涂绿色闷盖。

⑥水罐补水口：分别设在车身左右两侧，接DN80内扣式接口，4只带阀门（阀体和阀芯材质均为不锈钢），每边2只，接口有向下斜角，距地面高度900mm左右，单侧汇管DN150，配有不锈钢滤网，带涂绿色闷盖。

⑦进水口：水罐到水泵进水管DN200，阀门采用美国原装进口阀门，材质铜合金，可电、气、手动控制。

（19）泡沫罐：

容量：2500L。

人孔：设1个DN450人孔，带有快速锁定/开启、自动泄压装置，罐盖涂黄色。

溢流：设溢流口及通气阀满足溢流进气需要。

排液口：设1个DN65泡沫罐排液口，配球阀（材质为不锈钢或青铜合金）；并配DN65内扣接口，带涂黄色闷盖。

五、主要灭火作战方法

（一）利用半固定接口供给接入

1. 目的

如何使用消防车给半固定式泡沫灭火系统供给泡沫和进行灭火。

2. 适用范围

适用于设置半固定式泡沫灭火系统的各类罐体。

3. 场地器材

具备固定、半固定式泡沫灭火系统的各类储罐或模拟训练设施，自动式泡沫比例混合器且水泵流量大于等于100L/s的泡沫消防车。

4. 人员组成

战斗班班长，驾驶员，1、2、3、4、5号员，共计7人，着全套个人防护装备，个人防护装备如图7.3-3所示。

图7.3-3 灭火作战个人防护装备

5. 操作程序

当听到作战指令后：

班长跑至罐前分配阀处，关闭固定泡沫系统进液阀门，并打开泡沫管线导余阀，排放管线泡沫余液，余液排出后迅速关闭导余阀。

1号员铺设一条80mm的水带干线并在合适位置设置一个分水器，2号员携带65mm水带与1支PQ16泡沫枪，连接1号员设置的分水器后设置验证泡沫枪，准备验证泡沫的发泡倍数；3号员铺设1条65mm的水带连接至半固定泡沫注入装置，并携带1盘65mm水带连接1号员设置的分水器，水带另一端连接半固定泡沫注入装置；4号员铺设2条65mm水带干线连接半固定泡沫注入装置。5号员双干线连接消火栓，向泡沫车供水。利用半固定接头供给接入作战如图7.3-4所示。

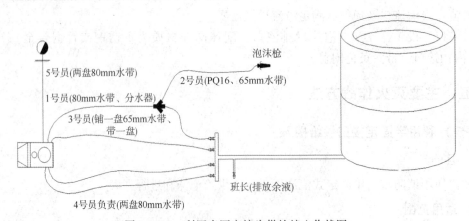

图7.3-4 利用半固定接头供给接入作战图

班长示意驾驶员供应泡沫，验证泡沫发泡倍数。

班长示意泡沫验证完毕后，指挥员下令班长检查罐前分配器。

1号员切换分水器开关，驾驶员同时向4条水带线路供应泡沫，2、3号员迅速把半固定泡沫注入装置手动开关打开。

驾驶员稳定向半固定装置连续出泡沫 30min 灭火，在接到结束的作战命令后，班长下达停止指令，驾驶员停止供应，按照分工回收器材装备。

6. 操作要求

（1）应确认切断储罐油品加热系统，浮盘排水阀处于打开状态。

（2）应留有单位操作工操控罐内排水阀，及时排出罐内余水。

（3）泡沫消防车泡沫比例混合器配比与泡沫混合比调整一致，在注入泡沫前，还应事先验证泡沫，达到要求后方可注入。

（4）泡沫消防车应确保不间断供给泡沫，泡沫消防车泵出口压力不得低于 1.1MPa。

（二）外浮顶罐垂直干线铺设

1. 目的

通过训练，使消防员掌握外浮顶罐垂直铺设水带干线的战术、程序和方法，为登罐灭火提供泡沫混合液或水源。

2. 适用范围

罐区固定、半固定装置损坏，管路无法使用的情况下，保证登罐扑灭密封圈火灾水带干线的铺设。

3. 场地器材

自动式泡沫比例混合器且水泵流量大于等于 100L/s 的泡沫消防车，65mm 水带 4 盘，80mm 水带 6 盘，分水器一个，水带挂钩 2 个，4m 安全绳 1 条，O 型钩 1 个，30m 导向绳 1 条。

4. 人员组成

班长，驾驶员，1、2、3、4、5 号员，共计 7 人，着全套个人防护装备，准备好相关器材，为做好灭火战斗展开准备。

5. 操作程序

听到下达作战命令后：

班长（携带分水器、4m 绳、水带挂钩），3 号员（携带 30m 导向绳），1、2 号员（携带泡沫枪，65mm 水带），沿走梯登至罐顶后，3 号员协助班长设置并固定分水器，3 号员下放导向绳，与 4 号员协作，将水带吊升至罐顶后连接分水器。在 3 号员展开动作的同时，4 号员携带 2 盘 80mm 水带至罐底后甩开第一盘水带将接扣沿走梯拉至走梯中间平台后用水带挂钩固定，沿走梯甩开另一盘水带连接第一盘水带，利用 3 号员下放的导向绳，协助 3 号员将水带吊升至罐顶。5 号员铺设 3 盘 80mm 水带至罐底并连接 4 号员留下的接扣，3 号员登至罐顶平台担任安全员，观察风向及火势，随时发出紧急撤离准备。外浮顶罐垂直干线铺设作战如图 7.3-5 和图 7.3-6 所示。

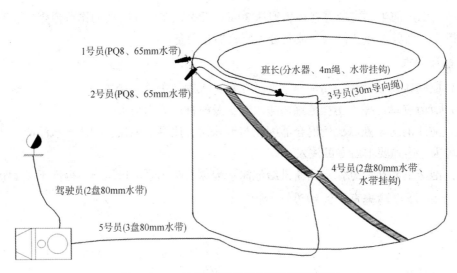

图 7.3-5　外浮顶罐垂直干线铺设作战图 1

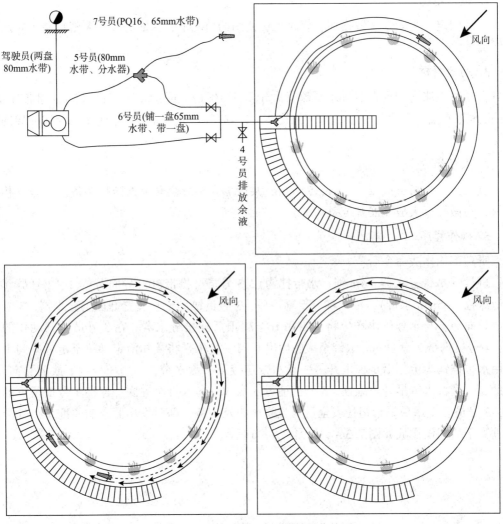

图 7.3-6　外浮顶罐垂直干线铺设作战图 2

6. 操作要求

（1）泡沫消防车泡沫比例混合器配比与泡沫混合比调整一致，在注入泡沫前，还应事先验证泡沫，达到要求后，方可供应泡沫。

（2）泡沫消防车应确保不间断供给泡沫。

（3）泡沫消防车泵出口压力不得低于1.1MPa。

（4）罐顶及走梯中间平台的水带要进行固定。

（5）登罐作战人员应做好自身安全防护。

（6）3号员同时兼任安全员，利用风向标，提前确定竖管位置（不少于2处），应对突发情况，战斗员利用竖管紧急撤离。

（三）外浮顶储罐半液位登罐灭火操

1. 目的

使消防员掌握外浮顶储罐登罐扑救半液位时密封圈初期火灾的技战术、程序、方法。

2. 适用范围

适用于外浮顶储罐半液位时密封圈初期火灾，且固定泡沫系统故障或泡沫发生器损坏，罐顶平台泡沫竖管完好的情况。

3. 场地器材

在油罐区固定泡沫系统罐前停放1辆泡沫消防车（车辆要求：全自动泡沫比例混合器，水泵流量不小于100L/s），泡沫枪（PQ8）4把，多功能水枪1把，转换接扣（65卡扣转快速接扣）4个，65mm水带若干。班长、战斗员佩戴好个人防护装备。班长根据作战任务，合理确定战斗员任务分工，为做好灭火战斗展开准备。

4. 人员组成

班长，驾驶员，1、2、3、4、5、6、7号员，共计9人，消防员个人防护装备齐全。

5. 操作程序

听到下达作战命令后：

班长带领3名战斗员，做好个人防护（穿着隔热服、佩戴空气呼吸器、佩戴好个人防护装备全套、携带对讲机、3号员携带强光手电、哨子、指挥旗）后，1、2号战斗员各携带1把泡沫管枪、1盘水带，班长携带2盘水带，3号员携带多功能水枪、2盘水带以及安全员所需携带器材，沿储罐走梯登至罐顶平台。

班长和1、2、3号战斗员从泡沫竖管二分水接口沿罐顶内走梯铺设6盘水带至浮盘，3号员延伸一条水带连接多功能水枪，接口预留在二分水器旁，随时准备连接接口，掩护班长、1、2号员，同时3号员判断风向，指示1、2号员在顶风处处置泡沫枪阵地；形成泡沫覆盖层后，1号战斗员沿逆时针方向对浮盘围堰逐段进行泡沫覆盖至下风闭合点处；2号战斗员沿顺时针方向对浮盘围堰进行泡沫覆盖至下风闭合点处，班长负责协助1、2号员铺设水带线路；待泡沫覆盖接近至下风向闭合点位置后，明火即将扑灭时，1、2号员交替掩护对方佩戴好空气呼吸器面罩，对闭合点进行泡沫覆盖，完全扑灭火灾后，全部人员立即撤出。班长协助1、2号员并指挥完成扑救任务。

3号战斗员在泡沫竖管二分水接口处,判断风向,观察现场情况,做好通信联络,操作二分水阀门,配合做好关阀,遇有紧急情况及时报告,发出信号。

驾驶员、其他战斗员从泡沫消防车出水带线路连接泡沫竖管接口后,其他战斗员各携带2盘65mm水带沿走梯登至罐顶平台,将水带至于平台处,必要时其余号员可协助班长,1、2、3号员开展战斗。

驾驶员负责连接消火栓给泡沫车供水,并在3号员给出供水信号后,向罐顶供给泡沫。

外浮顶储罐半液位登罐作战如图7.3-7所示。

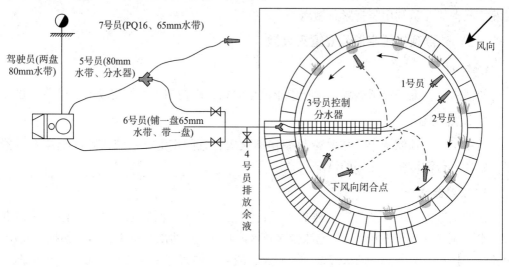

图7.3-7 外浮顶储罐半液位登罐作战图

6. 操作要求

(1) 在注入泡沫前,应确认浮盘排水阀处于打开状态。

(2) 应留有单位操作工操控罐内排水阀,及时排出罐内余水。

(3) 泡沫消防车自动泡沫比例混合器配比与泡沫混合比调整一致(3%或6%),泡沫消防车的泡沫混合液供给流量应与泡沫竖管二分水器需求流量一致。

(4) 泡沫消防车应确保不间断供给泡沫。

(5) 登罐作战人员应当做好个人安全防护。

(6) 在实施登罐灭火的同时,应当启动储罐固定冷却系统或利用移动水炮加强对罐体液位处浮盘上侧实施冷却。

(7) 泡沫覆盖厚度不低于0.3m,接近泡沫覆盖闭合点,推进迅速需放慢,防止高温回火引起油气复燃。

(8) 半固定泡沫竖管无法使用时,可通过储罐旋梯铺设水带干线连接分水器的方法代替。

(9) 遇雷雨天气时,应设置防雷充实水柱水枪阵地(就近使用消火栓,沿储罐旋梯铺设水带至罐顶平台,连接直流水枪并固定至罐顶最高位,水枪枪口垂直出直流水柱)。

(10) 3号员同时兼任安全员,利用风向标,提前确定竖管位置(不少于2处),应对突发情况,战斗员利用竖管紧急撤离。

(四) 外浮顶储罐登罐灭闭合点操

1. 目的

使消防队员掌握扑救外浮顶储罐固定泡沫系统泡沫不能有效闭合火灾的技战术、程序、方法。

2. 适用范围

适用于外浮顶储罐固定泡沫灭火系统(壁挂式泡沫产生器)完好,现场风力较大,固定泡沫灭火系统喷射泡沫不能有效闭合的情况。

3. 场地器材

在油罐区固定泡沫系统罐前分配阀前15m处,停放1辆泡沫消防车(车辆要求:全自动泡沫比例混合器,水泵流量不小于80L/s),泡沫枪、水带若干。消防员个人防护装备齐全。

4. 人员组成

班长,1、2、3号员,安全员,驾驶员,共计6人。班长、战斗员佩戴好个人防护装备。指挥员根据作战任务,合理确定战斗员任务分工,为做好灭火战斗展开准备。

5. 操作程序

外浮顶储罐登罐灭闭合点作战如图7.3-8所示。

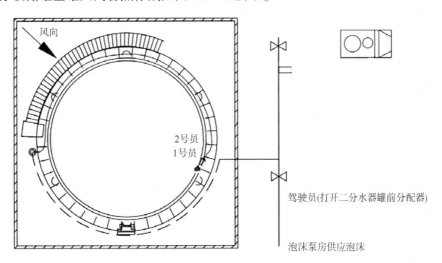

图7.3-8 外浮顶储罐登罐灭闭合点作战图

听到下达作战命令后:

班长,1、2号员,安全员(穿着隔热服、佩戴空气呼吸器、带个人安全绳)携带水带、泡沫枪沿储罐旋梯登至罐顶平台。此时3号员确认二分水器罐前分配器是否开启;

2号员从泡沫竖管分水接口各出一条水带线路、一把泡沫枪,从距离较近一侧接近泡沫覆盖未闭合点向未闭合点上方罐壁喷射泡沫覆盖灭火。班长协助1、2号员铺设水带干线,明火即将扑灭时,1、2号员交替掩护对方佩戴好空气呼吸器面罩,完全扑灭火灾后,全部人员立即撤出。

安全员在泡沫竖管分水接口处，观察现场情况，做好通信联络，操作分水阀门，配合做好关阀、延伸水带等工作，遇到紧急情况及时报告。

6. 操作要求

（1）应确认切断储罐油品加热系统，浮盘排水阀处于打开状态。

（2）应留有单位操作工操控罐内排水阀，及时排出罐内余水。

（3）泡沫消防车自动比例混合器配比与泡沫混合比调整一致。

（4）泡沫消防车应确保不间断供给泡沫。

（5）登罐作战人员应当做好自身安全保护。

（6）泡沫消防车泵出口压力不得低于 1.1MPa。

（7）在实施登罐灭火的同时，应当启动储罐固定冷却系统或利用移动水炮加强对罐体浮盘上侧实施冷却。

（8）有多个未闭合点时，应依次向前延伸水带逐个覆盖未闭合点，泡沫覆盖厚度不低于 0.3m。

（9）遇雷雨天气时，应设置防雷充实水柱水枪阵地（就近使用消火栓，沿储罐旋梯铺设水带至罐顶平台，连接直流水枪并固定至罐顶最高位，水枪枪口垂直出直流水柱）。

（10）3 号员同时兼任安全员，利用风向标，提前确定竖管位置（不少于 2 处），应对突发情况，战斗员利用竖管紧急撤离。

（五）外浮顶罐密封圈火灾应急登罐操

1. 目的

使战斗员掌握沿罐外竖管攀登上罐的方法。

2. 适用范围

适用于外浮顶储罐密封圈初期火灾，罐外走梯遇烟火封闭、损坏等情况下无法使用，又急需登罐灭火的情况。

3. 场地器材

自制脚式上升器 1 副、连接竖管安全绳 2 根、30m 吊升绳 1 根、全套个人防护装备。

4. 人员组成

1、2、3 号员，共计 3 人。

5. 操作程序

听到下达作战命令后：

1、2、3 号员着个人防护装备，1 号员在 2、3 号员的协助下穿戴好自制脚式上升器，连接好一根竖管安全绳，携带一根安全绳，背负 30m 吊升绳，沿上风向喷淋竖管向上攀爬。当攀爬至竖管与罐体连接点时，将携带的 1 根安全绳越过连接点连接，然后解开事先连接的安全绳，而后再向上攀爬，如图 7.3-9 所示。

照此法动作，直至到抗风圈处，解开脚式上升器、安全绳，手抓抗风圈下斜管，脚踩连接点，然后用手扣紧抗风圈，脚蹬手撑越过抗风圈之后上至罐顶。

至罐顶，解开吊升绳，做好固定后下放吊升绳，吊升水带；或观察烟火，没有到达罐顶二分水处，可直接利用二分水对走梯处烟火进行稀释。

6. 操作要求

（1）竖管安全绳须确保连接并锁闭。

（2）过连接点时，须保证 1 根安全绳连接好后，方可解开另 1 根。

（3）至罐顶后，将吊升绳做好固定，必要时可利用吊升绳进行紧急撤离。

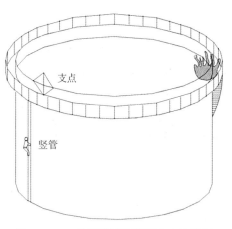

图 7.3－9　外浮顶罐密封圈火灾作战图

（六）外浮顶罐紧急避险操

1. 训练目的

使战斗员掌握外浮顶罐竖管紧急避险的方法。

2. 适用范围

适用于外浮顶储罐密封圈（初期火灾），战斗员灭火时风向突变，封锁罐外走梯，威胁战斗员安全的情况，情况紧急需要紧急避险的情况。

3. 场地器材

个人安全绳、全套个人防护装备

4. 人员组成

1、2、3 号员，安全员，共计 4 人。

5. 操作程序

听到下达作战命令后：

安全员在罐顶平台利用灯语及对讲机向战斗员发出紧急撤离信号。

1 号员选择上风向处竖管上方，利用个人安全绳制作好支点（不少于 2 处），下放安全绳，1 号员在 2、3 号员的协助下（联系地面安全员），利用腰带，束紧安全绳，利用竖管，抱式下滑至地面。

6. 操作要求

（1）合理避开抗风圈。

（2）支点制作必须牢固。

（3）安全员必须用腰带束紧安全绳。

（七）浮顶罐钢材质浮盘量油孔火灾处置操

1. 目的

通过训练，使消防员掌握扑灭量油孔火灾的程序和方法。

2. 适用范围

适用于浮顶储罐量油孔出现明火的情况。

3. 场地器材

在事故罐上风方向环形道路停放 4 辆泡沫消防车（自动式泡沫比例混合器且水泵流量大于等于 100L/s）、1 辆高喷车。

4. 人员组成

班长，驾驶员，1、2、3 号员，共计 5 人。指挥员、战斗员佩戴好个人防护装备。指挥员合理确定战斗任务分工，做好战斗展开准备。

5. 操作程序

浮顶罐钢材质浮盘量油孔火灾作战如图 7.3 – 10 所示。

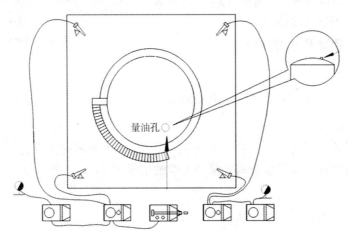

图 7.3 – 10　浮顶罐钢材质浮盘量油孔火灾作战图

听到下达作战命令后：

驾驶员将高喷车展开，同时 1、2 号员连接好泡沫车与高喷车。

在罐体四周出 4 门水炮，对罐体进行冷却。

驾驶员将高喷车升至高过罐顶处，炮口向下，朝向量油孔水平方向的一侧，指挥员下达供水命令，水罐车向高喷车供水，高喷车出水。

待水炮形成充实水柱后，高喷车驾驶员将炮头平移，利用水平切分的方式隔离量油孔处火焰与外界空气，达到灭火目的。

6. 操作要求

（1）严禁水炮直接打击量油孔。

（2）驾驶员应缓慢加压，水炮形成充实水柱后，应保持压力。

（3）高喷车水炮应略微开花。

（4）应将车停在上风方向，车头朝向撤离方向。

（八）浮顶罐冷却操

1. 目的

使消防员掌握浮顶罐冷却的技战术、程序和方法。

2. 场地器材

在油罐区环线道路上停放 3 辆水罐消防车（水泵流量大于等于 100L/s、视自摆炮数量增加消防车数量），自摆炮、水带若干。

3. 人员组成

各战斗车按标准战斗班组配备，指挥员、战斗员佩戴好个人防护装备。

指挥员、战斗员佩戴好个人防护装备。指挥员根据储罐大小，估算冷却力量，合理确定战斗员任务分工，做好战斗展开准备。

4. 操作程序

浮顶罐冷却作战如图 7.3-11 所示。

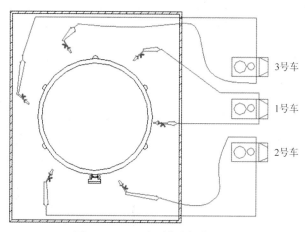

图 7.3-11 浮顶罐冷却作战图

听到下达作战命令后：

各战斗员协同铺设水带线路进入储罐防火堤，沿罐体周围均匀设置自摆炮（间隔 30m 左右，至罐壁距离应合适，以确保水炮最佳射流仰角和冷却范围）待出水后调整水炮仰角，确保水流对准罐体浮顶与油面结合部外壁后，迅速撤离至安全区域。

5. 操作要求

（1）进入防火堤战斗人员应做好个人防护，必要时应设置喷雾水枪掩护。

（2）应派出侦察人员驻守或通过专用通信手段与生产控制室做好联系，准确掌握储罐液位，冷却部位应确定在液位向上 0.5m 处罐壁。

（3）自摆水炮流量应为 25~35L/s，不宜过大，确保均匀冷却，防止出现空白点。

（九）油池火灭火操

1. 目的

通过训练，使消防员掌握储罐区油池火灾扑救的技战术、程序和方法。

2. 适用范围

适用于储罐人孔、管线等大量泄漏形成防火堤池火时的情况。

3. 场地器材

在距储罐区防护堤前 40m 处，停放 5 辆消防车（1 辆抢险消防车，2 辆泡沫消防车，2 辆大功率水罐车，视油池大小增加泡沫消防车数量）、两侧防护堤停放 2 辆泡沫消防车，泡沫钩管、泡沫管枪、水带若干。

4. 人员组成

各战斗车按标准战斗班组配备，指挥员、战斗员佩戴好个人防护装备。

指挥员根据油池大小，估算灭火力量，合理确定战斗员任务分工，做好灭火战斗展开准备。

5. 操作程序

油池灭火作战如图 7.3 – 12 所示。

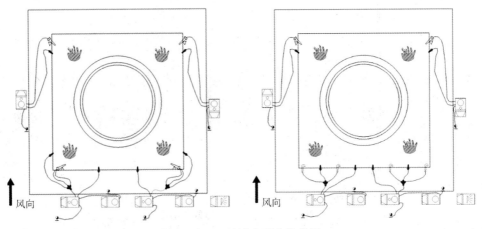

图 7.3 – 12　油池火灭火作战图

听到下达作战命令后：

抢险车对外围进行警戒，防止无关人员进入，并确定 1 名安全员随时观察火势发出撤离信号。

泡沫消防车（车辆数量按出枪数进行增减）根据需要出泡沫钩管、泡沫管枪和泡沫炮确定数量。在上风方向防火堤均匀设置（相距 5m）泡沫钩管、泡沫管枪出泡沫覆盖灭火（数量根据防护堤大小确定，泡沫管枪向罐壁和两侧防护堤壁进行泡沫覆盖）。

2 辆消防车从防护堤两侧设置泡沫管枪和泡沫炮向罐壁喷射泡沫进行泡沫覆盖，同时防止火势蔓延。

待上风防护堤形成泡沫覆盖面后，分别向两侧防护堤延伸 1 支管枪进行泡沫覆盖。同时增设 2 门泡沫炮配合延伸管枪进行泡沫覆盖。（视情可在防护堤两侧增设泡沫钩管和泡沫炮提高泡沫覆盖效果）

6. 操作要求

（1）应在上风或侧上风方向停放消防车辆。

（2）各泡沫消防车载泡沫种类、混合比、发泡倍数应一致。

（3）对水溶性液体油池火灾，应使用抗溶性泡沫。

(4) 应确认切断储罐内油品加热系统。

(5) 泡沫管枪、泡沫炮射流应喷射在防护堤、储罐距燃烧液面上方 50cm 处形成反射，禁止直接注入油面。

(6) 灭火时，视情在罐体周围设置移动水炮，加强对罐体的冷却保护。

（十）流淌火灭火操

1. 目的

通过训练，使消防员掌握地面流淌火灾扑救的技战术、程序和方法。

2. 适用范围

适用于储罐管线、阀门泄漏形成的流淌火。

3. 场地器材

在距储罐区防护堤前 40m 处，停放 5 辆消防车（1 辆抢险消防车，2 辆泡沫消防车，2 辆大功率水罐车，视油池大小增加泡沫消防车数量）、两侧防护堤停放 2 辆泡沫消防车，泡沫钩管、泡沫管枪、水带若干。

4. 人员组成

指挥员、战斗员佩戴好个人防护装备。指挥员根据流淌火面积大小，估算灭火力量，合理确定战斗员任务分工，为做好灭火战斗展开准备。

5. 操作程序

流淌灭火作战如图 7.3-13 所示。

听到下达作战命令后：

抢险车对外围进行警戒，防止无关人员进入，并确定 1 名安全员随时观察火势发出撤离信号。

泡沫消防车（车辆数量按出枪数进行增减）根据需要出泡沫钩管、泡沫管枪和泡沫炮确定数量。在上风方向防火堤均匀设置（相距 5m）泡沫钩管、泡沫管枪出泡沫覆盖灭火（数量根据防护堤大小确定。泡沫管枪向罐壁和两侧防护堤壁进行泡沫覆盖）。

2 辆消防车从防护堤两侧设置泡沫管枪和泡沫炮向罐壁喷射泡沫进行泡沫覆盖，同时利用沙袋

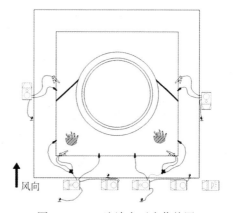

图 7.3-13 流淌火灭火作战图

或混凝土袋在流淌火区域筑堤围堵，将流淌油品控制在有限区域内，防止火势蔓延。

待上风防护堤形成泡沫覆盖面后，分别向两侧防护堤延伸 1 支管枪进行泡沫覆盖。同时增设 2 门泡沫炮配合延伸管枪进行泡沫覆盖。（视情可在防护堤两侧增设泡沫钩管和泡沫炮提高泡沫覆盖效果）

6. 操作要求

(1) 应在上风或侧上风方向停放消防车辆。

(2) 各泡沫消防车载泡沫种类、混合比、发泡倍数应一致。

(3) 对水溶性液体油池火灾,应使用抗溶性泡沫。

(4) 应确认切断储罐内油品加热系统。

(5) 泡沫管枪、泡沫炮射流应喷射在防火堤、储罐距燃烧液面上方 50cm 处形成反射,禁止直接注入油面。

(6) 灭火时,应在罐体周围设置移动水炮,加强对罐体的冷却保护。

(十一) 可燃有毒气体稀释驱散操

1. 目的

通过训练使消防员掌握可燃有毒气体稀释驱散的方法。

2. 场地器材

在训练场上标出集结区和操作区,集结区停靠 1 辆抢险救援车,2 辆大功率水罐车,1 辆防化洗消车。在操作区内设置某化工厂某种可燃有毒气体管路泄漏。

3. 人员组成

4 辆消防车按照标准战斗班组人员配备,指挥员、战斗员佩戴好个人防护装备。消防车辆在集结区一侧集结,战斗员按要求佩戴好个人防护装备,乘坐车上。

4. 操作程序

可燃有毒气体稀释驱散作战如图 7.3-14 所示。

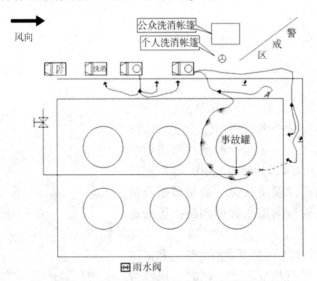

图 7.3-14 可燃有毒气体稀释驱散作战图

听到下达作战命令后:

1 号车负责外围、警戒、供水。

2 号车负责侦检、设置洗消帐篷、协助 1、3 号车运送器材。

3 号车负责侦查、稀释(或堵漏)。

4 号车于上风方向安全区域搭建公众洗消帐篷。

1 号车占据有利水源,分为 2 个小组。

第一组:携带警戒器材,实施外围警戒,断绝一切火源,严禁无关人员进入作业区,并指派1名战斗员为安全员判断风向。

第二组：铺设80水带至轻危区入口处，将分水器、水幕水带、水带、喷雾水枪等器材输送至轻危区入口处后，负责供水。

2号车分为3组。

第一组：携带侦检器材进行侦检，划定安全区、轻危区、重危区，并设立一名安全员负责对进入轻危区人员登记。

第二组：占据有利水源，在轻危区搭建个人洗消帐篷。

第三组：负责协助1、3号车运送分水器、水幕水带、水带、喷雾水枪等器材。

3号车分为3组。

第一组：进行设置警戒区，并指定1名战斗员为安全员，负责对进入重危区人员的登记。

第二组：负责侦查泄漏源，并通过与技术人员的了解，确定泄漏物质的危害程度，并向指挥员汇报。

第三组：在重危区泄漏源处铺设水幕水带、屏风水枪，对现场进行稀释驱散（根据情况需要组织人员进行堵漏）。

4号车在上风向安全区搭建公共洗消帐篷，对人员装备进行洗消，待所有人员洗消完毕，把事故现场移交给当地负责人。

5. 操作要求

（1）进入内部人员须着防静电内衣、重型防化服。

（2）电台必须是本质防爆，车辆排气管要戴阻火帽。

（3）水带铺设要向后甩开。

六、消防站

消防站，即消防队员工作（执勤备战）的场所，很多时候我们叫它"消防队"，它是保护企业消防安全的公共消防设施，按照地区灾害的危险情况其规模有所不同。不同国家的消防站内部设置几乎相同。无论是现役消防站还是职业甚至义务消防站，几乎按照同一个模式建设及使用。它一般由综合楼及训练场（塔）所构成。综合楼底楼为车库，上方为消防队员住宿、办公场所。训练场视规模一般由田径运动场及训练塔（用于模拟多、高层灭火救援或负重登高训练）组成。

第四节 消防应急设备设施

一、防火门

防火门是指在一定时间内能满足耐火稳定性、防火门完整性和隔热性要求的门。它是设在防火分区间、疏散楼梯间、垂直竖井等具有一定耐火性的防火分隔物。防火门除具有普通门的作用外，更具有阻止火势蔓延和烟气扩散的作用，可在一定时间内阻止火势的蔓延，确保人员疏散。

防火门附设在高层民用建筑内的固定灭火装置的设备室，通风、空气调节机房等的隔墙门应采用甲级防火门；因受条件限制，必须在高层建筑内布置燃油、燃气的锅炉，可燃油油浸电力变压器，充有可燃油的高压电容器和开关等，专用房间隔墙上的门，都应采用甲级防火门；还有设计有特殊要求的须防火的分户门，如消防监控指挥中心、档案资料室、贵重物品仓库等的分户门，通常选用甲级或乙级防火门。

二、防火涂层

涂装在物体表面，可防止火警发生，阻止火势蔓延传播，或隔离火源，延长基材着火时间，或增大绝热性能以推迟结构破坏时间的一类涂层的总称。

三、移动式灭火器

移动式灭火器内放置化学物品，用以救灭火灾。灭火器是常见的防火设施之一，存放在公众场所或可能发生火灾的地方，灭火器种类很多，按其移动方式可分为手提式和推车式；按驱动灭火剂的动力来源可分为储气瓶式、储压式、化学反应式；按充装的灭火剂则分为泡沫、干粉、卤代烷、二氧化碳、酸碱、清水等。

干粉灭火器灭火原理：干粉灭火剂是用于灭火的干燥且易于流动的微细粉末，由具有灭火效能的无机盐和少量的添加剂经干燥、粉碎、混合而成微细固体粉末组成。利用压缩的二氧化碳吹出干粉来灭火。

二氧化碳灭火器灭火原理：灭火时，二氧化碳气体可以排除空气而包围在燃烧物体的表面或分布于较密闭的空间中，降低可燃物周围或防护空间内的氧浓度，产生窒息作用而灭火。

四、消火栓

消火栓系统主要作用是控制可燃物、隔绝助燃物、消除着火源。消火栓主要供消防车从市政给水管网或室外消防给水管网取水实施灭火，也可以直接连接水带、水枪出水灭火，是扑救火灾的重要消防设施之一。种类分为室内消火栓、室外消火栓、旋转消火栓、地下消火栓、地上消火栓。

五、消防炮

消防炮是远距离扑救火灾的重要消防设备，消防炮分为消防水炮（PS）、消防泡沫炮（PP）两大系列。消防水炮是喷射水，远距离扑救一般固体物质的消防设备，消防泡沫炮是喷射空气泡沫，远距离扑救甲、乙、丙类液体火灾的消防设备。

六、防护器材

（一）消防头盔

消防头盔由盔壳、面罩、披肩、缓冲层等部分组成，半盔式设计，具备防尖锐物品冲击、防腐蚀、防热辐射、反光、绝缘、轻便等性能，头盔内可佩戴空气呼吸器和无线通信系统，有明显的反光标志。

（二）消防战斗服

消防员在进行灭火战斗时穿着的专用服装，用来对其上下躯干、头颈、手臂、腿进行热防护，但防护服的防护范围不包括头部、手部和脚部。防护服是由外层、防水透气层、隔热层、舒适层多层织物复合而成的。

（三）防化服

防化服是消防员进入化学危害物品或腐蚀性物品火灾或事故现场，以及有毒、有害气体或事故现场，寻找火源或事故点，抢救遇难人员，进行灭火战斗和抢险救援时穿着的防护服装。

（四）避火服

避火服是一种消防员短时间穿越火区或短时间进入火焰区进行救人、关闭阀门等危险场所穿着的防护服装。消防员在进行消防作业时，如果在较长时间情况下，必须用水枪、水炮保护，消防避火服在使用之前必须认证检查是否完好，有无破损的地方。严禁在有化学和放射性伤害的场所使用。

（五）隔热服

隔热服是消防员及高温作业人员近火作业时穿着的防护服装，其具有防火、隔热、耐磨、耐折、阻燃、反辐射热等特性，是消防员在进行灭火救援靠近火焰区受到强辐射热侵害时穿着的专用防护服，用来对其上下躯干、头部、手部和脚部进行隔热防护，包括隔热上衣、隔热裤、隔热头套、隔热手套及隔热脚套。

七、救生器材

（一）救生绳

救生绳是上端固定悬挂，手握进行滑降的绳子。救生绳主要用作消防员个人携带的救人或自救工具，也可以用于运送消防施救器材，还可以在火情侦察时作标绳用。

（二）救生衣

救生衣又称救生背心，是一种救护生命的服装，采用尼龙面料或氯丁橡胶，浮力材料或可充气的材料、反光材料等制作而成。穿在身上具有足够浮力，使落水者头部能露出水面。

八、管道堵漏器材

管道堵漏器是一种修复管道用的工具，上、下处采用密封条密封，并由螺栓、螺母紧固为一体，其结构简单，使用方便，可广泛应用于各种液体、气体、压力管道的沙眼、气孔、横向、纵向断裂造成的泄漏事故。

九、攀登器材

消防梯是消防队员扑救火灾时登高灭火、救人或翻越障碍的工具，梯子从车上卸下后，要放在安全地带。在灭火战斗中，尽量将梯子靠在建筑物的外墙或防火墙上立起。如因抢救工作的需要将梯子放在受高温和火焰作用的窗口时，要用水流加以冷却保护。

思考题

1. 请简述闪燃和爆炸。
2. 请简述消防控制系统的逻辑控制流程。
3. 在发生储油罐密封圈着火时，消防系统在自控状态下时应自动联锁哪些设备、阀门，并说明其先后顺序？
4. 根据本教材提供的灭火作战方法，在浮顶储油罐二次密封发生雷击着火，同时在罐区内罐前工艺阀组出现原油泄漏并引发着火的情况下，如何部署灭火工作并明确先后顺序？
5. 固定消防和移动消防如何开展初期灭火和应急抢险，避免事故进一步扩大？
6. 请简述雷雨天气下，雷电预警分级及应对措施。

附录1 常见安全生产法律法规、标准规范目录

附表1-1 常见安全生产法律法规目录

名　称	版本号
中华人民共和国安全生产法	2014年施行
中华人民共和国矿产资源法	2009年施行
中华人民共和国电力法	2018年施行
中华人民共和国突发事件应对法	2007年施行
中华人民共和国行政处罚法	2018年施行
中华人民共和国刑法	2017年施行
中华人民共和国建筑法	2019年施行
中华人民共和国消防法	2019年施行
中华人民共和国石油天然气管道保护法	2010年施行
中华人民共和国劳动法	2018年施行
中华人民共和国职业病防治法	2018年施行
中华人民共和国社会保险法	2018年施行
中华人民共和国特种设备安全法	2014年施行
中华人民共和国反恐怖主义法	2018年施行
中华人民共和国环境保护法	2015年施行
中华人民共和国水污染防治法	2018年施行
中华人民共和国大气污染防治法	2018年施行
中华人民共和国土壤污染防治法	2019年施行
中华人民共和国固体废物污染环境防治法	2016年施行
中华人民共和国环境噪声污染防治法	2018年施行
中华人民共和国环境影响评价法	2018年施行

附表1-2 常见安全生产管理规定目录

名　称	版本号
国务院关于特大安全事故行政责任追究的规定	2001年施行
安全生产许可证条例	2014年施行
生产安全事故报告和调查处理条例	2007年施行
生产经营单位安全培训规定	2015年施行
注册安全工程师管理规定	2013年施行
安全生产事故隐患排查治理暂行规定	2008年施行
生产安全事故应急预案管理办法	2016年施行
生产安全事故信息报告和处置方法	2009年施行
建设项目安全设施"三同时"监督管理暂行办法	2011年施行
建筑施工企业安全生产许可证管理规定	2004年施行
建筑起重机械安全监督管理规定	2008年施行
建设工程消防监督管理规定	2012年施行
消防监督检查规定	2012年施行
危险化学品重大危险源监督管理暂行规定	2011年施行
危险化学品建设项目安全监督管理办法	2012年施行
危险化学品生产企业安全生产许可证实施办法	2017年施行
中华人民共和国尘肺病防治条例	1987年施行
使用有毒物品作业场所劳动保护条例	2002年施行
工作场所职业卫生监督管理规定	2012年施行
建设项目环境影响评价分类管理名录	2018年施行
建设项目环境保护管理条例	2017年施行
突发环境事件信息报告办法	2011年施行
建设项目竣工环境保护验收暂行办法	2017年施行
职业病危害项目申报管理办法	2012年施行
职业病诊断与鉴定管理办法	2013年施行
职业健康检查管理办法	2015年施行
建设项目职业病危害分类管理办法	2006年施行
职业病危害因素分类目录	2015年施行
职业病危害项目申报办法	2012年施行
用人单位职业健康监护监督管理办法	2012年施行
建设项目职业病防护设施"三同时"监督管理办法	2017年施行
建设项目职业病危害风险分类管理目录	2012年施行
职业卫生档案管理规范	2013年施行
用人单位职业病危害告知与警示标示管理规范	2014年施行

附表1-3 常见安全生产标准规范目录

名　称	版本号
石油储备库设计规范	GB 50737—2011
石油库设计规范	GB 50074—2014
石油化工企业设计防火规范	GB 50160—2008
石油与石油设施雷电安全规范	GB 15599—2009
液体石油产品静电安全规程	GB 13348—2009
石油天然气管道安全规程	SY 6186—2007
石油工业电焊焊接作业安全规程	SY 6516—2010
石油工程建设施工安全规程	SY 6444—2010
原油站罐区安全技术管理规定	Q/SHGD 0065—2009
工业用火安全规程	Q/SHGD 0030—2007
原油库防火安全规定	Q/SH 0090—2007
建筑灭火器配置设计规范	GB 50140—2005
火灾自动报警系统施工及验收规范	SB 50166—2007
原油库固定式消防系统运行规范	SY/T 6529—2010
泡沫灭火系统施工及验收规范	GB 50281—2006
固定消防炮灭火系统设计规范	GB 50338—2003
自动喷水灭火系统施工及验收规范	GB 50261—2017
石油天然气工业 健康、安全与环境管理体系	SY/T 6276—2010
输油管道作业场所环境保护监察规程	Q/SHGD 0011—2008
生产经营单位生产安全事故应急预案编制导则	GB/T 29639—2013
输油管道工程设计规范	GB 50253—2014
建筑防雷工程施工与质量验收规范	GB 50601—2010
污水综合排放标准	GB 8978—1996
石油化工工程防渗技术规范	GB/T 50934—2013
储油库大气污染物排放标准	GB 20950—2007
锅炉大气污染物排放标准	GB 13271—2014
地表水环境质量标准	GB 3838—2002
声环境质量标准	GB 3096—2008
工业企业厂界环境噪声排放标准	GB 12348—2008
一般工业固体废物储存、处置场污染控制标准	GB 18599—2001
危险废物储存污染控制标准	GB 18597—2001
大气污染物综合排放标准	GB 16297—1996
环境空气质量标准	GB 3095—2012

续表

名　称	版本号
工业炉窑大气污染物排放标准	GB 9078—1996
职业卫生名词术语	GBZ/T 224—2010
工业企业设计卫生标准	GBZ 1—2010
工作场所有害因素职业接触限值　第1部分：化学有害因素	GBZ 2.1—2007
工作场所有害因素职业接触限值　第2部分：物理因素	GBZ 2.2—2007
任务场所空气中有害物质监测的采样规范	GBZ 159—2007
工作场所空气有毒物质测定	GBZ/T 160—2007
职业健康监护技术规范	GBZ 188—2014
工作场所物理因素测量	GBZ/T 189—2007
工作场所空气中粉尘测定	GBZ/T 192—2007
密闭空间作业职业危害防护规范	GBZ/T 205—2007
高温作业分级	GB/T 4200—2008
工作场所职业危害警示标示	GBZ 158—2003
工业空气呼吸器安全使用维护管理规范	AQ/T 6110—2012
呼吸防护用品的选择、使用及维护	GB/T 18664—2002
手部防护　防护手套的选择、使用和维护指南	GB/T 29512—2013
个体防护装备　足部防护鞋（靴）的选择、使用和维护指南	GB/T 28409—2012
个体防护装备选用规范	GB/T 11651—2008
头部防护　安全帽选用规范	GB/T 30041—2013
坠落防护装备安全使用规范	GB/T 23468—2009
护听器的选择指南	GB/T 23466—2009
高毒物品作业岗位职业病危害信息指南	GBZ/T 204—2007

附录2 某公司涉及危险化学品目录

序号	品名	别名	CAS号
1	氨溶液 [含氨>10%]	氨水	1336-21-6
2	苯	纯苯	71-43-2
3	吡啶	氮杂苯	110-86-1
4	丙酮	二甲基酮	67-64-1
5	氮 [压缩的或液化的]		7727-37-9
6	碘酸钾		7758-05-6
7	叠氮化钠	三氮化钠	26628-22-8
8	二碘化汞	碘化汞；碘化高汞；红色碘化汞	7774-29-0
9	O,O-二甲基-(2,2,2-三氯-1-羟基乙基)磷酸酯	敌百虫	52-68-6
10	O,O-二甲基-O-(2,2-二氯乙烯基)磷酸酯	敌敌畏	62-73-7
11	氟化铵		12125-01-8
12	氟化钠		7681-49-4
13	高碘酸钾	过碘酸钾	7790-21-8
14	高碘酸钠	过碘酸钠	7790-28-5
15	高氯酸 [浓度>72%] 高氯酸 [浓度≤50%] 高氯酸 [浓度50%~72%]	过氯酸	7601-90-3
16	高锰酸钾	过锰酸钾；灰锰氧	7722-64-7
17	铬酸钾		7789-00-6
18	汞	水银	7439-97-6
19	过二硫酸铵	高硫酸铵；过硫酸铵	7727-54-0
20	过二硫酸钾	高硫酸钾；过硫酸钾	7727-21-1
21	过氧化钠	双氧化钠；二氧化钠	1313-60-6
22	过氧化氢溶液 [含量>8%]	双氧水	7722-84-1
23	甲苯	甲基苯；苯基甲烷	108-88-3

续表

序号	品名	别名	CAS号
24	甲醛溶液	福尔马林溶液	50-00-0
25	酒石酸锑钾	吐酒石；酒石酸钾锑；酒石酸氧锑钾	28300-74-5
26	邻苯二甲酸酐［含马来酸酐大于0.05%］	苯酐；酞酐	85-44-9
27	硫化氢		7783-06-4
28	硫脲	硫代尿素	62-56-6
29	硫酸		7664-93-9
30	硫酸镉		10124-36-4
31	硫酸汞	硫酸高汞	7783-35-9
32	硫酸钴		10124-43-3
33	六氟化硫		2551-62-4
34	氯化汞	氯化高汞；二氯化汞；升汞	7487-94-7
35	氯化钴		7646-79-9
35	2-氯甲苯	邻氯甲苯	95-49-8
37	硼酸		10043-35-3
38	偏钒酸铵		7803-55-6
39	汽油		86290-81-5
40	氢氟酸	氟化氢溶液	7664-39-3
41	氢溴酸	溴化氢溶液	10035-10-6
42	氢氧化钡		17194-00-2
43	氢氧化钾	苛性钾	1310-58-3
44	氢氧化钠	苛性钠；烧碱	1310-73-2
45	柴油［闭杯闪点≤60℃］		
46	氰化钠	山奈	143-33-9
47	溶剂油［闭杯闪点≤60℃］		
48	1,1,2-三氯-1,2,2-三氟乙烷	R113；1,2,2-三氯三氟乙烷	76-13-1
49	三氯化铁	氯化铁	7705-08-0
50	三氯甲烷	氯仿	67-66-3
51	三氧化二砷	白砒；砒霜；亚砷酸酐	1327-53-3
52	三氧化铬［无水］	铬酸酐	1333-82-0
53	石脑油		8030-30-6
54	石油醚	石油精	8032-32-4
55	石油原油	原油	8002-05-9
56	四氯化碳	四氯甲烷	56-23-5
57	四亚乙基五胺	三缩四乙二胺；四乙撑五胺	112-57-2

续表

序号	品名	别名	CAS 号
58	天然气［富含甲烷的］	沼气	8006-14-2
59	五氧化二钒	钒酸酐	1314-62-1
60	硝酸		7697-37-2
61	硝酸汞	硝酸高汞	10045-94-0
62	硝酸钾		7757-79-1
63	硝酸镧		10099-59-9
64	硝酸铅		10099-74-8
65	硝酸银		7761-88-8
66	1-辛烯		111-66-0
67	溴酸钾		7758-01-2
68	亚硫酸		7782-99-2
69	亚砷酸钠	偏亚砷酸钠	7784-46-5
70	亚硝酸钠		7632-00-0
71	氩［压缩的或液化的］		7440-37-1
72	盐酸	氢氯酸	7647-01-0
73	氧［压缩的或液化的］		7782-44-7
74	液化石油气	石油气［液化的］	68476-85-7
75	乙醇［无水］	无水酒精	64-17-5
76	1,2-乙二胺	1,2-二氨基乙烷；乙撑二胺	107-15-3
77	乙醛		75-07-0
78	乙炔	电石气	74-86-2
79	乙酸［含量>80%］	醋酸	64-19-7
	乙酸溶液［10%<含量≤80%］	醋酸溶液	
80	乙酸铅	醋酸铅	301-04-2
81	乙烯		74-85-1
82	异辛烷		26635-64-3
83	正磷酸	磷酸	7664-38-2
84	正戊烷	戊烷	109-66-0
85	重铬酸钾	红矾钾	7778-50-9

附录3　某输油站 HAZOP 分析

某输油站主要设备有 $10 \times 10^4 m^3$ 的储油罐21座，分为5个罐组，编号T1－T21；T1－T8储罐带有保温设施，其他储罐无保温。输油泵10台、反输泵2台、给油泵9台、倒罐泵1台、加热炉6台、流量计5台、体积管1个，35kV变电所1座。库区采用了国际先进的SCADA操作系统，现实现"三进六出"的收、输油工艺流程，可以向6个方向输油，3个方向收油。负责2个原油码头，2个原油储备库，4家炼厂的原油转输任务。

(1) 原油进库

某输油站进库来油分两路：一路通过 $30 \times 10^4 t$ 级原油码头接卸进入中转油库，再通过一根 $DN700$ 的输油管道将进口原油自中转油库转输至某输油站的原油储罐，该段管线设计输量为 $2000 \times 10^4 t/a$。

另一路通过北方 $30 \times 10^4 t$ 级原油码头上岸进入曹妃甸油库，通过 $DN800$ 管线转输原油至某输油站的原油储罐。该管道的设计输量为 $2800 \times 10^4 t/a$。

(2) 原油储存

该输油站共设置21座 $10 \times 10^4 m^3$ 的原油储罐，并且每个储罐同时满足储存四家炼厂所需原油的要求，进库原油可按生产调度进入各储罐，所有的储罐均考虑保温伴热。

某输油站的站内工艺流程图如图3－1所示。

根据该输油站的工艺流程及设备情况，将整个输油站库划分为12个节点：

储罐区：3个节点，罐组1及罐组2中6台保温储罐，罐组2中2台保温储罐，作为泄放罐，罐组3~5中13台储罐；

工艺流程：8个节点，8个典型工艺流程，每个工艺流程1个节点；

污油系统：整个油库的污油系统作为一个节点整体进行分析。

HAZOP分析团队一般具体包括以下人员：HAZOP分析主席、记录员（通常兼职秘书）、工艺工程师、过程/仪表工程师、操作人员（调度）、安全工程师。HAZOP分析需要各个成员共同协作进行分析，每个成员均有明确的分工。

在HAZOP分析中所需的资料包括但不限于：

(1) 装置自然条件；

(2) 物料的危险化学品安全技术说明书（MSDS）；

(3) 工艺设计资料：工艺流程图（PFD）、管道及仪表流程图（P&ID）、工艺流程说明、操作规程、装置界区条件表、装置的平面布置图、爆炸危险区域划分图、自控系统的联锁逻辑图及说明文件、消防系统的设计依据及说明等；

(4) 设备设计资料。

对于在役装置，除了上述资料外，开展HAZOP分析还需要以下资料：

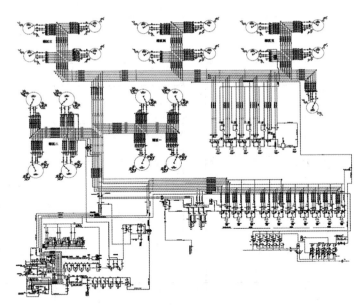

附图3-1 某输油站站内工艺流程图

(1) 装置分析评价的报告；
(2) 相关的技改、技措等变更记录和检维修记录；
(3) 本装置或同类装置事故记录及事故调查报告；
(4) 装置的现行操作规程和规章制度；
(5) 其他的资料。

本次分析所使用的图纸资料有：
(1) 输油站工艺流程图；
(2) 输油站输油泵区、给油泵区 PID 图；
(3) 输油站阀组区 PID 图；
(4) 输油站罐区 PID 图；
(5) 站工艺参数及报警和安全联锁值表；
(6) 输油站工艺操作规程；
(7) 公司相关标准及操作规程；
(8) Q/SH 0559—2013《危险与可操作性分析实施导则》；
(9) AQ/T 3054—2015《保护层分析（LOPA）方法应用导则》；
(10) 安全风险矩阵；
(11) 以往的事故经验；
(12) 原油评价简易手册；
(13) 输油站设备、阀门、仪表台账；
(14) 输油站站内工艺管网台账；
(15) 其他需要的资料。

该输油站的 HAZOP 分析部分结果如下所示。

附表 3-1 节点 3 储罐 T9 的 HAZOP 分析结果

节点编号	3	节点名称	输油站罐组 3~5，13台 $10×10^4m^3$ 储罐		图纸	输油站工艺及自控流程图
节点描述	输油站罐组 3~5，13台 $10×10^4m^3$ 储罐（T9~T21），罐筒 21.8m，直径 80m；均设有常达液位计、高、低液位开关联锁；以储罐T9具体分析，储罐T10~T21与其情况一致					
分析时间		分析人员				

序号	偏差	详细偏差	原因	后果	初始风险	保护措施						点火概率	泄露概率	未考虑SIF发生频率	未考虑SIF的风险	剩余风险	建议措施	最终风险
						BPCS调节控制或机械调节	BPCS安全联锁或机械联锁	关键报警与人员响应	安全仪表功能	物理保护	泄漏扩散火灾爆炸减缓措施	其他保护措施						
1	液位过高	储罐液位过高	常达液位计假指示	(1) 原油储罐液位过高，严重时冒罐，遇火灾发生火灾爆炸，造成人员伤亡；(2) 原油外泄，造成人员中毒	D5													
			人员误操作	(1) 原油储罐液位过高，严重时冒罐，遇火灾发生火灾爆炸，造成人员伤亡；(2) 含硫化氢原油外泄，造成人员中毒	D		高高液位开关（20m）关罐前阀 2092、2093	高高液位开关报警（20m）	0.1			(1) 设置有防火堤；(2) 罐区设置有可燃气体检测仪；(3) 工业电视监控	0.1	0.1	1E-5	D3	D3		D3
			进罐电动阀门故障无法关闭	(1) 原油储罐液位过高，严重时冒罐，遇火灾发生火灾爆炸，造成人员伤亡；(2) 含硫化氢原油外泄，造成人员中毒	D6			常达液位计高商报警（20m），切罐，人员关罐根阀 2099				(1) 设置有防火堤；(2) 罐区设置有可燃气体检测仪；(3) 工业电视监控；(4) 作业现场有流程操作规程认测度	0.1	0.1	0.0001	D4	D4		D4

续表

序号	偏差	详细偏差	原因	后果	初始风险	保护措施							点火概率	暴露概率	未考虑SIF发生频率	未考虑SIF的风险	剩余风险	建议措施	最终风险
						BPCS调节控制或机械调节	BPCS安全联锁或机械联锁	关键报警与人员响应	安全仪表功能	物理保护	泄漏扩散火灾爆炸减缓措施	其他保护措施							
			0.1	D	D6			0.1				0.1	0.1		0.0001	D4	D4		D4
			中央排水管堵塞失效	(1)雨水沿紧急排水设施进入罐内,造成原油储罐液位升高,严重时冒罐,原油泄漏,污染环境,遇点火源引发火灾爆炸事故,造成人员伤亡;(2)可能造成浮盘				雷达液位计高高报警(20m),人员切罐				(1)设置消防火堤;(2)罐区设置有可燃气体检测仪;(3)工业电视监控							
2	液位过低		0.1	D	D5			0.1				0.1	0.1		1E-05	D3	D3		D3
			雷达液位计假指示	(1)原油储罐液位降低,严重时浮盘落座池,浮盘下形成气相空间,遇火源引发爆炸;(2)抽空泵损坏				低低液位开关报警(2.1m)				0.1							
			0.01	D	D5			0.1				0.1	0.1		1E-05	D3	D3		D3
		储罐液位过低	人员误操作	(1)原油储罐液位降低,严重时浮盘落座池,浮盘下形成气相空间,遇点火源引发爆炸;(2)抽空泵损坏			(1)低液位开关联锁(2.1m)关罐前阀2094~2097;(2)外输泵入口汇管压力超低联锁停外输泵,3min后联锁停给油泵	低液位开关报警(2.1m)											
			0.01																

续表

序号	偏差	详细偏差	原因	后果	初始风险	保护措施							点火概率	蔓延概率	未考虑SIF发生频率	未考虑SIF的风险	剩余风险	建议措施	最终风险
						BPCS调节控制或机械调节	BPCS安全联锁或机械联锁	关键报警与人员响应	安全仪表功能	物理保护	泄漏扩散火灾爆炸减缓措施	其他保护措施							
3	流量过多	检修后进罐流量过快	来油流速过大	(1)造成浮船上升速度过快,造成浮船卡损;(2)易产生静电,引发火灾爆炸	D6	0.1	0.01	0.1				要求检修后浮船第一次浮起时,进罐流速应小于1m/s,正常进罐流速应小于4m/s;(Q/SHCD 1016—2016 第2.3.1条)	0.1		1E-05	D3	D3		D3
4	温度过低	原油储罐温度低	冬季环境温度低	原油黏度增大,输送困难	D6			0.1							0.0001	D2	D2		D2
5	腐蚀	储罐底液位高	罐底板腐蚀	造成原油储罐底板腐蚀减薄,严重时穿孔泄漏,污染环境	B6			原油储罐设有远传液位监控				罐底板上裘面有牺牲阳极保护			0.01	B6	B6		B6
			罐壁腐蚀	造成原油储罐罐壁腐蚀减薄,严重时穿孔泄漏,污染环境	C7							年定期罐壁测厚	0.1		0.01	C6	C6		C6
6	泄漏	浮盘密封泄漏	一次密封变形损坏	油气泄漏,遇点火源引发着火爆炸	C6	0.01						(1)定例检查密封;(2)浮盘除静电导除设施;(3)设有消防设施预警系统	0.1		0.001	C5	C5	同1	C5

附录 3 某输油站 HAZOP 分析

续表

序号	偏差	详细偏差	原因	后果	初始风险	BPCS调节控制或机械调节	BPCS安全联锁或机械联锁	关键报警与人员响应	安全仪表功能	物理保护	泄漏扩散火灾爆炸减缓措施	其他保护措施	点火概率	暴露概率	未考虑SIF发生频率	未考虑SIF的风险	剩余风险	建议措施	最终风险
			0.1									0.1	0.1		0.0001	D4	D4		D4
			浮盘卡、罐体变形、不均匀沉降	油气泄漏，遇点火源引发着火爆炸	D6			罐顶有感温光栅报警、联锁打开消防设施				(1)定期检查密封；(2)浮盘缝隙有静电导除设施；(3)设有雷电预警系统						同1	
			0.1	D				0.1				0.1	0.1		0.0001	D4	D4		D4
		浮舱泄漏	浮舱下底板焊接质量差或腐蚀泄漏	(1)浮舱原油泄漏产生油气空间，人员中毒或发生火源爆炸；(2)浮舱泄漏量过大时造成浮舱运行卡阻沉船事故	D7							每季度检查浮舱一次，发现已泄漏浮舱每月检查一次							
			0.1	D								0.1			0.01	D6	D6		D6
		中央排水管泄漏	中央排水管腐蚀	中央排水管腐蚀泄漏，原油进入污水系统，可能引发火灾爆炸事故	C7							(1)现场巡检；(2)设置可燃气体检测仪				0.01	C6	C6		C6
7	渗漏	防火堤渗漏	防火堤未做防渗处理	原油外漏可能渗漏至地下，造成环境污染	C7							0.1			0.1	C7	C7	同2	C5
			0.1	C													C	0.01	

续表

序号	详细偏差	原因	后果	初始风险	保护措施						点火概率	蔓延概率	未考虑SIF发生频率	未考虑SIF的风险	剩余风险	建议措施	最终风险
					BPCS调节控制或机械调节	BPCS安全联锁或机械联锁	关键报警与人员响应	安全仪表功能	物理保护	泄漏扩散火灾爆炸减缓措施	其他保护措施						
8	采样检尺	原油采样检尺	罐顶采样、检尺	采样时可能因硫化氢浓度高，造成人员中毒伤亡	D7			携带移动式硫化氢报警器			900℃关于执行正确采样检尺操作程序的要求，当硫化氢浓度大于40ppm时暂停作业					同3	
				0.1				0.1			0.01			1E-4	D4	D4	D	D3
9	维护	储罐检修维护	储罐定期检修	(1)造成人员硫化氢中毒、罐内受限空间人员窒息；(2)硫化氢逆流自燃引发火灾爆炸；(3)人员高处坠落、物体打击；(4)蒸汽灼伤								站内对储罐检修时加强安全管理和监督						

附录3 某输油站HAZOP分析

附表3-2 节点4储罐T1的HAZOP分析结果

节点编号	4	节点名称	上游油库来油	图纸	输油站工艺及自控流程图
节点描述	从上游油库来油进站内原油储罐，常温输送，管线设计压力4.4MPa；以进储罐T1具体分析				
分析时间		分析人员			

序号	偏差	详细偏差	原因	后果	初始风险	保护措施							点火概率	暴露概率	未考虑SIF发生频率	未考虑SIF的风险	剩余风险	建议措施	最终风险
						BPCS调节控制或机械调节	BPCS安全联锁或机械联锁	关键报警与人员响应	安全仪表功能	物理保护	泄漏扩散火灾爆炸减缓措施	其他保护措施							
1	压力过高	进站管线压力过高	进站阀门140、142、161、160、162、2277人员误操作关闭	(1)阀门前管道及附件憋压损坏，物料泄漏，遇点火源引发火灾爆炸；(2)含硫化氢原油外泄，造成人员中毒	D		塘沽油库设置有水击超前保护系统，当天津站进站压力过高（1.2MPa）时，停上站输油泵保护	进站设有远传指示报警(0.8MPa)，通知上站停泵					0.1	0.1					D6
				0.100000001		0.1		0.1							0.0001	D4	D4		D4
			罐前阀2012、罐根阀2019人员操作误关闭	(1)阀门前管道及附件憋压损坏，物料泄漏，遇点火源引发火灾爆炸；(2)含硫化氢原油外泄，造成人员中毒	D		塘沽油库设置有水击超前保护系统，当天津站进站压力过高（1.2MPa）时，停上站输油泵保护	进站设有远传指示报警(0.8MPa)，通知上站停泵		设置有进罐低压泄压阀674，压力值超过1.0MPa后开启泄压保护		(1)严格执行操作规程Q/SHGD 0045—2015《长输原油管道调度工作条例》；(2)操作现场实时监护	0.1	0.1					D6
				0.100000001		0.1		0.1		0.1					1E-05	D3	D3		D3
			进站阀门140、142、161、160、162、2277故障关闭	(1)阀门前管道及附件憋压损坏，物料泄漏，遇点火源引发火灾爆炸；(2)含硫化氢原油外泄，造成人员中毒			塘沽油库设置有水击超前保护系统，当天津站进站压力过高（1.2MPa）时，停上站输油泵保护	进站设有远传指示报警(0.8MPa)，通知上站停泵				(1)严格执行操作规程Q/SHGD 0045—2015《长输原油管道调度工作条例》；(2)操作现场实时监护							

续表

序号	偏差	详细偏差	原因	后果	初始风险	BPCS调节控制或机械调节	BPCS安全联锁或机械联锁	关键报警与人员响应	安全仪表功能	物理保护	泄漏扩散火灾爆炸减缓措施	其他保护措施	点火概率	鉴额概率	未考虑SIF发生频率	未考虑SIF的风险	剩余风险	建议措施	最终风险
1	溢罐		罐前阀 2012、罐根阀 2019 故障关闭	(1) 阀门前管道及附件憋压损坏，物料外溢泄漏，遇点火源引发火灾爆炸；(2) 含硫化氢原油外泄，造成人员中毒	D6		罐装油库设置有水击超前保护系统，当天津站进站压力过高（1.2MPa）时，关闭天津站输油泵保护 0.1	0.1		设置有进罐低压泄压阀 674，压力值超过 1.0MPa 后开启泄压保护 0.1			0.1		0.0001	D4	D4		D4
2	站内油温异常		阀门 2279 内漏，误动作开启，人员误操作开大回油管	造成混油，影响油品质量	D6		0.1	0.1				储罐均设有油温计指示	0.1		1E-05	D3	D3		D3
	泄漏			B	B7							(1) 现场可燃气体报警器；(2) 现场巡检；(3) 设有有机监测采样系统；(4) 管线定期测厚 0.1	0.1		0.1	B7	B7	建议 B	B7
3	泄漏	站内油管线异常	站内管线腐蚀	(1) 腐蚀穿孔，原油泄漏，污染环境，严重时遇点火源引发火灾爆炸；(2) 含硫化氢原油外泄，造成人员中毒	C6		0.1						0.1		0.001	C5	C5	建议对站内工艺管线进行全面有效检测，对腐蚀严重管线换管或改架空敷设	C5

续表

序号	偏差	详细偏差	原因	后果	初始风险	保护措施							点火概率	暴露概率	未考虑SIF发生频率	未考虑SIF的风险	剩余风险	建议措施	最终风险
						BPCS调节控制或机械调节	BPCS安全联锁或机械联锁	关键报警与人员响应	安全仪表功能	物理保护	泄漏扩散火灾爆炸减缓措施	其他保护措施							
		站内管线破裂	第三方施工破坏	(1) 原油泄漏，污染环境，严重时遇点火源引发火灾爆炸事故；(2) 含硫化氢原油外泄，造成人员中毒	C6							(1) 现场设有可燃气体报警器；(2) 现场监护；(3) 设有视频监控系统	0.1		0.001	C5	C5		C5
4	维护	收球作业	管线内硫化亚铁生成	取球时会发生着火事故								操作规程规定收球作业取球时湿式作业，防止硫化亚铁自燃							

附表 3-3 节点 7 的 HAZOP 分析结果

节点编号	7	节点名称	罐区外输下站	图纸	输油站工艺及自控流程图

节点描述：从源油储罐经给油泵 P1A~P3A、B1~B3（P1A、B1 扬程 80m，排量 500m³/h；P2A、B2 扬程 80m，排量 800m³/h；P3A、B3 扬程 80m，排量 1100m³/h）经混油区、输油泵 P1~P4（P1 扬程 150m、排量 1500m³/h；P2~P4 扬程 300m，排量 1500m³/h）去廊坊泵站，管线设计压力为 6.5MPa，外输管线 91.87km

分析时间

序号	偏差	详细偏差	原因	后果	初始风险	保护措施					频率	点火概率	未考虑 SIF 发生频率	未考虑 SIF 的风险	剩余风险	建议措施	最终风险
						BPCS 调节或机械调节	BPCS 安全联锁或机械联锁	关键报警与人员响应	安全仪表功能	物理保护	泄漏扩散火灾爆炸减缓措施	其他保护措施						
1	流量少或无	输油量减少或无	给油泵 P1A~P3A、B1~B3 前过滤器堵塞	给油泵 P1A~P3A、B1~B3 抽空损坏	B7		输油泵入口汇管压力低报警（0.15MPa）及联锁停泵（0.05MPa）							0.1				
			0.100000001	B			0.1						0.001	B5	B5	建议给油泵 P1A、B1~P3A、B3 增设泵入口压力低报警	B4
			给油泵 P1A~P3A、B1~B3 抽入口阀门关闭	给油泵 P1A~P3A、B1~B3 抽空损坏	B7		输油泵入口汇管压力低报警（0.15MPa）及联锁停泵（0.05MPa）							0.1				
			0.1	B			0.1						0.001	B5	B5	建议给油泵 P1A、B1~P3A、B3 增设泵入口压力低报警	B4
			输油泵 P1~P4 油阀门 1431~1434 误关闭	输油泵 P1~P4 抽空损坏	B7							输油泵 P1~P4 出口压力指示，人员操作停泵			B7	B7	B	B7
			0.1	B									0.1				
			给油泵 P1A~P3A、B1~B3 故障停	输油泵 P1~P4 抽空损坏	B7		输油泵入口汇管压力低报警（0.15MPa）及联锁停泵（0.05MPa）										建议给油泵 P1A、B1~P3A、B3 增设泵入口压力低报警	

附录3 某输油站 HAZOP 分析

续表

序号	偏差	详细偏差	原因	后果	初始风险	保护措施							未考虑SIF发生频率	暴露概率	点火概率	未考虑SIF的风险	剩余风险	建议措施	最终风险
						BPCS调节控制或机械调节	BPCS安全联锁或机械联锁	关键报警与人员响应	安全仪表功能	物理保护	泄漏扩散火灾爆炸减缓措施	其他保护措施							
			过滤器 GL12 堵塞	B	B7		0.1												
				输油泵 P1～P4 抽空损坏			输油泵入口汇管压力低 报警（0.15MPa）反联锁停泵（0.05MPa）						0.01			B6	B6	B	B6
			0.100000001	B	B7		0.1												
		输油泵后流量少或无	输油泵出口阀 441～444 误关闭	输油泵、管道憋压损坏、物料泄漏			泵出口设有压力远传报警（泵 P1 5.9MPa；P2～P4 8.0MPa），联锁停泵（泵 P1 6.4MPa；P2～P4 8.5 MPa）						0.01			B6	B6	B	B5
			0.1	C	C7		0.1										0.1		
2	压力过高	泵后管线压力高	输油泵出口阀门（150、151、152）/153、155、157 误关闭	输油泵、管道憋压损坏、物料泄漏			（1）输油泵出口汇管设压力高报警（8.0MPa）联锁停泵（8.8MPa）；（2）出站设压力高报警（6.4MPa）联锁停泵（7.2MPa）；				出站设有高压泄压措施		0.01			C6	C6	C	C6

续表

序号	偏差	详细偏差	原因	后果	初始风险	保护措施							点火源概率	未考虑SIF发生频率	未考虑SIF的风险	剩余风险	建议措施	最终风险
						BPCS调节控制或机械调节	BPCS安全联锁或机械联锁	关键报警与人员响应	安全仪表功能	物理保护	泄漏扩散火灾爆炸减缓措施	其他保护措施						
		出站管线压力高	出站下游阀门故障关闭 0.100000001	(1)泵、管道整压损坏; (2)原油泄漏、污染环境 C	C7		(3)泵出口设有压力远传报警(泵 P1 5.9 MPa; P2～P4 8.0MPa),联锁停泵(泵 P1 6.4 MPa; P2～P4 8.5 MPa) 0.001				0.01			1E-6	C2	C2	C	C2
					C7		(1)输油泵出口汇管设压力高报警(8.0 MPa),联锁停泵(8.8 MPa); (2)出站设压力高报警(6.4 MPa),联锁停泵(7.2 MPa); (3)泵出口设有压力远传报警(泵 P1 5.9 MPa; P2～P4 8.0MPa),联锁停泵(泵 P1 6.4 MPa; P2～P4 8.5 MPa) 0.001				0.01	出站设有高压泄压措施		1E-6	C2	C2	C	C2

续表

序号	偏差	详细偏差	原因		后果		初始风险	保护措施							点火概率	暴露概率	未考虑SIF发生频率	未考虑SIF的风险	剩余风险	建议措施	最终风险
								BPCS调节控制或机械调节	BPCS安全联锁或机械联锁	关键报警与人员响应	安全仪表功能	物理保护	泄漏扩散火灾爆炸减缓措施	其他保护措施							
3	泄漏	站内管线泄漏	站内管线腐蚀	0.1	设有保温措施,腐蚀穿孔,原油泄漏,污染环境,严重时遇点火源引发火灾爆炸事故	C	C7							现场设有可燃气体报警器;现场视频巡检;设有视频监控系统;管壁定期测厚 0.1			0.01	C6	C6		C6
4	组分变化	高凝点原油配输	配输比例错误	0.1	影响配输原油物性,凝点升高,输送困难	B	B7	设有流量自动调节控制系统配输 0.1		储罐液位计远传指示 0.1							0.001	B5	B5		B5
5	维护	发球操作	清管器卡阻	0.1	造成管线憋压		B7		(1)输油泵出口汇管设压力高报警(8.0MPa),停泵联锁(8.8MPa);(2)出站设压力高报警(6.4MPa),联锁停泵(7.2MPa);(3)泵出口设传压力远传报警(泵P1~5.9MPa;P2~P4 8.0MPa),联锁停泵(泵P1 6.4MPa;P2~P4 8.5MPa) 0.001								0.0001	B4	B4		B4

附录4 常见职业危害因素及体检周期

危害因素或作业	上岗前检查项目	在岗期间检查项目	体检周期	职业禁忌证
硫化氢	同在岗期间	症状询问：重点询问神经系统病史及相关症状，内科常规检查，神经系统常规检查，血尿常规，心电图，血清ALT；选检：X线胸片	1年	（1）明显的呼吸系统疾病； （2）神经系统器质性疾病及精神疾患； （3）明显的器质性心、肝、肾疾患
汽油	同在岗期间	症状询问：神经精神及皮肤病史；内科常规检查；皮肤检查，神经系统常规检查及握力、肌张力、腱反射、末梢感觉、共济运动检查，血尿常规、血清ALT，心电图；选检神经-肌电图	1年	（1）各种中枢神经和周围神经系统疾病或有明显的神经官能症； （2）过敏性皮肤疾病或手掌角化； （3）妇女妊娠期及哺乳期应暂时脱离接触
噪声	询问有无耳病史、听力损伤史、药物史、中毒史、感染史、遗传史等。内科常规检查，耳鼻常规检查，血常规，尿常规，心电图、血清ALT，纯音听力测试；选检声导抗、耳声发射	询问有无耳病史、听力损伤史、药物史、中毒史、感染史、遗传史等。内科常规检查，耳鼻常规检查，心电图，纯音气导听阈测试；选检：纯音骨导听阈测试，声导抗、耳声发射，听觉诱发电反应测听	1年	（1）各种病因引起的永久性感音神经性听力损失500Hz，1000Hz和2000Hz中的任一频率的纯音气导听阈≥25dB； （2）高频段3000Hz，4000Hz，6000Hz双耳平均听阈≥40dB； （3）任一耳传导性耳聋，平均语频听力损失≥41dB
甲醇	同在岗期间	内科常规检查，神经系统常规检查，握力、肌张力、腱反射、末梢感觉检查，眼科常规检查和眼底检查，血尿常规，心电图，肝功能，肝胆B超；选检：视野	1年	（1）明显的神经系统疾病及器质性精神病； （2）视网膜、视神经病
锰及其无机化合物	病史。内科常规检查，神经系统检查，四肢肌力肌张力检查，血尿常规，心电图、血清ALT；选检尿锰、脑电图	病史。内科常规检查，神经系统检查及运动功能检查，语速、面部表情等，血尿常规，心电图，血清ALT；选检：尿锰、脑电图、头颅CT或NRI	1年	（1）中枢神经系统器质性疾病； （2）已确认并仍需要医学监护的精神障碍性疾病

续表

危害因素或作业	上岗前检查项目	在岗期间检查项目	体检周期	职业禁忌证
无机粉尘（焊尘）	症状询问：病史、吸烟史以及咳嗽、咳痰、胸痛、呼吸困难等症状。内科常规检查，血常规，尿常规，心电图，肝功能，高千伏胸部X射线摄片，肺功能	症状询问：病史、吸烟史以及咳嗽、咳痰、胸痛、呼吸困难等症状，内科常规检查，高千伏胸部X射线摄片，心电图，肺功能；选检：血常规、尿常规、血清ALT	1年	（1）活动性结核病； （2）慢性阻塞性肺病； （3）慢性呼吸系统疾病； （4）伴肺功能损害的疾病
视屏作业	内科常规检查，外科检查：叩击试验、屈腕试验，眼科常规检查，颈椎正侧位X线摄片；选检颈椎双斜位X线摄片、正中神经传导速度	内科常规检查，外科检查：叩击试验、屈腕试验，眼科常规检查，血常规，尿常规，心电图；选检：颈椎正侧X线摄片、正中神经传导速度、类风湿因子	1年	（1）矫正视力小于4.5； （2）严重颈椎病； （3）上肢关节骨骼肌肉疾病
微波	同在岗期间	内科常规检查，神经科常规检查，眼科常规检查以及角膜、晶状体、眼底，血尿常规，心电图，脑电图，血清ALT	1年	（1）明显的神经系统疾病； （2）白内障； （3）血液病
电工作业	同在岗期间	病史及晕厥史。内科常规检查，神经系统常规检查及共济运动检查，眼科常规检查及色觉，外科检查：四肢关节特别是手部关节灵活度，耳科常规检查及前庭功能检查，血尿常规，心电图，血清ALT；选检：脑电图、动态心电图、心脏B超	1年	（1）2级及以上高血压（未控制）； （2）癫痫或晕厥史； （3）红绿色盲； （4）器质性心脏病或各种心律失常； （5）四肢关节运动功能障碍
压力容器操作	同在岗期间	症状询问：有无耳鸣耳聋及眩晕史。内科常规检查，耳科常规检查，眼科常规检查及色觉，血尿常规，心电图，血清ALT，纯音听力测试；选检：脑电图、动态心电图、心脏B超	1年	（1）红绿色盲； （2）2级及以上高血压（未控制）； （3）癫痫或晕厥史、眩晕症； （4）双耳语言频段平均听力损失>25dB； （5）器质性心脏病或各种心律失常
高处作业	同在岗期间	症状询问：病史、家族史、耳鸣耳聋及眩晕史。内科常规检查，耳科常规检查及前庭功能检查，外科检查：四肢骨关节及运动功能，血尿常规，心电图，血清ALT；选检：脑电图、动态心电图、心脏B超	1年	（1）未控制的高血压； （2）恐高症； （3）癫痫或晕厥史、眩晕症； （4）器质性心脏病或各种心律失常； （5）四肢骨关节及运动功能障碍

续表

危害因素或作业	上岗前检查项目	在岗期间检查项目	体检周期	职业禁忌证
机动车驾驶作业	同在岗期间	症状询问：重点询问各种职业禁忌证的病史，是否有吸毒、长期服用依赖精神药品史及治疗情况。内科常规检查，外科检查：重点检查身高、体重、头、颈、四肢躯干、肌肉、骨骼，眼科常规检查及深视力、视野、暗适应、变色力检查，耳科常规检查，血尿常规，心电图，纯音听阈测试；选检：复杂反应、速度估计、动视力	1年	（1）身高：驾驶大型车<155cm，驾驶小型车<150cm； （2）远视力（对数视力表）：两裸眼<4.0，并<4.9（允许矫正）； （3）深视力<-22mm或>+22mm； （4）暗适应>+30s； （5）色盲、复视、严重视野缺损； （6）听力：双耳平均听阈>30dB（语频纯音气导）； （7）2级及以上高血压（未控制）； （8）器质性心血管系统疾病； （9）神经系统疾病：癫痫病史或晕厥史、美尼尔氏症、眩晕症、癔症、帕金森病和影响手脚活动的脑病； （10）精神障碍：精神病，痴呆； （11）运动功能障碍； （12）吸毒或长期依赖精神药品； （13）不适于当驾驶员的其他严重疾病以及运动功能障碍

危害因素	检查类别	目标疾病		检查项目		检查周期
		职业病	职业禁忌证	必检项目	选检项目	
锰及其无机化合物	上岗前	—	（1）中枢神经系统器质性疾病； （2）已确诊并仍需要医学监护的精神障碍性疾病	血常规、尿常规、心电图、血清 ALT	尿锰、脑电图	1年
	在岗期间	职业性慢性锰中毒	（1）中枢神经系统器质性疾病； （2）已确诊并仍需要医学监护的精神障碍性疾病	血常规、尿常规、心电图、血清 ALT	脑电图、头颅 CT 或 MRI、尿锰	
苯	上岗前	—	（1）血常规检出有如下异常者： a）白细胞计数低于 4×10^9/L 或中性粒细胞低于 2×10^9/L； b）血小板计数低于 80×10^9/L； （2）造血系统疾病	血常规、尿常规、血清 ALT、心电图、肝脾 B超		1年

续表

危害因素	检查类别	目标疾病		检查项目		检查周期
		职业病	职业禁忌征	必检项目	选检项目	
苯	在岗期间	（1）职业性慢性苯中毒；（2）职业性苯所致白血病	造血系统疾病	血常规（注意细胞形态及分类）、尿常规、心电图、血清ALT、肝脾B超	尿反-反黏糠酸测定、尿酚、骨髓穿刺	
四氯化碳	上岗前	—	慢性肝病	血常规、尿常规、心电图、肝功能	肝脾B超	3年
	在岗期间	职业性慢性中毒性肝病	慢性肝病	血常规、尿常规、心电图、肝功能、肝脾B超	肾功能	
氯气	上岗前	—	（1）慢性阻塞性肺病；（2）支气管哮喘；（3）慢性间质性肺病	血常规、尿常规、心电图、血清ALT、胸部X射线摄片、肺功能	肺弥散功能	1年
	在岗期间	职业性刺激性化学物致慢性阻塞性肺疾病	（1）支气管哮喘；（2）慢性间质性肺病	血常规、尿常规、心电图、血清ALT、胸部X射线摄片、肺功能	肺弥散功能	
氨	上岗前	—	（1）慢性阻塞性肺病；（2）支气管哮喘；（3）慢性间质性肺病	血常规、尿常规、心电图、血清ALT、胸部X射线摄片、肺功能	肺弥散功能	1年
	在岗期间	职业性刺激性化学物致慢性阻塞性肺疾病	（1）支气管哮喘；（2）慢性间质性肺病	血常规、尿常规、心电图、血清ALT、胸部X射线摄片、肺功能	肺弥散功能	
一氧化碳	上岗前	—	中枢神经系统器质性疾病	血常规、尿常规、心电图、血清ALT	—	3年
	在岗期间	—	中枢神经系统器质性疾病	血常规、尿常规、心电图、血清ALT	—	
高温	上岗前	—	（1）未控制的高血压；（2）慢性肾炎；（3）未控制的甲状腺功能亢进症；（4）未控制的糖尿病；（5）全身瘢痕面积≥20%以上（工伤标准的八级）；（6）癫痫	血常规、尿常规、血清ALT、心电图、血糖	有甲亢病史可检查血清游离甲状腺素（FT4）、血清游离三碘甲腺原氨酸（FT3）、促甲状腺激素（TSH）	1年

续表

危害因素	检查类别	目标疾病		检查项目		检查周期
		职业病	职业禁忌征	必检项目	选检项目	
高温	在岗期间	—	(1) 未控制的高血压； (2) 慢性肾炎； (3) 未控制的甲状腺功能亢进症； (4) 未控制的糖尿病； (5) 全身瘢痕面积≥20%以上（工伤标准的八级）； (6) 癫痫	血常规、尿常规、血清ALT、心电图、血糖	有甲亢病史可检查血清游离甲状腺素（FT 4）、血清游离三碘甲腺原氨酸（FT 3）、促甲状腺激素（TSH）	1年

附录5 劳动防护用品及其防护性

种类	编号	名称	防护性能说明
头部防护	A01	工作帽	防头部擦伤、头发被绞碾
	A02	安全帽	防御物体对头部造成冲击、刺穿、挤压等伤害
	A03	披肩帽	防止头部、脸和脖子被散发在空气的微粒污染
呼吸器官防护	B01	防尘口罩	用于空气中含氧19.5%以上的粉尘作业环境,防止吸入一般性粉尘,防御颗粒物等危害呼吸系统或眼面部
	B02	过滤式防毒面具	利用净化部件吸附、吸收、催化或过滤等作用除去环境空气中有害物质后作为气源的防护用品
	B03	长管式防毒面具	使佩戴者呼吸器官与周围空气隔绝,并通过长管得到清洁空气供呼吸的防护用品
	B04	空气呼吸器	防止吸入对人体有害的毒气、烟雾、悬浮于空气中的有害污染物或在缺氧环境中使用
眼面部防护	C01	一般防护眼镜	戴在脸上并紧紧围住眼眶,对眼起一般的防护作用
	C02	防冲击护目镜	防御铁屑、灰沙、碎石对眼部产生的伤害
	C03	防放射性护目镜	防御X射线、电子流等电离辐射对眼部的伤害
	C04	防强光、紫(红)外线护目镜或面罩	防止可见光、红外线、紫外线中的一种或几种对眼的伤害
	C05	防腐蚀液眼镜/面罩	防御酸、碱等有腐蚀性化学液体飞溅对人眼/面部产生的伤害
	C06	焊接面罩	防御有害弧光、熔融金属飞溅或粉尘等有害因素对眼睛、面部的伤害
听觉器官防护	D01	耳塞	防护暴露在强噪声环境中的工作人员的听力受到损伤
	D02	耳罩	适用于暴露在强噪声环境中的工作人员,以保护听觉、避免噪声过度刺激,在不适合戴耳塞时使用。一般在噪声大于100dB(A)时使用
手部防护	E01	普通防护手套	防御摩擦和脏污等普通伤害
	E02	防化学品手套	具有防毒性能,防御有毒物质伤害手部
	E03	防静电手套	防止静电积聚引起的伤害
	E04	耐酸碱手套	用于接触酸(碱)时戴用,免受酸(碱)伤害
	E05	防放射性手套	具有防放射性能,防御手部免受放射性伤害
	E06	防机械伤害手套	保护手部免受磨损、切割、刺穿等机械伤害

续表

种类	编号	名称	防护性能说明
手部防护	E07	隔热手套	防御手部免受过热或过冷伤害
	E08	绝缘手套	使作业人员的手部与带电物体绝缘，免受电流伤害
	E09	焊接手套	防御焊接作业的火花、熔融金属、高温金属辐射对手部的伤害
足部防护	F01	防砸鞋	保护脚趾免受冲击或挤压伤害
	F02	防刺穿鞋	保护脚底，防足底刺伤
	F03	防水胶靴	防水、防滑和耐磨的胶鞋
	F04	防寒鞋	鞋体结构与材料都具有防寒保暖作用，防止脚部冻伤
	F05	隔热阻燃鞋	防御高温、熔融金属火化和明火等伤害
	F06	防静电鞋	鞋底采用静电材料，能及时消除人体静电积累
	F07	耐酸碱鞋	在有酸碱及相关化学品作业中穿用，用各种材料做成，保护足部防止化学品飞溅所带来的伤害
	F08	防滑鞋	防止滑倒，用于登高或在油渍、钢板、冰上等湿滑地面上行走
	F09	绝缘鞋	在电气设备上工作时作为辅助安全用具，防触电伤害
	F10	焊接防护鞋	防御焊接作业的火花、熔融金属、高温辐射对足部的伤害
	F11	防护鞋	具有保护特征的鞋，用于保护穿着者免受外部事故引起的伤害，装有保护包头
躯干防护	G01	一般防护服	以织物为面料，采用缝制工艺制成的，起一般性防护作用
	G02	防静电服	能及时消除本身静电积聚危害，用于可能引发电击、火灾及爆炸危险场所穿用
	G03	阻燃防护服	用于作业人员从事有明火、散发火花、在熔融金属附近操作有辐射热和对流热的场合和在有易燃物质并有着火危险的场所穿用，在接触火焰和炙热物体后，一定时间内能阻止本身被点燃、有焰燃烧和阴燃
	G04	化学品防护服	防止危险化学品的飞溅和与人体接触对人体造成的伤害
	G05	防尘服	透气性织物或材料制成的防止一般性粉尘对皮肤的伤害，能防止静电积聚
	G06	防寒服	具有保暖性能，用于冬季室外作业人员或常年低温作业环境人员的防寒
	G07	防酸碱服	用于从事酸碱作业人员穿用，具有防酸碱性能
	G08	焊接防护服	用于焊接作业，防止作业人员遭受熔融金属飞溅及其热伤害
	G09	防水服（雨衣）	以防水橡胶涂覆织物为面料防御水透过和漏入
	G10	防放射性服	具有防放射性性能，防止放射性物质对人体的伤害
	G11	绝缘服	可防 7000V 以下高电压，用于带电作业时的身体防护
	G12	隔热服	防止高温物质接触或热辐射伤害
坠落防护	H01	安全带	用于高处作业、攀登及悬吊作业，保护对象为体重及负重之和最大 100kg 的使用者，可以减小高处坠落时产生的冲击力，防止坠落者与地面或其他障碍物碰撞，有效控制整个坠落距离
	H02	安全网	用来防止人、物坠落，或用来避免、减轻坠落物及物击伤害

附录6 作业类别及其造成的主要事故类型以及适用的劳动防护用品

序号	作业类别	说明	事故类型	适用的劳动防护用品	作业举例
1	易燃易爆场所作业	易燃易爆品失去控制的燃烧引发火灾	火灾	B01 防尘口罩 B02-B03 防毒面具 B04 空气呼吸器 E03 防静电手套 F06 防静电鞋 G02 防静电服 G03 阻燃防护服 G04 化学品防护服 G05 防尘服	接触GB 13690—2009《化学品分类和危险性通则》中具有爆炸、可燃危险性质化学品的作业
2	有毒有害气体作业	工作场所中存有常温、常压下呈气体或蒸气状态、经呼吸道吸入能产生毒害物质的作业,包括刺激性气体和窒息性气体[a]	中毒和窒息	A01 工作帽 B01 防尘口罩 B02-B03 防毒面具[b] B04 空气呼吸器 E02 防化学品手套 G04 化学品防护服	接触氮的氧化物、氯及其化合物、硫的化合物、成碱氢化物、强氧化剂、酯类、金属化合物、醛类、醚类、氟代烃类、成酸氧化物、成酸氢化物、卤族元素、有机氟化合物、脂肪胺类、酮类、氨等刺激性气体,以及氮气、氩气、甲烷、二氧化碳、乙烷、丙烷、乙烯、丙烯、一氧化碳、硫化氢、氰化氢、丙烯腈、氯气、光气、汞等窒息性气体的作业
3	沾染液态毒物作业	工作场所中存有能黏附于皮肤、衣物上,经皮肤吸收产生毒害或对皮肤产生伤害的液态物质的作业	中毒	A01 工作帽 B01 防尘口罩 B02-B03 防毒面具 B04 空气呼吸器 C05 防腐蚀液护目镜/面罩 E02 防化学品手套 G04 化学品防护服	接触脂肪及脂环类化合物、芳香类化合物、卤代烃类化合物、胺及硝基化合物、醇类化合物、酚类化合物、醚类化合物、醛类化合物、酮类化合物、羧酸及其衍生物、氰及腈化物、环氧及杂环化合物、元素有机化合物、高分子化合物、元素及无机化合物等液态毒物的作业

续表

序号	作业类别	说明	事故类型	适用的劳动防护用品	作业举例
4	涉固态毒物作业	接触固态毒物的作业。包括工作场所中存在的常温、常压下呈气溶胶状态、经呼吸道吸入能对人体产生毒害物质的作业以及通过皮肤进入人体产生毒害作用的固态物质的作业	中毒	A01 工作帽 A03 披肩帽 B01 防尘口罩 B02-B03 防毒面具 B04 空气呼吸器 E02 防化学品手套 G04 化学品防护服 G05 防尘服	接触固体的催化剂、吸附剂、助剂、水质稳定剂、添加剂、元素（金属、非金属）及其化合物类、沥青等固态毒物的作业
5	粉尘作业	因作业人员长时间接触生产性粉尘，当吸入量超过一定浓度的某些粉尘时，将引起肺部弥漫性的纤维性病变，影响呼吸道及其他器官机能的作业	其他伤害	A01 工作帽 A03 披肩帽 B01 防尘口罩 G05 防尘服	接触聚丙烯粉尘、聚丙烯腈纤维粉尘、聚乙烯粉尘、聚氯乙烯粉尘、棉尘、木粉尘、洗衣粉混合尘、煤尘、电焊烟尘、二氧化钛粉尘、硅藻土粉尘、滑石粉尘、砂轮磨尘、石灰石粉尘、石棉纤维粉尘、水泥粉尘、炭黑粉尘、矽尘、催化剂粉尘、蛭石等粉尘的作业
6	可燃性粉尘场所作业	工作场所中存有常温、常压下可燃固体物质粉尘的作业	其他爆炸	A01 工作帽 A03 披肩帽 B01 防尘口罩 B04 空气呼吸器 E03 防静电手套 F06 防静电鞋 G02 防静电服 G03 阻燃防护服 G05 防尘服	接触铝镁粉等可燃性化学粉尘的作业
7	密闭场所作业	在空气不流通的场所中作业，包括在缺氧即空气中含氧浓度小于18%和毒气、有毒物质超标，且不能排除等场所中的作业	中毒和窒息	A02 安全帽 B03 长管式防毒面具 B04 空气呼吸器 E02 防化学品手套 G04 化学品防护服	生产区域内封闭、半封闭的设施及场所内的作业，如炉窑、塔、釜、罐、仓、槽车等设备设施以及管道、烟道、隧道、下水道、沟、坑、井、池、涵洞等孔道或排水系统内的作业
8	腐蚀性作业	产生或使用腐蚀性物质的作业	灼烫	A01 工作帽 C05 防腐蚀液护目镜/面罩 E04 耐酸碱手套 F07 耐酸碱鞋 G07 防酸碱服	生产或使用硫酸、盐酸、硝酸、氢氟酸、液体强碱、固体强碱、重铬酸钾、高锰酸钾等的作业

续表

序号	作业类别	说明	事故类型	适用的劳动防护用品	作业举例
9	噪声作业	存在噪声源可能对作业人员听力产生危害的作业	其他伤害	D01 耳塞 D02 耳罩	涉及压缩机、鼓风机、泵房区、风机、氨压机、氢压机、空压机、干气提浓真空泵、冷冻机房、循环水泵房、输油泵房、过滤机、造粒机、包装机、离心机房、空冷器、搅拌设备、机加工、高压阀门管道、磨煤机、锅炉、汽轮机、排空装置、高压蒸汽排放等作业
10	高温作业	生产劳动过程中，工作地点平均 WBGT 指数（湿球黑球温度）≥25℃的作业	灼烫	A02 安全帽 C04 防强光、紫（红）外线护目镜或面罩 E07 隔热手套 F05 隔热阻燃鞋 G12 隔热服	热的液体、气体对人体的烫伤，热的固体与人体接触引起的灼伤，火焰对人体的烧伤以及炽热源的热辐射对人体的伤害
11	低温作业	在生产过程中，其工作地点平均气温等于或低于5℃的作业	其他伤害	F04 防寒鞋 G06 防寒服	在冷库、冷冻车间工作，冷水作业和北方冬季露天作业（室外巡检、维修）等
12	高处作业	坠落高度距基准面大于或等于2m的作业	高处坠落	A02 安全帽 F08 防滑鞋 H01 安全带 H02 安全网	高空安装（维修）、在高处进行工艺操作、货物堆砌等
13	存在物体坠落、撞击的作业	物体坠落或横向上可能有物体相撞的作业	物体打击	A02 安全帽 F01 防砸鞋 F02 防刺穿鞋 F11 防护鞋 H02 安全网	安装施工、起重、检修现场的作业
14	有碎屑飞溅的作业	加工过程中可能有切削飞溅的作业	物体打击	A02 安全帽 C02 防冲击护目镜 E06 防机械伤害手套 G01 一般防护服	破碎、锤击、铸件切削、砂轮打磨、高压流体清洗
15	操纵转动机械作业	机械设备运行中引起的绞、碾等危害的作业	机械伤害	A01 工作帽 C02 防冲击护目镜	机床、传动机械
16	接触使用锋利器具	生产中使用的生产工具或加工产品易对操作者产生割伤、刺伤等伤害的作业	机械伤害	A02 安全帽 E06 防机械伤害手套 F01 防砸鞋 F02 防刺穿鞋 G01 一般防护服	金属加工的打毛清边
17	地面存在尖利器物的作业	工作平面上可能存在对工作者脚部或腿部产生刺伤伤害的作业	其他伤害	A02 安全帽 B01 防尘口罩 C02 防冲击护目镜 F02 防刺穿鞋	施工、检修现场

续表

序号	作业类别	说明	事故类型	适用的劳动防护用品	作业举例
18	铲、装、吊、推机械操纵	各类活动范围较小的重型采掘、建筑、装载起重设备的操纵与驾驶作业	其他伤害	A02 安全帽 G01 一般防护服	操作铲机、推土机、装卸机、天车、龙门吊、塔吊、单臂起重机等机械
19	地下作业	进行地下管网的铺设及地下挖掘的作业	冒顶片帮、透水	A02 安全帽 B01 防尘口罩 F01 防砸鞋 F02 防刺穿鞋 F03 防水胶靴 F11 防护鞋 G09 防水服	地下挖掘、地下管网的铺设
20	带电作业	在电气设施或线路带电情况下进行的作业	触电	A02 安全帽 C02 防冲击护目镜 E08 绝缘手套 F09 绝缘鞋 G11 绝缘服	电气设备或线路带电作业、维修等
21	电离辐射作业	接触产生电离辐射的 X 射线、γ 射线、α 射线、β 射线、中子等放射线，且其辐射剂量超标准的作业	辐射伤害	C03 防放射性护目镜 E05 防放射性手套 G10 防放射性服	工业探伤、使用密封放射源仪表（用于料位计、液位计、密度计等）、带放射源的分析检测仪器、核子秤等作业
22	非电离辐射作业	接触微波辐射、超高频辐射、高频电磁场、工频电场、红外线、紫外线、激光等电磁辐射的作业	辐射伤害	C04 防强光、紫（红）外线护目镜或面罩	微波辐射、超高频辐射、高频电磁场、工频电场
23	强光作业	强光源或产生强烈红外辐射和紫外辐射的作业	辐射伤害	C04 防强光、紫（红）外线护目镜或面罩 C06 焊接面罩 E09 焊接手套 F10 焊接防护鞋 G08 焊接防护服 G12 隔热服	弧光、电弧焊、炉窑作业
24	人工搬运作业	通过人力搬运，不使用机械或其他自动化设备的作业	其他伤害	A02 安全帽 E06 防机械伤害手套 F01 防砸鞋 F08 防滑鞋 F11 防护鞋	人力抬、扛、推、搬移
25	野外作业	野外露天作业	其他伤害	C02 防冲击护目镜 F03 防水胶靴 F04 防寒鞋 F08 防滑鞋 G06 防寒服 G09 防水服	野外的检查、维护等

注：a. 刺激性气体是指接触对眼、呼吸道黏膜和皮肤具有刺激作用的有害气体；窒息性气体是指接触经吸入使机体产生缺氧而直接引起窒息作用的气体，可分为单纯窒息性气体和化学窒息性气体。

b. 在选用防毒面具时应根据接触毒物的性质，选择相应的可以起到有效防护作用的防毒面具。

附录7 劳保用品使用期限

附表7-1 头部防护、呼吸器官防护、眼(面)部防护类使用期限

续表

序号	岗位	头部防护用品					呼吸器官防护用品					眼(面)部防护用品					
		工作帽	安全帽	防寒帽	披肩帽	防尘口罩	防毒面具	空气呼吸器	过滤式防毒面具	长管式防毒面具	防护眼镜	防冲击护目镜	防辐射性护目镜	防强光、紫外线护目镜或面罩	防腐蚀液护目镜	焊接面罩
		月/顶	月/顶	月/顶	月/顶	月/个	月/个	月/套	月/副	月/副	月/副	月/副	月/副	月/副	月/副	月/副
12	仓库保管员															
13	铁路运行工		30	#	*	*	*		*		n				*	
14	炊事员	12														
15	微机通信机务员		30	#							n					
16	一线后勤服务人员		*	#	*											
17	现场管理人员		30	#		*	*				n					
18	机关管理人员			#		*	*				n					

附表7-2 听觉器官防护、手部防护类使用期限

序号	岗位	听觉器官防护用品			手部防护用品								
		耳塞	耳罩	防寒手套	防化学品手套	防静电手套	耐酸碱手套	耐油手套	防机械伤害手套	隔热手套	绝缘手套	焊接手套
		月/副	月/副	月/副	月/副	月/副	月/副	月/副	月/副	月/副	月/副	月/副
1	化工操作工	n	*	24	*	*	*	*	*	*		
2	储运工	n	*	24	*	*	*	*	*	*		
3	循环水操作工	n	*	24	*		*					

续表

序号	岗位	听觉器官防护用品		手部防护用品								
		耳塞	耳罩	防寒手套	防化学品手套	防静电手套	耐酸碱手套	耐油手套	防机械伤害手套	隔热手套	绝缘手套	焊接手套
		月/副	月/副	月/副	月/副	月/副	月/副	月/副	月/副	月/副	月/副	月/副
4	污水处理工	n	*	24	*	*	*	*				
5	催化剂制造工	n	*	24	*	*						
6	热力司炉工	n	*	24								
7	炼化检维修工	n	*	24	*	*	*	*	*	*		*
8	化验分析工	n	*	24	*	*	*	*		*		
9	电工	n	*	24							*	
10	仪表工	n	*	24	*	*	*	*		*		
11	叉车司机	n		36			*					
12	仓库保管员	*		36	*	*	*	*		*		
13	铁路运行工	n	*	24	*	*	*	*	*			
14	炊事员	*		36								
15	微机通信机务员	*		36								
16	一般后勤服务人员	*		36	*	*	*					
17	现场管理人员	*		24	*	*	*	*				
18	机关管理人员	*		36								

附表 7-3 足部防护、躯干防护类使用期限

序号	岗位	足部防护						躯干防护														
		普通工作鞋	安全鞋	防水胶靴(雨鞋)	防寒鞋	绝缘鞋	焊接防护鞋	阻燃防静电防护服(夏)	阻燃防静电防护服(春秋)	阻燃防静电防护服(防寒)	防酸(碱)服(夏)	防酸(碱)服(春秋)	防酸(碱)服(防寒)	焊接防护服(夏)	焊接防护服(春秋)	焊接防护服(防寒)	防放射性服	绝缘服	雨衣	隔热服	阻燃防静电毛裤	白大褂
		月/双	月/双	月/双	月/双	月/双	月/双	月/套	月/套	月/套	月/套	月/套	月/套	月/套	月/套	月/套	月/套	月/套	月/件	月/件	月/件	月/件
1	化工操作工		24	48	#			12	24	48	*	*	*						48	*	#	
2	储运工		24	48	#			12	24	48		*	*						48		#	
3	循环水操作工		24	48	#			12	24	48	*	*	*						48		#	
4	污水处理工		24	48	#			12	24	48	*	*	*						48		#	
5	催化剂制造工		24	48	#			12	24	48	*	*	*						48	*	#	
6	热力司炉工		24	48	#			12	24	48									48		#	
7	炼化检维修工		24	48	#		*	12	24	48				*	*	*			48		#	
8	化验分析工		24	48	#			12	24	48	*	*	*						48		#	
9	电工		24	48	#	24		12	24	48								*	48		#	
10	仪表工		24	48	#			12	24	48		*	*						48		#	
11	叉车司机		24	48	#			12	24	48									48		#	
12	仓库保管员	24		*				36	36	48									*		#	
13	铁路运行工		24	48	#			12	24	48	*	*	*						48		#	24
14	炊事员	24		*															*			
15	微机通信机务员	24		*				36	36	48									*		#	12

续表

序号	岗位 防护用品	足部防护					躯干防护								
		普通工作鞋	安全鞋	防水胶靴（雨鞋）	防寒鞋	绝缘鞋	焊接防护鞋	阻燃防静电防护服（夏）	阻燃防静电防护服（春秋）	阻燃防静电防护服（防寒）	防酸（碱）服（夏）	防酸（碱）服（春秋）	防酸（碱）服（防寒）	焊接防护服（夏）	焊接防护服（春秋）	焊接防护服（防寒）
		月/双	月/双	月/双	月/双	月/双	月/双	月/套	月/套	月/套	月/套	月/套	月/套	月/套	月/套	月/套
16	一般后勤服务人员	24						36	36	48						
17	现场管理人员		24	48	#			12	24	48						
18	机关管理人员	24		*				36	36	48						

（续）

序号	岗位 防护用品	躯干防护					
		防放射性服	绝缘服	雨衣	隔热服	阻燃防静电棉裤	白大褂
		月/套	月/套	月/件	月/件	月/件	月/件
16	一般后勤服务人员			*			
17	现场管理人员			48		#	
18	机关管理人员			*			

附表7-4 防坠落、其他类使用期限

序号	岗位 防护用品	防坠落		其他			
		安全带	防坠器	护肤剂和洗涤用品	围裙	套袖	
		月/条	月/个	月/份	月/件	月/件	
1	化工操作工	*		3			
2	储运工	*		3			
3	循环水处理工	*		3			
4	污水处理工	*		3			
5	催化剂制造工	*		3		*	
6	热力司炉工	*	*	3			
7	炼化检维修工	*		3		*	
8	化验分析工			3			

续表

序号	岗位	防坠落		护肤剂和洗涤用品	其他	
		安全带 月/条	防毒器 月/个	月/份	围裙 月/件	套袖 月/件
9	电工	*	*	3		
10	仪表工	*	*	3		
11	叉车司机	*		3		
12	仓库保管员			3		
13	铁路运行工	*		3		
14	炊事员			3	12	12
15	散机通信机务员			3		
16	船后勤服务人员	11	*	3		
17	现场管理人员	*		3		
18	机关管理人员					

说明：
(1)"*"表示岗位配备的防护用品，操作人员根据作业环境选择使用；
"n"表示按岗位人数配备的防护用品，操作人员根据配发的特点更换使用的个体防护用品，当防护用品有缺陷或破损、影响应有的防护功能需要时进行更换；
"#"表示企业根据所在地的地域特点配发的个体防护用品。
(2)安全鞋挂具有防砸、防刺穿、防静电、防油、防滑等一种或多种防护性能的工作鞋。
(3)参加检修作业人员可根据实际需要配备备检修工作服；车辆驾驶人员根据实际需要配备太阳镜。
(4)普通手套，如棉布手套、线手套等常用耗品，根据作业需要，按需配发。
(5)临水作业时，应同时配备救生衣和救生圈等救生设施。
(6)维修工、汉表工等需要从事射线作业时，应配备相应的放射防护用品。
(7)表中未涵盖的工种，可根据作业类别，参照 GB 11651—2008《个体防护装备选用规范》中的选用规则，配备相应的个体劳动防护用品。
(8)给从业人员选择工作服、鞋时，冬季应考虑地域温度的差异，配备防寒性能适宜的个体劳动防护用品。

附录8 某输油管道首站至1#阀室外管道（输油）环境风险评估

一、环境风险源识别

（1）环境风险源识别应遵循以下原则：
①相邻两个切断阀之间的管道作为一个风险源；
②首站至1#阀室外管道为一个风险源。
（2）相对独立区域内，可以紧急关断的一条或多条油气集输管道可作为一个风险源。

二、管道基本情况

（1）区域位置；
（2）规模。

三、详细评估过程

（一）环境风险物质数量 Q/环境风险物质数量与临界量比值 R

计算风险源涉及油品最大可能泄漏量（考虑紧急关断阀门之前的泄漏量与关闭之后的可能泄漏量），将最大可能泄漏量分为：①$q_i < 100t$，②$100t \leqslant q_i < 1000t$，③$1000t \leqslant q_i < 10000t$，④$q_i \geqslant 10000t$ 四种情况，并分别以 Q_1、Q_2、Q_3 和 Q_4 表示。

输送介质为原油，外管道距离为34.3km，管道内径为 $\phi 0.813m$，输送原油密度平均为 $0.9t/m^3$，故此段管道最大管容为：

$$q_i = 1/4 \times \pi \times d_2 \times L \times \rho = 1/4 \times 3.14 \times 0.813^2 \times 34.3 \times 10^3 \times 0.9 = 16017t$$

故 Q 在 Q_4 范围。

（二）环境风险控制水平 M

采用评分法对风险源安全生产控制、环境风险防控措施等指标进行评估汇总，确定环境风险控制水平。评估指标及水平分别见表8-1和表8-2。

附表8-1 环境风险控制水平评估指标

指 标		分值	得 分
安全生产控制 （50分）	危险化学品经营许可	10	0
	安全评价及专项检查情况	20	0
	设备设施质量控制情况	20	0

续表

指标		分值	得分
环境风险控制 （50分）	环境风险监测措施	10	5
	环境风险防控措施	20	5
	建设项目环保要求落实情况	10	10
	现场环境风险应急预案	10	5

附表 8-2 环境风险控制水平

环境风险控制水平值（M）	环境风险控制水平
$M < 15$	M_1 类水平
$15 \leqslant M < 30$	M_2 类水平
$30 \leqslant M < 50$	M_3 类水平
$M \geqslant 50$	M_4 类水平

（1）安全生产及设备质量管理

对风险源消防安全、危险化学品管理等涉及安全生产的情况按照表 8-3 进行评估。

附表 8-3 环境风险源安全生产及设备质量管理评估

评估指标	评估依据	分值	得分
危险化学品经营许可 （10分）	危险化学品经营单位未取得经营许可证	10	
	不涉及危险化学品，或危险化学品经营单位取得经营许可证	0	0
安全评价及专项 检查情况（20分）	存在下列任意一项的： ①未按规定开展安全评价的； ②未通过安全评价的； ③安全评价提出的环境安全隐患问题未得到整改的； ④安全专项检查提出的限期整改（或A类）问题未整改完成的	20	
	安全专项检查提出的环境安全隐患（不含限期整改问题）未整改完成的，每一项记5分，记满20分为止	0~20	
	不存在上述问题的	0	0
设备设施质量控制 情况（20分）	存在下列任意一项的： ①未按规定进行设备设施质量检测、检验的； ②设备检验结果不满足质量要求的； ③未按设计标准建设的； ④未按规定设置警示标志的； ⑤未按规定采取管线保护措施的； ⑥长输管道评估管段最近一年发生泄漏（非人为）次数大于3次，单井、集输管道评估管段最近一年发生泄漏次数（非人为）大于5次的	20	

续表

评估指标	评估依据	分值	得分
设备设施质量控制情况（20分）	存在下列情况的，每项记10分，记满20分为止： ①设备设施超期使用的； ②设备设施降等级使用的； ③质量检测要求不明确的； ④设计变更未经主管部门批准的； ⑤不按规定巡线的； ⑥长输管道评估管段最近一年发生泄漏（非人为）次数2~3次的，单井、集输管道评估管段最近一年发生泄漏次数（非人为）2~5次的	0~20	
	不存在上述问题的	0	0

（2）环境风险控制

按照表8-4评估管道环境风险控制措施。

附表8-4 环境风险防控措施评估

评估指标	评估依据		分值	得分
环境风险监测措施（10分）	未按规定设置环境风险物质泄漏监测措施的		10	
	存在下列情况的每项计5分，记满为止： ①安装不符合规范的； ②不按规定校验的； ③不能正常使用的； ④监测因子缺项（每项计5分）		5	5
	按规定安装泄漏监测、监测措施的		0	
环境风险防控措施（20分）	事故紧急关断措施（10分）	不具备有效的事故紧急关断措施（关断阀失效或不能符合紧急关断时效要求）	10	
		具备有效的手动紧急关断措施（符合紧急关断时效要求）	5	5
		具备有效的自动紧急关断措施	0	
	事故污染物处置措施（10分）	无事故污染物处置措施	10	
		事故污染物处置措施不完善，或应急物资配置不满足应急处置要求	0~10	
		具有完善的事故污染物处置措施（吸油毡、围油栏、收油机等围控、回收、转输设备设施）	0	0
建设项目环保要求落实情况（10分）	存在下列任意一项的： ①建设项目环评手续不完整的； ②建设项目环境风险防控措施不落实的； ③油田临水生产设施		10	10
环境风险源事故现场处置方案（10分）	存在以下情况的，每项记5分，记满10分为止： ①无风险源事故处置预案的或风险源事故处置预案无环保内容的； ②未按要求开展应急预案演练并记录的； ③未按要求进行备案的		5	5
	不存在上述问题的		0	

外管道 M 值得分25分，M_2 类水平。

(三) 环境风险受体敏感性判别

根据环境风险受体的重要性和敏感程度，由高到低将风险源周边可能受影响的环境风险受体分为类型1、类型2和类型3，分别为E1、E2和E3，具体如表8-5所示。如果风险源周边存在多种类型的环境风险受体，则按照重要性和敏感度高的类型计。

附表8-5 周边环境风险受体情况划分

类 别	环境风险受体情况
类型1（E1）	（1）管道直接经过，或可能影响如下一类或多类环境风险受体的：乡镇及以上城镇饮用水水源（地表水或地下水）保护区，自来水厂取水口，水源涵养区，自然保护区，重要湿地，珍稀濒危野生动植物天然集中分布区，重要水生生物的自然产卵场及索饵场、越冬场和洄游通道，风景名胜区，特殊生态系统，世界文化和自然遗产地，红树林、珊瑚礁等滨海湿地生态系统，珍稀、濒危海洋生物的天然集中分布区，海洋特别保护区，海上自然保护区，盐场保护区，海水浴场，海洋自然历史遗迹，县级以上城镇地下水饮用水水源地保护区（包括一级保护区、二级保护区及准保护区）； （2）管道中心两侧各200m范围内，任意划分2km的范围内人口总数大于1000人； （3）管道和市政管道、沟渠（如雨水、污水等）交叉（包括立面设置），或管道中心两侧5m范围内有市政管道、沟渠（如雨水、污水等）
类型2（E2）	（1）管道直接经过，或可能影响如下一类或多类环境风险受体的：水产养殖区，天然渔场，耕地，基本农田保护区，富营养化水域，基本草原，森林公园，地质公园，天然林，海滨风景游览区，具有重要经济价值的海洋生物生存区域，类型1以外的Ⅲ类地表水； （2）管道两侧各200m范围内，任意划分2km的范围内人口总数大于500人，小于1000人，县级以下城镇地下水饮用水水源地保护区（包括一级保护区、二级保护区及准保护区）； （3）管道中心两侧5~10m范围内有市政管道、沟渠（如雨水、污水等）
类型3（E3）	（1）管道直接经过，或可能影响的范围内无上述类型1和类型2包括的环境风险受体； （2）管道两侧各200m范围内，任意划分2km的范围内人口总数小于500人； （3）管道中心两侧10m范围外有市政管道、沟渠（如雨水、污水等）

某首站濒临南海，某首站至1#阀室外管道中心两侧各200m范围内，任意划分2km的范围内人口总数大于1000人，属类型1（E1）。

(四) 环境风险等级评估

根据风险源周边环境风险受体3种类型，按照环境风险物质数量Q/环境风险物质数量与临界量比值R、环境风险控制水平M矩阵，确定环境风险等级。

位于自然保护区内、水源地保护区内建设的生产设施风险评估等级均为重大。

风险源周边环境风险受体属于类型1时，按表8-6确定环境风险等级。

附表8-6 类型1（E1）——环境风险源分级表

环境风险物质数量Q/环境风险物质数量与临界量比值R	环境风险控制水平M			
	M_1类水平	M_2类水平	M_3类水平	M_4类水平
Q_1/R_0	一般环境风险	较大环境风险	重大环境风险	重大环境风险
Q_2/R_1	一般环境风险	较大环境风险	重大环境风险	重大环境风险
Q_3/R_2	较大环境风险	重大环境风险	重大环境风险	重大环境风险
Q_4/R_3	较大环境风险	重大环境风险	重大环境风险	重大环境风险

风险源周边环境风险受体属于类型 2 时,按表 8-7 确定环境风险等级。

附表 8-7　类型 2（E2）——环境风险分级表

环境风险物质数量 Q/ 环境风险物质数量与临界量比值 R	环境风险控制水平 M			
	M_1 类水平	M_2 类水平	M_3 类水平	M_4 类水平
Q_1/R_0	一般环境风险	一般环境风险	较大环境风险	重大环境风险
Q_2/R_1	一般环境风险	较大环境风险	重大环境风险	重大环境风险
Q_3/R_2	一般环境风险	较大环境风险	重大环境风险	重大环境风险
Q_4/R_3	较大环境风险	重大环境风险	重大环境风险	重大环境风险

风险源周边环境风险受体属于类型 3 时,按表 8-8 确定环境风险等级。

附表 8-8　类型 3（E3）——环境风险分级表

环境风险物质数量 Q/ 环境风险物质数量与临界量比值 R	环境风险控制水平 M			
	M_1 类水平	M_2 类水平	M_3 类水平	M_4 类水平
Q_1/R_0	一般环境风险	一般环境风险	一般环境风险	较大环境风险
Q_2/R_1	一般环境风险	一般环境风险	较大环境风险	重大环境风险
Q_3/R_2	一般环境风险	较大环境风险	重大环境风险	重大环境风险
Q_4/R_3	较大环境风险	较大环境风险	重大环境风险	重大环境风险

(五) 危险因素

1. 固有危险

输油原油,部分原油高含硫化氢。一旦发生泄漏,将造成重大环境污染。

2. 内外部环境风险

(1) 长期输送含硫化氢介质的管道,易发生管道内腐蚀、硫化物应力开裂、应力腐蚀开裂和氢致开裂,引起管道腐蚀穿孔和脆性断裂。

(2) 出站 [k = (0 + 049) m] 处,管道穿越排水沟 (3m),水沟排入大海;管道 1#桩 [k = (1 + 003) m] 与货场围墙和仓库相距 2.1m,平行长度 250m;8km + 400m 处管道开挖穿越南柳河及机场旁公路,长度 25m;9# ~ 10#桩 (k = 11km + 202m 至 12km + 600m) 管道与村庄多处村民房屋保护距离不足;管道 20#桩 [k = (24 + 950) m] 处,某公司员工宿舍与管道相距 5m,宿舍面积近 8000m²,人员高度密集;某村 L3 - 1#桩 (k = 4km + 800m) 管道定向钻穿越公路、民房、鱼塘,长度 800m。一旦管道发生泄漏,易发生重大环境污染事件,造成不良社会影响。

(3) 泄漏检测系统不能正常使用;外管道阀室的紧急关断阀是手动。建设项目环评手续不完整;环境突发事件应急预案未按要求进行备案。

风险等级表征:重大 Q4M2E1。

3. 扣分项

(1) 环境风险防控措施。
①泄漏检测系统不能正常使用，扣 5 分；
②事故紧急关断措施：1#阀室具备有效的手动紧急关断措施（符合紧急关断时效要求），扣 5 分；
③建设项目环评手续正在办理，扣 10 分；
④突发环境事件应急预案已经完成编写，并开展了应急演练，但由于环评未通过，未按要求进行备案，扣 5 分。
合计共扣 25 分。

4. 风险管控责任落实

(1) 公司安全承包给领导；主管处室为管道部门；配合处室为生产部门；监管处室为安全部门。

(2) 二级单位安全承包给领导；主管科室为管道部门；配合科室为属地输油站；监管科室为安全部门。

四、主要管控措施

（一）工程（技术）类措施

(1) 开展周期性管道外检测
①每月进行 1 次阴极保护电位检测和防腐层漏点检测，并做好检测、维修记录。
②检测公司每年对管道进行 1 次全面外检测。
(2) 每 3 年开展 1 次管道内检测工作，并对发现的管道缺陷点进行整治。

（二）管理类措施

1. 公司

(1) 明确专人负责某原油管道工程环保"三同时"遗留问题整改工作，力争尽快完成某原油管道工程环保"三同时"遗留问题整改工作。
(2) 加强输油生产运行管理，利用泄漏监测系统、SCADA 系统等严密监控管线运行参数。
(3) 监督、检查风险控制措施的落实。

2. 二级单位

(1) 二级单位成立以分管安全处长为组长，管道管理中心以及相关部门组成的风险管控领导小组。
(2) 加强管道自主巡护，在该段管道设置驻点巡护，安排管道巡护人员驻守；完善必经点，加强巡护线管理，要求巡护工每天巡护 1 次，管道工每天巡护 1 次，站（中心）领导每周巡护 1 次，承包科室每月巡护 1 次，承包处领导每月巡护 1 次；巡护时做好巡护记录。
(3) 做好管道危险告知，在人员密集区加密设置"三桩一牌"，管道沿线埋设警示桩、水泥路面、柏油路面等不适合埋设警示桩的地段，每隔20m埋设1个金属标识牌；每半年开展1次管道保护宣传，向管道沿线居民群众发放管道危害告知书，告知管道的重要性、发生事故后的后果、埋深、管道具体位置等，鼓励、倡导举报非法破坏、打孔盗油行为。

（4）加强第三方施工管理，第三方施工管理严格按照企业相关《第三方施工管理实施细则》和《国务院安委会严厉打击危及油气管道安全非法违法行为的通知》规定进行管理。

（5）加强应急管理，环境风险评估、应急资源评估及环境突发事件应急预案在当地环保局备案，落实、加强应急物资储备及管理；按照铁路公路、人口密集区、河流分类完善、修订一点一案；建立企地应急联动机制，更新完善外部社会资源信息；信息内容除地方联络人姓名、联系方式外，增加物资数量统计；协同政府环保部门、油气管道主管部门每年至少组织开展1次应急预案演练。

（6）推行联防联控联治，向地方政府反映管道风险情况，并书面报备，以取得政府各部门的支持和配合；建立与地方相关部门的汇报、沟通机制，每季度1次，并记录存档。

（7）规范资料管理，建立专门的管道管控台账，完善各种工作记录，明确管段途经的所有环境敏感点，发生溢油突发事件时的截断位置，使用沙袋、吸油毡、围油栏等应急物资的数量。

参考文献

[1] 方文林. 情景式应急预案编制与管理 [M]. 北京：中国石化出版社，2017.
[2] 生产经营单位安全生产事故应急预案编制导则：GB/T 29639—2013 [S].
[3] 环境管理体系 要求及使用指南：GB/T 24001—2016 [S].
[4] 职业健康安全管理体系 要求：GB/T 28001—2011 [S].
[5] 危险化学品重大危险源辨识：GB 18218—2018 [S].
[6] 工业空气呼吸器安全使用维护管理规范：AQ/T 6110—2012 [S].
[7] 呼吸防护用品——自吸过滤式防颗粒物呼吸器：GB 2626—2006 [S].
[8] 呼吸防护用品的选择、使用及维护：GB/T 18664—2002 [S].
[9] 防护服装 化学防护服的选择、使用和维护：GB/T 24536—2009 [S].
[10] 手部防护 防护手套的选择、使用和维护指南：GB/T 29512—2013 [S].
[11] 个体防护装备 足部防护鞋（靴）的选择、使用和维护指南：GB/T 28409—2012 [S].
[12] 个体防护装备选用规范：GB/T 11651—2008 [S].
[13] 头部防护 安全帽选用规范：GB/T 30041—2013 [S].
[14] 坠落防护装备安全使用规范：GB/T 23468—2009 [S].
[15] 护听器的选择指南：GB/T 23466—2009 [S].
[16] 职业卫生名词术语：GBZ/T 224—2010 [S].
[17] 工业企业设计卫生标准：GBZ 1—2010 [S].
[18] 工作场所有害因素职业接触限值第1部分：化学有害因素：GBZ 2.1—2007 [S].
[19] 工作场所有害因素职业接触限值第2部分：物理因素：GBZ 2.2—2007 [S].
[20] 任务场所空气中有害物质监测的采样规范：GBZ 159—2017 [S].
[21] 工作场所空气有毒物质测定：GBZ/T 160—2007 [S].
[22] 职业健康监护技术规范：GBZ 188—2014 [S].
[23] 工作场所物理因素测量：GBZ/T 189—2007 [S].
[24] 工作场所空气中粉尘测定：GBZ/T 192—2007 [S].
[25] 密闭空间作业职业危害防护规范：GBZ/T 205—2007 [S].
[26] 粉尘作业场所危害程度分级：GB 5817—2009 [S].
[27] 高温作业分级：GB/T 4200—2008 [S].
[28] 工作场所职业病危害警示标识：GBZ 158—2003 [S].
[29] 工业炉窑大气污染物排放标准：GB 9078—1996 [S].
[30] 环境空气质量标准：GB 3095—2012 [S].
[31] 锅炉大气污染物排放标准：GB 13271—2014 [S].